经合组织-粮农组织
2018—2027 年农业展望

中文译校者：

许世卫　王盛威　李干琼　王东杰

刘佳佳　张永恩　喻　闻

（中国农业科学院农业监测预警创新团队）

图书在版编目（CIP）数据

经合组织－粮农组织 2018-2027 年农业展望 / 经济合作与发展组织，联合国粮食及农业组织著．—北京：中国农业科学技术出版社，2019.3

ISBN 978-7-5116-3971-4

Ⅰ．①经… Ⅱ．①经… ②联… Ⅲ．①农业经济－经济发展趋势－分析－世界－ 2018-2027 Ⅳ．① F313

中国版本图书馆 CIP 数据核字（2018）第 290060 号

责任编辑　张志花
责任校对　李向荣

出 版 者　中国农业科学技术出版社
　　　　　北京市中关村南大街 12 号　邮编：100081
电　　话　（010）82106636（编辑室）（010）82109702（发行部）
　　　　　（010）82109709（读者服务部）
传　　真　（010）82106631
网　　址　http://www.castp.cn
经 销 者　各地新华书店
印 刷 者　北京地大天成印务有限公司
开　　本　889 毫米 ×1 194 毫米　1/16
印　　张　13.5
字　　数　315 千字
版　　次　2019 年 3 月第 1 版　2019 年 3 月第 1 次印刷
定　　价　198.00 元

本出版物原版为英文，即 *OECD-FAO Agricultural Outlook 2018-2027*，由经合组织与粮农组织于 2018 年出版。此中文翻译由中国农业科学院农业信息研究所安排并对翻译的准确性及质量负责。如有出入，应以英文原版为准。

经合组织：
ISBN 978-92-64-31097-1（PDF）

粮农组织：
ISBN 978-92-5-130523-2 (印刷版和 PDF)

本出版物引用格式如下：
OECD/FAO (2018), 经合组织 – 粮农组织 2018—2027 年农业展望 , OECD Publishing, Paris, https://doi.org/10.1787/9789264310971-zh

图片来源：封面 © 由经合组织在 Juan Luis Salazar 的原版封面概念设计的基础上改编。

经合组织出版物的勘误表可以在线获得：www.oecd.org/about/publishing/corrigenda.htm

前 言

经济合作与发展组织（以下简称经合组织）和联合国粮食及农业组织（以下简称粮农组织）第十四年合作，共同编制《经合组织 – 粮农组织 2018—2027 年农业展望》（以下简称《展望》）。本报告得益于成员国机构、专门商品机构和其他伙伴组织所作贡献和密切合作，作为年度基准，连贯一致地概述全球农业的中期趋势。

经合组织和粮农组织通过汇集各国专家提供的市场和政策循证信息，支持成员实现共同的全球优先事项，尤其是实现到 2030 年消除饥饿、实现粮食安全、改善营养和促进可持续农业的可持续发展目标。双方在农业市场预测方面开展的联合工作，有助于确定和评估与可持续发展目标及《联合国气候变化框架公约》2015 年《巴黎协定》所做承诺相关的机会与威胁。农业不仅助长了气候变化（农业部门的温室气体排放仍占排放总量的 1/5 以上），也将受气候变化影响。

因此，通过可以缓解气候变化影响的可持续做法提高农业部门适应性至关重要。

全球农产品贸易在确保粮食安全方面也将发挥日益重要的作用，对于依赖进口的区域而言尤其如此。有利的贸易政策环境是实现可持续发展目标和推进零饥饿进展的关键条件，在气候变化背景下尤其如此。在此基础上，2016 年，农业部长们在经合组织召开会议，通过了《改进政策以打造富有成效、可持续和具有抵御能力的全球粮食系统宣言》（简称《宣言》）。该《宣言》高度重视致力于打造具有竞争力、可持续性、富有成效和具有抵御能力的农场和食品企业的支持政策。

本《展望》内含关于中东和北非的专题章节，因为中东和北非的地区冲突和政治动荡导致粮食不安全和营养不良问题进一步恶化。中东和北非区域土地和水资源有限且预计将受到更频繁的极端气候相关事件的影响，格外需要应对相关挑战。我们需要提高粮食系统面对冲突的抵御能力和可持续性，以便稳定日益脆弱和稀缺的资源的价格。

同样，二十国集团和七国集团伙伴继续将粮食安全和农业问题作为政治议程的优先事项。本《展望》和农业市场信息系统都是我们努力为政策制定者和全球利益相关方提供及时市场信息相关工作的一部分。农业市场信息系统是一项重要工具，可提高透明度，并可协调政策行动，预防价格意外上涨。

农业市场信息系统由二十国集团牵头，办公地点设在粮农组织并得到经合组织等众多国际组织的支持。

今天我们所面临的挑战无法单独应对。希望这份共同完成的年度出版物能够继续为政府和所有其他利益相关方提供政策依据，助力实现富有雄心的重要目标，这有赖于我们携手合作。

经济合作与发展组织	联合国粮食及农业组织
秘书长	总干事
安赫尔·古里亚	若泽·格拉齐亚诺·达席尔瓦

致 谢

《经合组织 – 粮农组织 2018—2027 年农业展望》是经济合作与发展组织和联合国粮食及农业组织共同努力的结果。本《展望》汇集了两组织在商品、政策和国别方面的专业知识以及成员国合作伙伴的意见，对未来 10 年国家、区域及全球农产品市场前景进行了年度评估。基线预测并不是对未来情况的预报，而是根据宏观经济条件、农业和贸易政策设定、天气条件、长期生产力趋势和国际市场发展等特定假设，确定的合理情景。

本《展望》由经合组织和粮农组织两秘书处共同编写。

在经合组织，基准预测和《展望》的编写人员如下：贸易和农业总司 Marcel Adenäuer、Jonathan Brooks（司长）、Koen Deconinck、Annelies Deuss、Armelle Elasri（出版事务协调员）、Gen Furuhashi、Hubertus Gay（《展望》事务协调员）、Céline Giner、Gaëlle Gouarin 和 Claude Nenert；农产品贸易与市场司 Arnaud Pincet 和 Grégoire Tallard；自然资源政策司 James Innes 负责水产品；Michael Ryan 负责撰写抗菌插文。经合组织秘书处对以下访问专家作出的贡献表示感谢，包括 Joanna Hitchner（美国农业部）、Roel Jongeneel（荷兰瓦赫宁根经济研究所）和喻闻（中国农业科学院农业信息研究所）。局部随机建模基于欧盟委员会联合研究中心农业经济部的工作而建立，包括 Sergio René Araujo Enciso、Simone Pieralli、Thomas Chatzopoulos 和 Ignacio Pérez Domínguez。会议组织及文件编写工作由 Kelsey Burns、Helen Maguire 和 Michèle Patterson 完成。Eric Espinasse 和 Frano Ilicic 为建立《展望》数据库提供了技术帮助。经合组织秘书处许多其他同事和成员国代表团就报告初稿提出了有益的评论意见。

联合国粮农组织方面，在 Boubaker Ben-Belhassen（贸易与市场司司长）和 Josef Schmidhuber（贸易与市场司副司长）的领导下，在 Kostas Stamoulis（经济及社会发展部助理总干事）和经济及社会发展部管理小组的总体指导下，贸易与市场司经济学家和商品官员完成了基线预测和《展望》编写。核心预测小组成员包括：Katia Covarrubias、Fabio De Cagno、Sergio René Araujo Enciso、Emily Carroll、Gloria Cicerone、Holger Matthey（组长）和 Javier Sanchez Alvarez。对于鱼类和海鲜，粮农组织渔业及水产养殖部 Stefania Vannuccini 为本《展望》水产章节作出了贡献，Pierre Charlebois 提供了技术支持。来自海洋原料组织（IFFO）的 Enrico Bachis

就鱼粉和鱼油问题提供了咨询。商品方面的专业知识由以下人员提供：Abdolreza Abbassian、ElMamoun Amrouk、Stanislaw Czaplicki Cabezas、Paulo Augusto Lourenço Dias Nunes、Erica Doro、Alice Fortuna、Jean Luc Mastaki Namegabe、Shirley Mustafa、Adam Prakash、Peter Thoenes、G. A. Upali Wickramasinghe 和 Di Yang。专题和插文由 Sabine Altendorf、Tracy Davids、Allan Hruska、Jonathan Pound 和 Monika Tothova 提供。我们对来自比勒陀利亚大学粮食和农业政策局的访问专家 Tracy Davids 表示感谢。David Bedford、Julie Claro、Yanyun Li、Emanuele Marocco 和 Marco Milo 协助了研究工作和数据库的构建。粮农组织和成员国机构其他同事对本《展望》提出了评论意见。Araceli Cardenas、Yongdong Fu、Jessica Mathewson、Raffaella Rucci 和 Juan Luis Salazar 在出版和宣传方面提供了宝贵的帮助。

粮农组织和经合组织秘书处在 David Sedik 领导下，并在 Abdessalam Ould Ahmed（助理总干事和区域代表）领导的粮农组织近东和北非区域办事处的全面支持下，编写了《展望》第二章“中东和北非：前景与挑战”。Ferdinand Meyer 教授带领的比勒陀利亚大学食品和农业政策局的分析师团队提供了区域预测和分析。

最后，诚挚感谢国际棉花咨询委员会、国际乳业联合会、国际肥料协会、国际谷物理事会、国际食糖组织、海洋原料组织（IFFO）及世界甜菜和甘蔗种植者协会提供的信息和反馈。

包括历史数据和预测数据及信息完整的展望数据库的完整《展望》，可通过经合组织－粮农组织联合网站获取：www.agri-outlook.org。已出版的《经合组织－粮农组织 2018—2027 年农业展望》载于经合组织数字图书馆。

目 录

经合组织 – 粮农组织 2018—2027 年农业展望

内容提要

《经合组织 – 粮农组织 2018—2027 年农业展望》由经合组织和粮农组织合作完成，成员国政府专家和商品问题专家亦有贡献。本《展望》对国家、区域和全球农产品和水产品市场的 10 年发展前景作出了一致评估，特别章节重点关注中东和北非的农业和渔业前景及挑战。

食品价格在 2007—2008 年出现暴涨，10 年后，世界农产品市场情况已大为不同。各种农产品的产量增长强劲，2017 年大部分谷物、肉类、乳制品和鱼类都创下纪录，而谷物库存水平则达到历史新高。与此同时，需求增长开始减弱，过去 10 年需求增长的主要动力来源于中华人民共和国（以下简称中国）人均收入的上升，这刺激了中国对肉类、鱼类和动物饲料的需求。中国的需求增长正在减速，而全球需求的新来源还不足以维持整体增长。因此，农产品价格预计将保持在低位。目前库存水平较高，因此接下来几年中不太可能出现反弹。

需求增长预计在接下来 10 年中还将继续放缓。人口将成为大部分农产品消费增长的主要动力，尽管人口增长速率预计将放缓。此外，全球范围内很多农产品人均消费量预计将保持不变。这一趋势对于谷物、块根和块茎等主食非常明显，在很多国家这些食物的消费水平已经接近饱和。相比之下，区域间的喜好差异和可支配收入的限制导致肉类产品需求增速放缓，而乳制品等动物产品的需求必将在下一个 10 年加速增长。

谷物和油籽需求增长的首要来源将是饲料，食物紧随其后。饲料的大部分新增需求仍将继续来源于中国。然而，尽管畜牧生产日益集约化，全球饲料需求增长预计仍将放缓。大部分额外的食物需求将来自人口高速增长的地区，如撒哈拉以南非洲、印度、中东和北非。

与过去 10 年相比，今后 10 年用于生产生物燃料的谷物、植物油和甘蔗的需求增速预计会低得多。尽管过去 10 年中生物燃料的增长带来了超过 1.2 亿吨的新增谷物需求（以玉米为主），在本展望期间，这一增速预计将基本上为零。在发达国家，现有政策不太可能支持大幅增长。因此，未来的需求增长将主要来自发展中国家，其中部分国家已经出台了支持使用生物燃料的政策。

人均需求增长整体放缓，糖和植物油则是例外。发展中国家的城镇化导致对加工和方便食品的需求增加，因此发展中国家人均糖和植物油摄入量预计将随之上升。食物消费水平和饮食结构的变化表明营养不足、营养过剩和营养不良的“三重负担”还将继续困扰发展中国家。

全球农业和渔业产量预计将在下一个10年中增长约20%，但区域间差别很大。预计撒哈拉以南非洲、南亚和东亚、中东和北非将迎来强劲增长。与此相比，发达国家的产量增长则会低得多，尤其是在西欧。产量的增长主要得益于集约化生产和效率的提高，部分得益于畜群扩展和退牧还耕扩大的生产基础。

由于消费和生产增速放缓，农业和渔业贸易增速预计将为上个10年的一半。净出口增长将更多地来自土地充足的国家和地区，尤其是美洲。人口密度高或增速快的国家，尤其是中东和北非、撒哈拉以南非洲和亚洲国家，将迎来更高的净进口。

预计几乎所有农产品的出口都将继续集中于主要供给国。俄罗斯联邦和乌克兰在世界谷物市场上异军突起，预计这种情况还将持续。出口市场高度集中可能导致全球市场更易遭受自然和政策因素引发的供给冲击。

作为基线预测，本《展望》假设现行政策在未来还将持续。除了影响农业市场的传统风险外，农业贸易政策的不确定性加剧，对全球保护主义是否会抬头的担忧也更多。农业贸易对保证粮食安全起到重要作用，突显了对有利贸易政策环境的需求。

中东和北非

本《展望》的特别章节重点关注中东和北非，该区域对食物的需求增加，而土地和水资源有限，导致粮食产品对进口更为依赖。很多国家将大部分出口收益用于进口粮食。粮食安全受到冲突和政治动荡的威胁。

此区域的农业和渔业产量预计每年将增长约1.5%，主要得益于生产率的提高。该区域的政策为粮食生产和消费提供支持，65%的耕地种上了需水量大的作物，尤其是占居民卡路里摄入比例较高的小麦。预计饮食中谷物和糖分仍然较高，动物蛋白质摄入较少。

保证粮食安全的另一种方法是调整政策导向，把对谷物的支持转向为农村发展、减贫和为生产更高价值的园艺产品提供支持。这样的变化也能为更多样、更健康的饮食作出贡献。

经合组织－粮农组织 2018—2027 年农业展望

第一章

概　述

本章概述了对全球和国别农业市场最新的中期量化预测情况。预测涵盖了 2018—2027 年度 25 种农产品的产量、消费量、库存、贸易量和价格情况。在未来 10 年内，需求增长疲软的情况预计将会持续下去。尽管预计人口增长率可能下降，但人口仍然会成为大多数农产品消费增长的主要推动力。在全球范围内，许多农产品的人均消费量预计将持平。因此，农产品需求增长率放缓趋势将与生产效率提高相匹配，使实际农产品价格保持相对平稳。除了影响农业市场的传统风险之外，农业贸易政策方面的不确定性也在增加，并且全球保护主义抬头的可能性也需要引起关注。

引言

本《展望》列出了未来10年（2018—2027年）国家、区域和全球各级农业及鱼类产品市场演变的基线情景。这些预测依赖于来自国别和商品专家的意见，以及来自经合组织－粮农组织的全球农业市场 Aglink-Cosimo 模型的预测。该经济模型也用于确保基线预测的一致性。

这些预测既受当前市场条件的影响，也受宏观经济、人口和政策环境的假设影响。本章结尾（插文1.6）和商品章节对这些假设做了详细说明。本章后面将讨论这些假设对《展望》的影响。

未来10年，经合组织国家的经济增长率预计为1.8%，与过去10年大致相同（每年1.7%）。与过去10年相比，预计中华人民共和国（以下简称“中国”）的增长将放缓，而印度的增长速度将加快。继2017年的强劲增长之后，名义油价在展望期内预计将以每年1.8%的平均速度增长，从2016年的平均每桶43.7美元上涨到2027年的每桶76.1美元。

《展望》假定当前的政策背景在未来继续适用。特别需要说明的是，由于英国退欧条款仍未确定，在本《展望》的预测中不包括英国政府的退欧决定。因此，本《展望》中对英国的预测仍保留在欧盟总体预测之中。

本《展望》中包含的不同商品的当前市场条件在图1.1进行汇总说明，该图显示了与过去10年的平均水平相比，基准期（2015—2017年）内生产和价格的演变情况。对大多数谷物、肉类、乳制品和鱼类来说，2017年的生产水平甚至超过了2016年破纪录的高水平。

尽管全球经济复苏，油价上涨，但与2016年相比，除了乳制品和食糖类，大多数农产品价格在2017年没有太大变化。乳制品市场不断变化，2016年价格较低，2017年复苏，2017年上半年黄油价格猛涨65%，最终在今年年底回落。食糖产量在经过两年的低迷之后开始恢复，导致价格下降。

后面的几个章节以这些当前市场条件为背景，对今后10年的消费量、生产量、贸易量和价格进行了预测。

图 1.1　关键大宗商品当前市场条件

当前市场条件	产量指数 2008—2017 年平均值 = 100	价格指数 2008—2017 年平均值 = 100
谷物：2017 年世界产量创历史新高，玉米和稻米产量超过历史水平。近年来，全球供给量一直大于需求量，导致库存大幅增加，价格低迷。	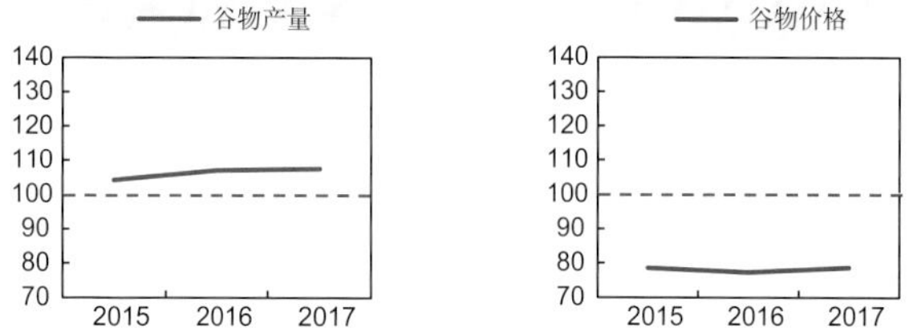 谷物产量	谷物价格
油籽：2017 年市场年度大豆产量略有下降，而其他油籽总产量保持稳定。蛋白粕需求量增长幅度低于 2016 年。总体而言，没有发生重大变化。	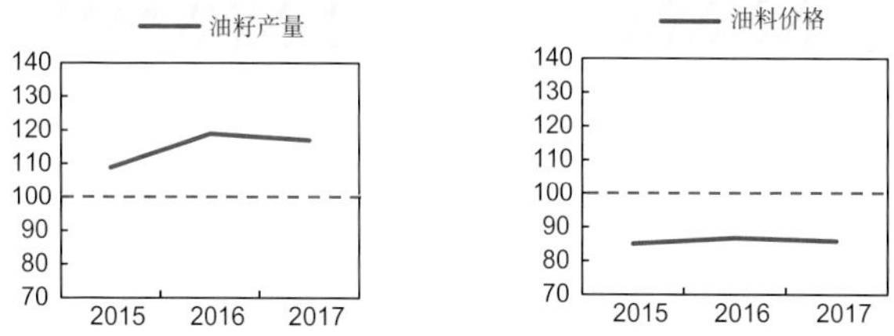 油籽产量	油料价格
食糖：在连续两年的供应短缺后，2017 年食糖产量提高至近 2012 年水平。自 2016 年价格强劲上涨后，2017 年糖价出现下跌。人均消费水平低的国家需求有所增加。全球进口需求继续下滑，部分原因是由于中国需求量下降。	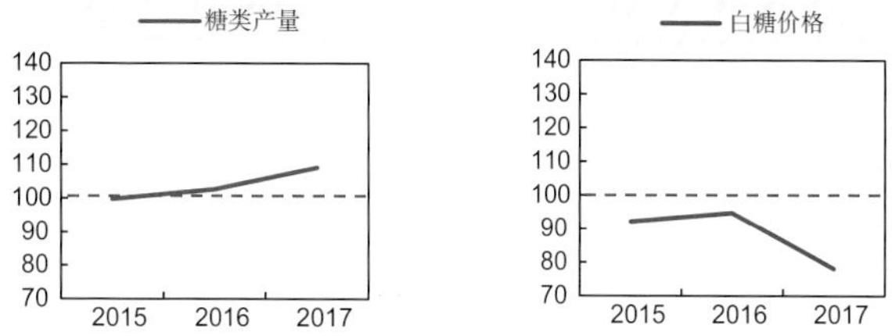 糖类产量	白糖价格
肉类：2017 年世界肉类产量增长 1.2%。大部分产量的增加来自于美国，其他增量来自于阿根廷、中国、印度、墨西哥、俄罗斯联邦和土耳其。世界肉类价格自 2016 年下跌后，2017 年由于进口需求增加，价格上涨 9%（根据粮农组织肉类价格指数测算）。羊肉价格涨幅最高。	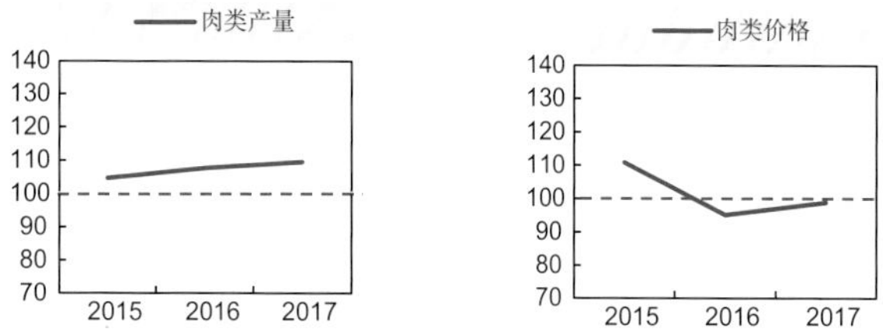 肉类产量	肉类价格
奶制品：2017 年全球奶制品市场价格大幅上涨。黄油价格在上半年上涨了 65%，2017 年年底价格回落。全脂奶粉价格上涨了 46%。相比之下脱脂奶粉价格仅上涨 3%。世界产量平稳增长，增幅为 0.5%，低于过去 10 年的平均增速。	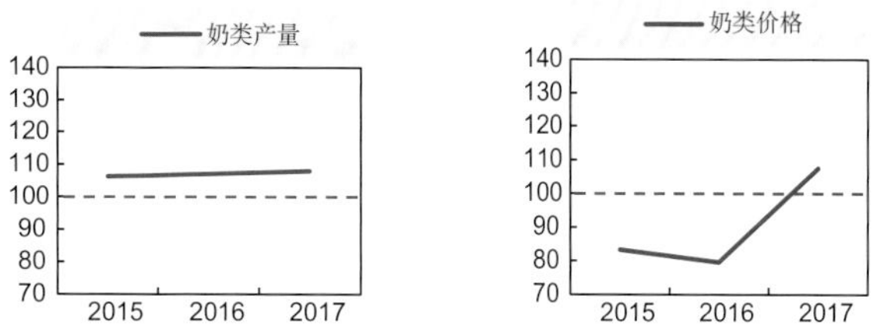 奶类产量	奶类价格
渔产品：由于南美洲秘鲁鳀的捕捞量有所恢复，而水产养殖量继续以年均 4% 的速度增长，2017 年，年产量增长速度高于上年。近年来，水产养殖是产量增长的主要原因。尽管产量水平较高，但全球鱼类价格有所上涨，因为经济状况改善提振了渔产品需求。	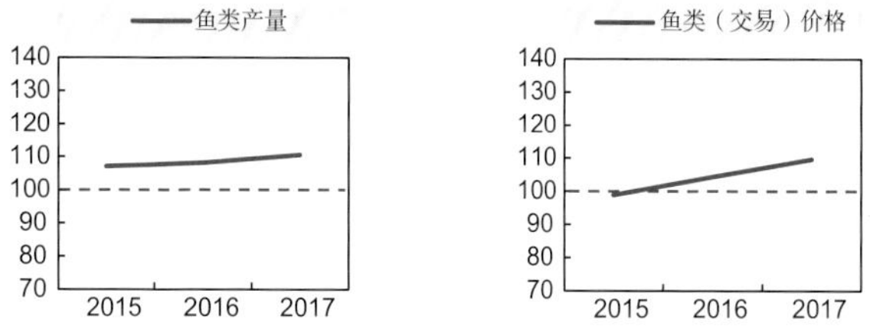 鱼类产量	鱼类（交易）价格

生物燃料：尽管2017年原油价格上涨，但由于强制性掺混以及相对低迷的能源价格拉动了更多燃料需求，生物燃料需求持续增加。2017年，一些国家宣布了刺激生物燃料需求的政策决策。乙醇和生物柴油价格出现分化，乙醇价格下跌2.3%，而生物柴油价格上涨8%。

棉花：产量自2015年急剧下降后继续得以恢复，增幅约为9%。除中国外，几乎所有棉花主产国的产量均有所增加。尽管需求增加，但全球库存仍有增长并保持在近9个月的全球使用量的高位水平。

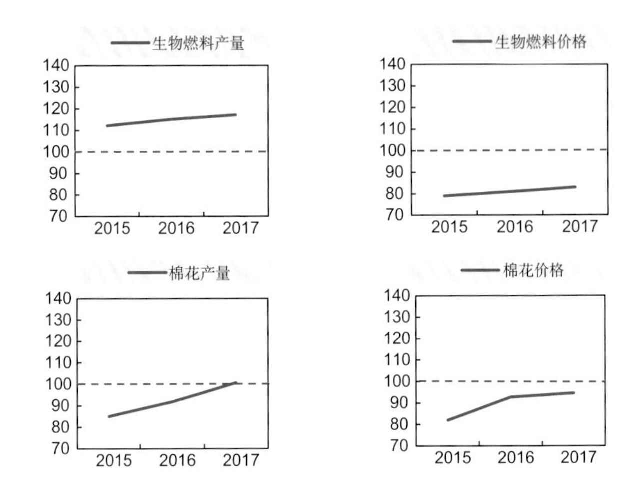

注：所有图表均以指数表示，2008—2017年平均值设定为100。产量为全球产量。价格指数按照国际价格衡量的过去10年全球平均产值进行加权。关于商品市场形势和变化情况的更多信息可参见附件中商品简述表格和在线商品章节。

资料来源：经合组织/粮农组织（2018），《经合组织－粮农组织农业展望》，经合组织农业统计（数据库），http://dx.doi.org/10.1787/agr-outl-data-en。

12http://dx.doi.org/10.1787/888933741903

消费

农产品主要消费用途是作为食用、饲料和包括燃料在内的工业消费。食品需求受人口和收入增长影响，现在越来越多地受到饮食模式发展趋势和消费者偏好的影响。动物饲料需求量与供人类消费的畜产品（如肉类、鸡蛋和牛奶等）密切相关，但也与畜牧生产技术的发展密切相关。农产品的工业用途（主要作为生物燃料和化学工业原料）由一般经济条件、监管政策和技术进步所决定。此外，每种用途的相对重要性因商品种类、区域和经济发展水平而异。

过去10年，农产品市场上许多商品的需求量都出现强劲增长。这种增长在很大程度上是由于未将农产品用于生产食品，而是主要用作生物燃料和动物饲料的原料。虽然发达国家的粮食需求停滞不前，但生物燃料需求强劲，导致作为原料的玉米、甘蔗和植物油需求增加。与此同时，中国和其他新兴经济体的收入持续增加，促进肉类需求量增长。这反过来又推动了畜牧生产集约化，推动全球市场的动物饲料需求。这些国家的需求增长共同推动了实际农产品价格保持在2000年后前几年的水平之上，从而推动了全球产量增长。

生物燃料和中国需求增长将继续影响全球农业市场。然而，无论是在食用、饲用还是燃料应用方面，这两方面的影响正在减弱，而且未完全被新的需求增长源所取代，无论是生产食品、饲料还是燃料。

就粮食需求而言，预计许多商品的人均消费量在全球范围内将持平。这不仅是对谷物、根茎和块茎等主食的预测，这些商品在许多国家的消费水平都接近饱和，肉类也是如此。一些低收入地区，如撒哈拉以南非洲地区，目前人均肉类消费水平较低，但由于收入增长速度较慢，因此预计这些消费水平也不会显著上升。一些新兴经济体，特别是中国，已经过渡到相对较高的人均肉类消费水平。在印度，由于收入增长更为强劲，受饮食偏好的影响，收入增长将转化为人均乳制品需求增长，而不是肉类消费水平增长。

人均粮食消费水平相对平稳，其影响之一是：人口增长将成为粮食需求增长的主要决定因素，尽管预计未来10年全球人口增长率将会降低。未来10年的大部分新增粮食消费将来自人口增长率较高的地区，如撒哈拉以南非洲、印度、中东和北非等（第二章的重点）。这些地区的需求模式将日益影响国际农产品市场。

与此同时，随着畜牧生产集约化，饲料需求量将继续超过食用需求量。与过去10年一样，很大一部分的额外饲料需求将来自中国。然而，与前10年相比，饲料需求增长速度仍然呈放缓趋势。

最后，考虑到生物燃料政策的最新动态和对原油价格上涨相对温和的假设，生物燃料生产领域的农产品用量增长速度会更加温和。

考虑到农产品的粮用、饲用和燃料用途的最新情况，预计未来10年全球对农产品的需求将会减缓（图1.2）。

图1.2　主要商品消费量年度增长情况，2008—2017年和2018—2027年

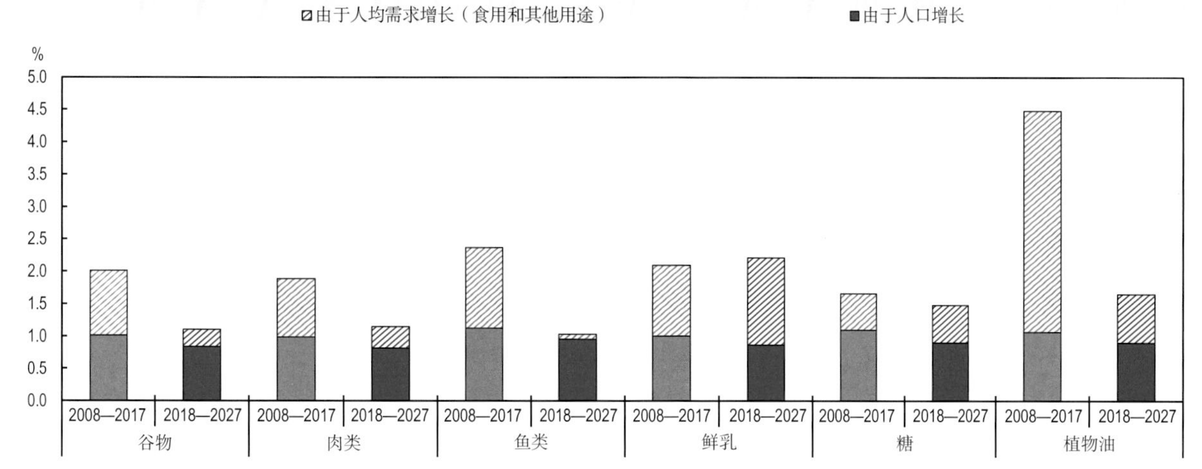

注：人口增长部分的计算是假设人均需求量保持在该10年之前一年的水平。增长率是指（食用、饲用和其他用途）总需求增长率。

资料来源：经合组织/粮农组织（2018年），《经合组织－粮农组织农业展望》，经合组织农业统计数据（数据库），http://dx.doi.org/10.1787/agr-outl-data-en。

12http://dx.doi.org/10.1787/888933741922

对于谷物、肉类、鱼类和植物油来说，增长率大约是前10年的一半。在过去的10年中，由于生物燃料政策、工业用途（用于油漆、润滑油、洗涤剂等）和食品生产对植物油的强劲增长支撑了需求，植物油曾是增长速度最快的商品，因此该商品的增速降低就特别明显。尽管增长放缓，但是在本《展望》中，植物油与新鲜奶制品和食糖类仍是增速最快的农产品。

食用：人口和收入增长刺激了发展中国家的需求

由于人口增长和人均收入提高，加之未来 10 年的大多数需求增长都将依赖于发展中国家，因此多数农产品的食用消费量将继续扩大（图 1.3）。在未来 10 年，新增食用需求量在很大程度上将取决于撒哈拉以南非洲和印度的谷物需求量。在印度，乳制品和植物油的消费量将在未来 10 年支撑这些农产品的增长，而中国的肉类和鱼类需求增长仍占消费量增长的大部分。

图 1.3　各区域食用需求增长所占比例，2008—2017 年和 2018—2027 年

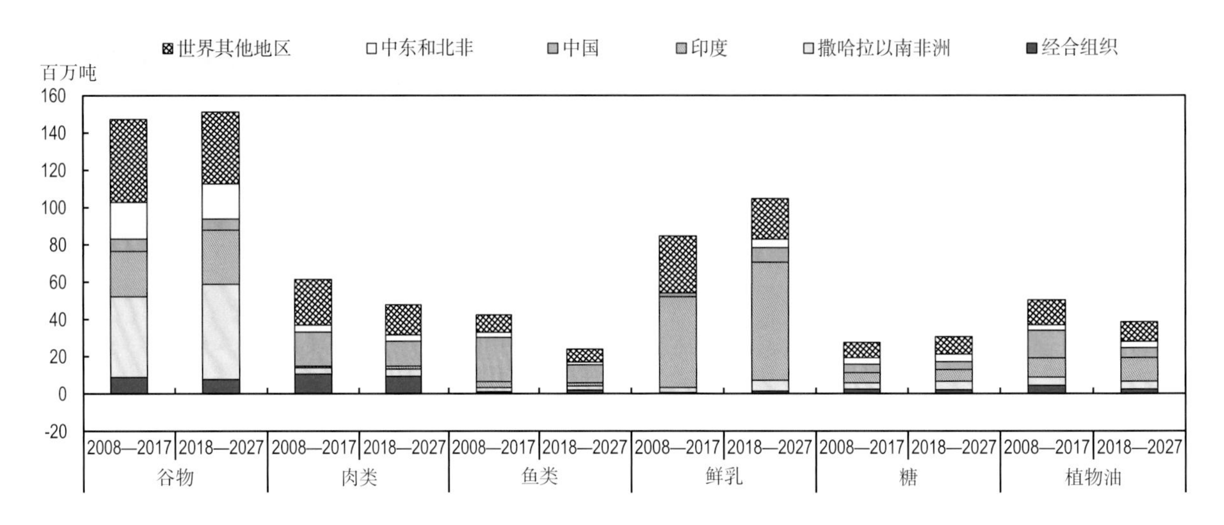

注：每一列显示的是 10 年期间全球需求增长情况，按地区划分，仅反映食用情况。中东和北非区域的定义见第二章。

资料来源：经合组织 / 粮农组织（2018 年），《经合组织 – 粮农组织农业展望》，经合组织农业统计数据（数据库），http://dx.doi.org/10.1787/agr-outl-data-en。

12http://dx.doi.org/10.1787/888933741941

撒哈拉沙漠以南非洲和印度的重要贡献在很大程度上反映了这些区域的人口实现了持续强劲的增长（图 1.4）。全球人口增长率目前为每年 1.1%，预计到 2027 年将下降到 0.9%。至 2027 年，尽管世界人口每年仍将增加约 7 400 万人，但是自 2013 年前后，全世界人口的绝对增长率却在持续下降。这种增长大部分发生在撒哈拉以南非洲、印度以及中东和北非。撒哈拉以南非洲人口的绝对增长率持续上升：该区域的人口在 2017 年增加了 2 700 万，到 2027 年将上升到每年 3 200 万人。

除了受人口增长影响，食物需求还受人均收入增长影响。作为本《展望》基础的宏观经济假设认为，印度人均 GDP（年均 6.3%）和中国人均 GDP（每年 5.9%）增长势头强劲。对于撒哈拉以南非洲地区，人均增长率在未来 10 年预计将达到每年 2.9%，但整个非洲大陆却参差不齐。此外，平均收入的高增长并不一定等同于贫困家庭的收入增长。因此，撒哈拉以南非洲地区的人均食物需求预计将保持在相对较低的水平。

最后，饮食偏好的差异决定了需求模式。在过去 10 年，中国的收入增长导致了肉类和鱼类需求量增加；今后随着印度的收入不断增长，极可能导致作为动物蛋白首选来源的乳制品消费量增加。人口增长、收入增长和饮食偏好的区域差异性相互作用，导致了不同商品有不同的发展趋势。

图 1.4　世界人口增长率，1998—2027 年

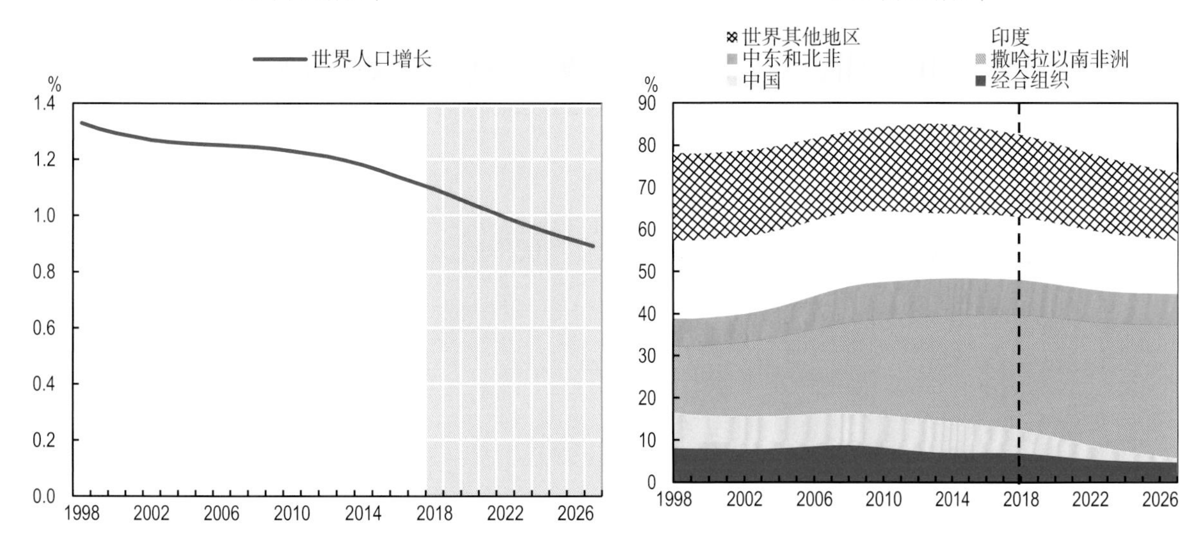

资料来源：经合组织 / 粮农组织（2018 年），《经合组织 – 粮农组织农业展望》，经合组织农业统计数据（数据库），http://dx.doi.org/10.1787/agr-outl-data-en。

12http://dx.doi.org/10.1787/888933741960

谷物：人口增长是决定粮食消费增长的主要因素

图 1.5 显示了主要地区的人均谷物消费水平和消费结构，以及世界各地的人均谷物消费量，特别是中东和北非地区。该图还表明，除了撒哈拉以南非洲地区，小麦和大米在各个地区继续占据主导地位。正如插文 1.1 所述，在该地区，白玉米是谷物消费和热量摄取的重要来源。

在全球范围内，人均谷物消费量在未来 10 年的增长率低于 2%。全世界许多地区的谷物消费水平接近饱和，这是导致增长缓慢的主因。谷物的人均消费量预计只有撒哈拉以南非洲等低收入地区才会增长，这些地区的人均消费量在未来 10 年将增长 6%。在这些低收入地区，谷物消费约占膳食能量的 2/3，而在发达地区约占 1/3。

鉴于人均消费水平相对平缓，因此人口增长是未来 10 年经济增长的主要决定因素，人口增长最快的地区（撒哈拉以南非洲、印度、中东和北非）也将成为谷物食用消费的主力。

图 1.5　**谷物：食用供应量**

（a）按照区域和农作物划分的人均粮食消费量，2027 年

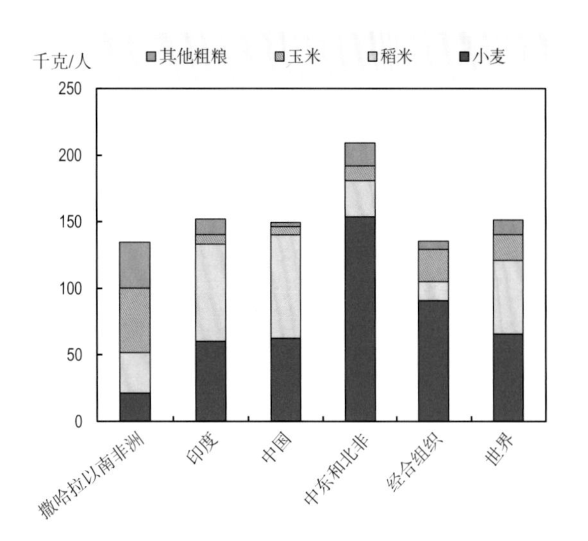

（b）展望期人均增长率和粮食消费总量增长率

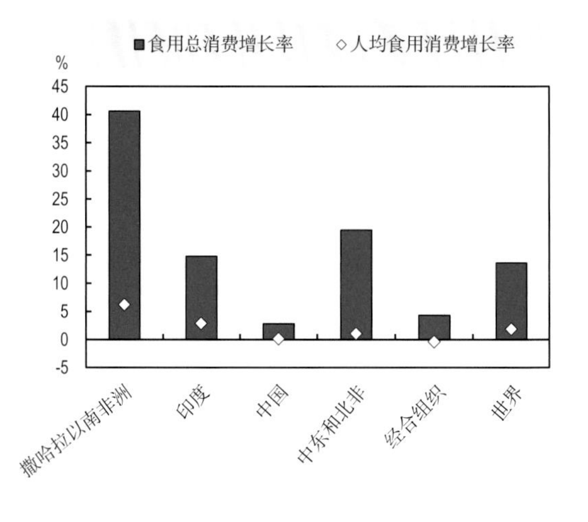

注：本《展望》从食品供应量的角度衡量消费量，因此不考虑浪费因素。

资料来源：经合组织 / 粮农组织（2018 年），《经合组织 – 粮农组织农业展望》，经合组织农业统计数据（数据库），http://dx.doi.org/10.1787/agr-outl-data-en。

12http://dx.doi.org/10.1787/10.1787/888933741979

插文 1.1　撒哈拉以南非洲地区的白玉米与粮食安全

在撒哈拉以南非洲地区[1]，玉米是获取热量的主要来源，平均约占热量摄入量的 19%（表 1.1）。消费者更倾向食用非转基因的白玉米，这类白玉米通常在当地生产，或者是从该地区其他国家进口。生产以低投入、雨水灌溉和小农种植为主，因此当地产量的波动性很大。地方产量赤字主要通过国内和区域贸易抵消；在粮食交易受阻的地区，产量波动性对当地粮食安全构成威胁。

撒哈拉以南非洲地区内的区域贸易约占粮食消费量的 5%，但各国之间的差异很大。南非、赞比亚、乌干达和埃塞俄比亚等国的粮食产量始终有盈余；马拉维、莫桑比克和坦桑尼亚的粮食产量波动很大，取决于天气条件。而肯尼亚和津巴布韦等其他国家近几年的进口量稳定增长，在 2015—2017 年度，27% 的国内消费量需依赖进口。

大多数贸易都是区域内。由于贸易政策往往倾向于优先考虑国内市场的稳定供应，例如，在意识到产量不足期间，会实施出口管制。这些限制措施往往限制了当地和区域层面的粮食供应，加大价格波动幅度，并且由于各国不得不在国际上采购粮食，因此也增加了进口成本。

在未来 10 年，白玉米将继续为该地区的粮食安全发挥关键作用（表 1.1）。本《展望》预计，随着玉米的人均消费量不断增长，加上人口增长强劲，粮食需求也将进一步增长。在未来 10 年内，玉米食用量预计将增加 1 840 万，约占全球玉米消费增长量的一半。

区域供应商的生产率增长是确保实现零饥饿目标的关键。此外，开放可靠贸易关系对维持粮食安全至关重要。由于当地生产力不能满足所有不断增长的需求，撒哈拉以南非洲将越来越依赖从其他地区进口粮食。

表 1.1　玉米和其他食品的人均热量供应量

	2015—2017 年		2027 年	
	人均热量	占总数的比例（%）	人均热量	占总数的比例（%）
玉米	91	9	515	19
其他谷物	784	30	827	31
其他作物	530	20	536	20
动物产品	188	7	194	7
食糖	130	5	137	5
植物油	217	8	235	9
其他	255	9	268	10
合计	2 596	100	2 711	100

注：这些数据指的是撒哈拉以南非洲地区的平均值。

资料来源：经合组织 / 粮农组织（2018 年），《经合组织 – 粮农组织农业展望》，经合组织农业统计数据（数据库），http://dx.doi.org/10.1787/agr-outl-data-en。

1. 该插文总结了对撒哈拉以南非洲地区的白玉米市场执行的更广泛分析，载于：www.agri-outlook.org。

肉类和鱼类：全球消费模式的趋同性仍然有限

与作为全球重要食物来源的谷物相比，肉类和鱼类消费量存在巨大的区域差异，具体因不同的饮食模式和收入水平而异（图 1.6）。在撒哈拉以南非洲，由于低收入限制了消费，那里的肉类和鱼类供应量特别低。在印度，乳制品是摄取蛋白质的重要来源。发达经济体和拉丁美洲的供应量很高（图表上没有显示），在中国也一样，鱼肉和猪肉占动物蛋白消费总量的一半以上。

在全球范围内，肉类和鱼类的总消费量在展望期内预计增加 15%，而人均消费量仅增长 3%，各地区的人均消费量存在显著差异。预计撒哈拉以南非洲地区的总消费量增长最快（+28%），这完全反映了人口增长的影响；但人均消费量预计将下降 3%。相比之下，印度的人均消费增长率更高（+12%，尽管基数较低），中国也是一样（+13%）。

就肉类而言，在发达国家，在低价格的推动下，人均消费绝对增长水平将最为强劲（在展望期内，人均消费量将增加 2.9 千克）。因此，与发展中国家之间的差距越来越大，人均供应量的差异增加了 1.4 千克。这种较小的差异增长在一定程度上反映了收入限制、部分区域的供应链问题（例如缺乏冷链基础设施），以及某些区域的消费者更倾向于从非肉类中获得更多蛋白质的饮食偏好。在发展中国家，由于可支配收入增长缓慢，最不发达国家的人均消费增长量仅为 0.3 千克。属于此群体的亚洲国家预计将出现一定增长，而撒哈拉以南非洲地区的人均肉类和鱼类消费量预计将呈下降趋势。

图 1.6 肉类和鱼类：人均食用消费供应量

（a）按照区域和商品划分的肉类和鱼类的人均食用消费量，2027 年

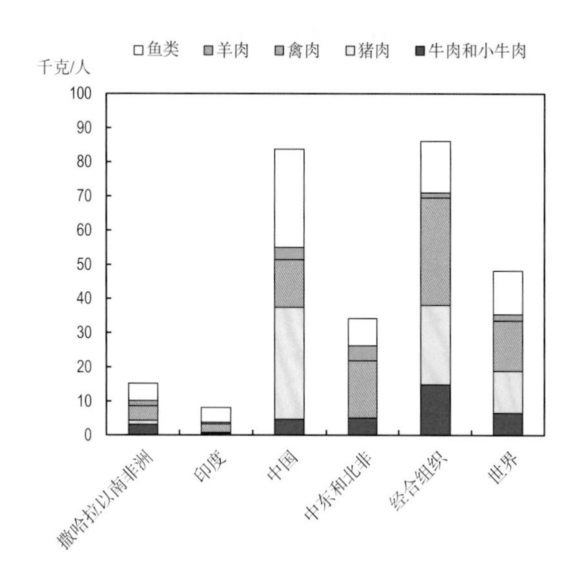

（b）展望期内人均增长率和肉类及鱼类消费总量增长率

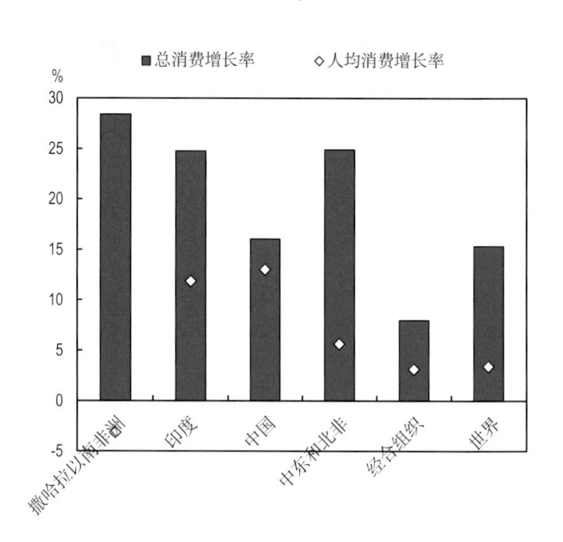

注：本《展望》从食品供应量的角度衡量消费量，不考虑浪费因素。人均消费数据是指利用以下换算因子估算的可食用重量，牛肉和小牛肉的换算因子是 0.7，猪肉为 0.78，家禽肉和羊肉为 0.88，鱼类为 0.6。

资料来源：经合组织 / 粮农组织（2018 年），《经合组织 – 粮农组织农业展望》，经合组织农业统计数据（数据库），http://dx.doi.org/10.1787/agr-outl-data-en。

12http://dx.doi.org/10.1787/888933741998

在过去 10 年中，全球人均禽肉消费量增长强劲（+16%），但是，人均牛肉和小牛肉消费量从 2008 年到 2017 年下降了近 5%。在接下来的 10 年里，人均禽肉消费量（通常是最便宜的肉类）预计将增长 5.5%，同时牛肉和小牛肉预计也将恢复增长，未来 10 年的增长率为 3.5%，尤其是在中国。在全球范围内，人均猪肉消费量将持平，但在喜欢食用猪肉的地区和国家，如拉丁美洲、菲律宾、泰国和越南，增长势头预计将十分强劲。由于中国的人均消费水平已经很高，因此预计中国在全球猪肉消费增长中的比例将会降低。在过去 10 年中，中国的消费量占新增总量的 65%，而在接下来的 10 年里，中国的占比将降至 45%。在大多数国家，羊肉仍将是一个小众市场，但人均消费量在接下来的 10 年里将增长 8%，主要消费群体集中在中国和其他亚洲国家，因为该区域的饮食结构呈多样性。

乳制品：新兴经济体的新鲜乳制品消费量增长

食用乳制品包括新鲜的乳制品、黄油、奶酪或者奶粉（如用于食品加工）。在发展中国家和在全球范围内，新鲜乳制品是主要消费品，而在发达国家，黄油和奶酪等加工乳产品是主要消费品（图 1.7a）。

图 1.7 乳制品（固态奶）的全球消费量

（a）按照区域和商品划分的乳制品人均乳制品消费量，2027 年 （b）展望期内人均增长率和消费总量增长率

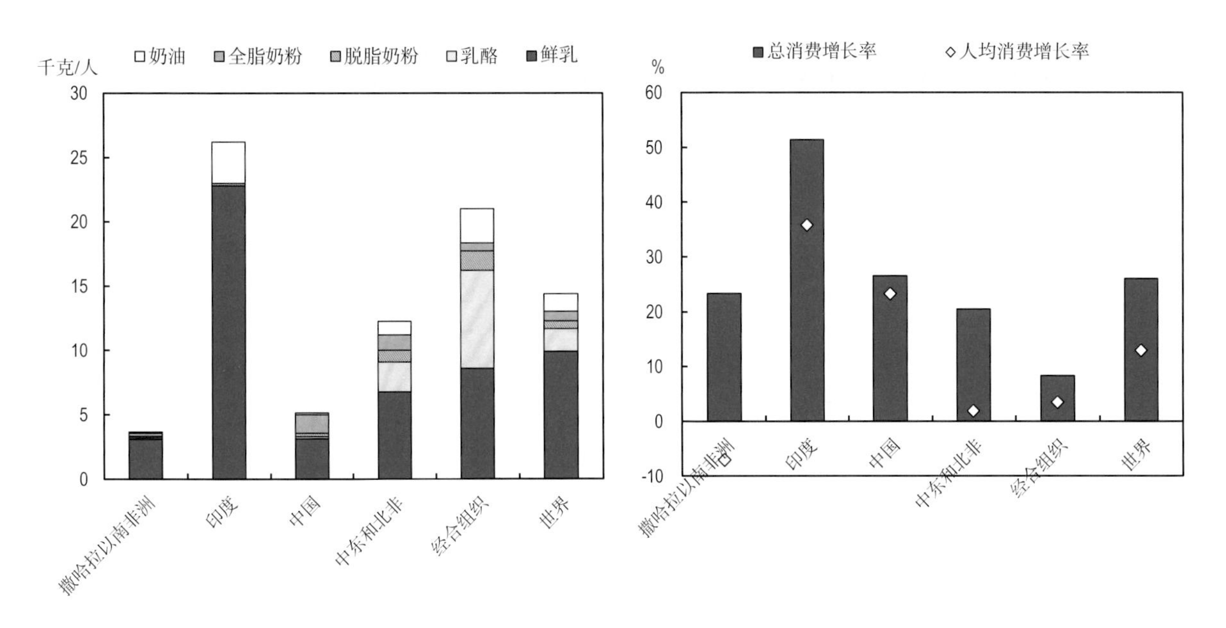

注：牛奶固形物（全脂和脱脂固形物）乳制品的食品消费当量。本《展望》从食品可供量的角度衡量消费量，不考虑浪费因素。

资料来源：经合组织 / 粮农组织（2018 年），《经合组织－粮农组织农业展望》，经合组织农业统计数据（数据库），http://dx.doi.org/10.1787/agr-outl-data-en。

12http://dx.doi.org/10.1787/888933742017

未来 10 年，新鲜乳制品的主导地位将会上升，年均消费增长率为 2.2%，这是本《展望》中增长率最高的农产品。这种增长在很大程度上要归功于印度，乳制品是该国饮食结构不可缺少的一部分。在乌克兰和哈萨克斯坦，虽然人均消费量已经达到很高水平，但预计还将强劲增长。

发展中国家的新鲜乳制品消费量不断增加，到 2027 年，人均消费量将增加 8.4 千克；与此同时，发达国家的消费者偏好继续转向加工乳制品，如奶粉、奶酪和黄油，所以新鲜乳制品的人均消费量将下降 1.7 千克。

高收入国家之所以越来越多地消费黄油，部分是因为慢慢认识到食用乳脂会给健康带来影响。尽管黄油价格在过去一年里的波动幅度很大，但全球黄油需求量预计仍将以每年约 2.2% 的速度增长。而印度不断增长的高消费量也将有助于维持该增长率。

食糖和植物油：尽管健康问题日益严重，但消费量仍在增长

发展中国家的城镇化的推进，导致人们对方便食品的需求量增加，而这些食品的典型特征就是高糖高油，因此除了鲜奶制品外，食糖和植物油预计也将有相对较高的增长率。

食糖的新增需求大部分来自发展中国家（94%），特别是两个食糖进口区域——亚洲（60%）和非洲（25%）。印度的人均消费量预计将增加 2.4 千克，中国的人均消费量增加 2.5 千克，中东和北非增加 2.9 千克，相比之下，发达国家的消费量持

平（图 1.8）。在撒哈拉以南非洲，未来 10 年的人均消费量预计将增长 7%（0.8 千克）。再加上强劲的人口增长势头，该地区的总消费量预计将增长 42%。虽然撒哈拉以南非洲地区的人均消费的增长率相对较小，但形成鲜明对比的是，肉类、鱼类和奶制品的人均消费量预计将会下降。

图 1.8　**食糖消费量**

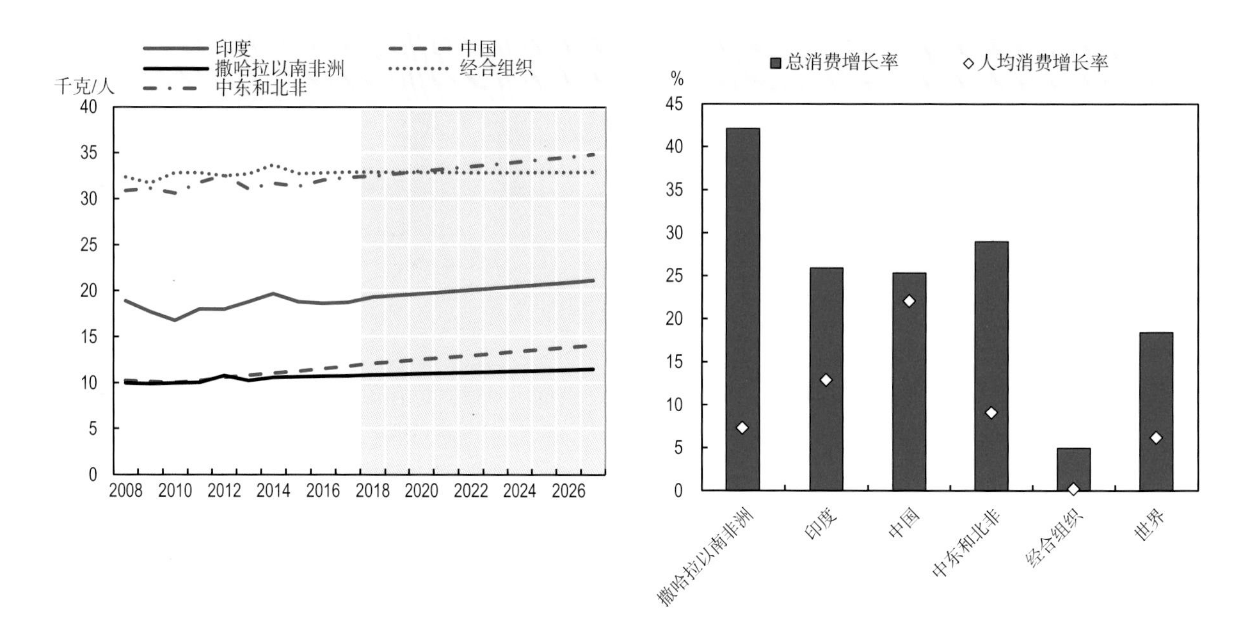

注：图表显示从甘蔗和甜菜中制取的食糖（即不含其他甜味剂，如高果糖玉米糖浆）消费量。SSA 指撒哈拉以南非洲地区；MENA 指中东和北非；OECD 指经合组织国家。本《展望》从食品供应量的角度衡量消费量，不考虑浪费因素。

资料来源：经合组织 / 粮农组织（2018 年），《经合组织 – 粮农组织农业展望》，经合组织农业统计数据（数据库），http://dx.doi.org/10.1787/agr-outl-data-en。

12http://dx.doi.org/10.1787/888933742036

至于其他商品，食糖的消费模式受当地因素以及收入和饮食偏好影响。举例而言，巴西（世界上最大的食糖生产国）和其他拉美国家的人均消费水平已经很高，但预计还将继续增长。而经合组织国家的人均消费水平也很高，但预计消费量将持平，部分原因可能是因为发现高糖摄入是导致肥胖率和非传染性疾病发病率上升的因素之一。相比之下，尽管中东和北非的人均消费水平与经合组织国家相似，但在未来 10 年内，预计这些因素并不会抑制食糖的消费量，该区域的消费量将继续增加。

与其他商品相比，植物油的预期食品需求增长速度强劲，年增长率为 2.0%，但与过去 10 年期间的 3.9% 相比，增速已经显著放缓。

对于全世界来说，人均植物油食用量预计将从人均 21 千克增长到 23 千克（图 1.9）。在一些发展中国家，特别是中国，人均消费水平已经接近发达国家的水平，印度、中东和北非也是如此。相比之下，撒哈拉以南非洲的人均消费量仍将远远低于世界其他地区的水平，尽管预计在展望期内将增长 6%，约合人均增长 0.6 千克。

图 1.9　**植物油的食用消费量**

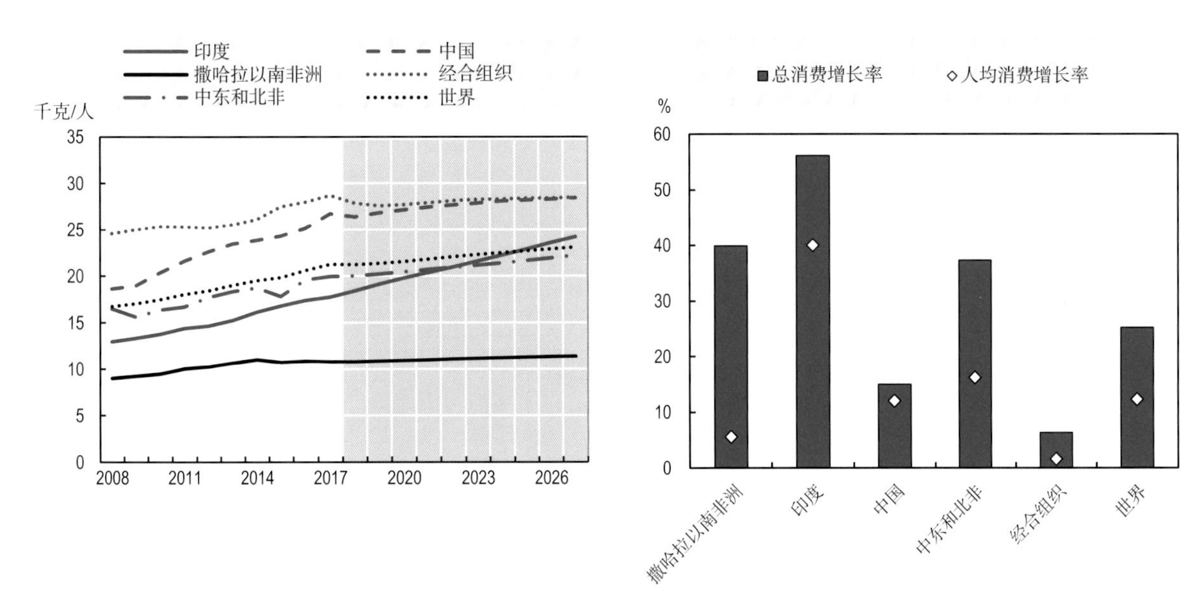

注：图表显示植物油的食用消费量（即不包括作为生物柴油原料和其他用途的消费量）。本《展望》从食品供应量的角度衡量消费量，不考虑浪费因素。

资料来源：经合组织 / 粮农组织（2018 年），《经合组织－粮农组织农业展望》，经合组织农业统计数据（数据库），http://dx.doi.org/10.1787/agr-outl-data-en。

12http://dx.doi.org/10.1787/888933742055

正如之前的讨论结果，发展中国家强劲的需求增长并不总是与人均食物供应量增长对应。在撒哈拉以南非洲，鱼类和肉类的高增长率是人口增长强劲的结果，但人均供应量预计将会下降；在中东和北非，肉类和鱼类的人均供应量预计不会大幅增加。相比之下，这些地区的食糖和植物油的人均供应量预计将会增加。总体来看，最不发达国家未来 10 年的热量供应量增速将放缓，增长主要受食糖和油消费量增长刺激，而人均食用动物蛋白摄取量预计将保持在较低水平。因此，营养不良仍将是最不发达国家的一个重要问题，详见插文 1.2。

插文 1.2　最不发达国家的食物消费和营养前景

联合国承认最不发达国家处于尤其不利的地位，应该得到国际社会的特别支持。目前，人均年收入低于 1 025 美元、人力资本水平较低、结构脆弱，经不起经济和环境冲击的国家被列为最不发达国家。其中 33 个国家在非洲，13 个国家在亚太地区，拉丁美洲有 1 个。这些国家的人口总数占全世界的 12%，但 GDP 总量不足全球的 2%，商品贸易额仅占全球的 1% 左右。

在过去 10 年中，一些最不发达国家的经济状况有所改善，其人均收入增长每年超过 3%。这使最不发达国家的营养不良比例从 2000—2002 年的 32.8% 下降到 2010—2012 年的 23.8%。但是，2014—2016 年的估算显示，营养不良比例反弹至 24.4%，相当于营养不良人口数量达到 2.32 亿。

社会冲突以及气候变化引起的歉收是近年营养不良现象增加的主要因素，这在中东和北非尤其明显。战争和内乱不仅持续扰乱国内经济活动和外汇收入，而且一直在破坏当地的农业生产。一些粮食最不安全的最不发达国家对食物进口的依赖程度依然很高，特别是谷物。那些同时受到冲突和气候相关冲击影响的国家，其粮食安全受到的影响尤为严重。2016 年，这些因素严重影响了 8 个最不发达国家（阿富汗、布隆迪、中非共和国、刚果民主共和国、索马里、南苏丹、苏丹和也门）的 4 500 万人的粮食安全。

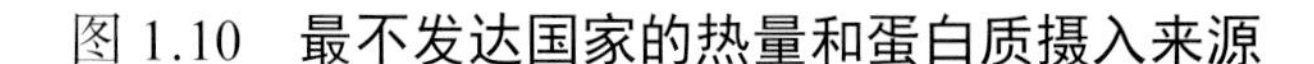

图 1.10　最不发达国家的热量和蛋白质摄入来源

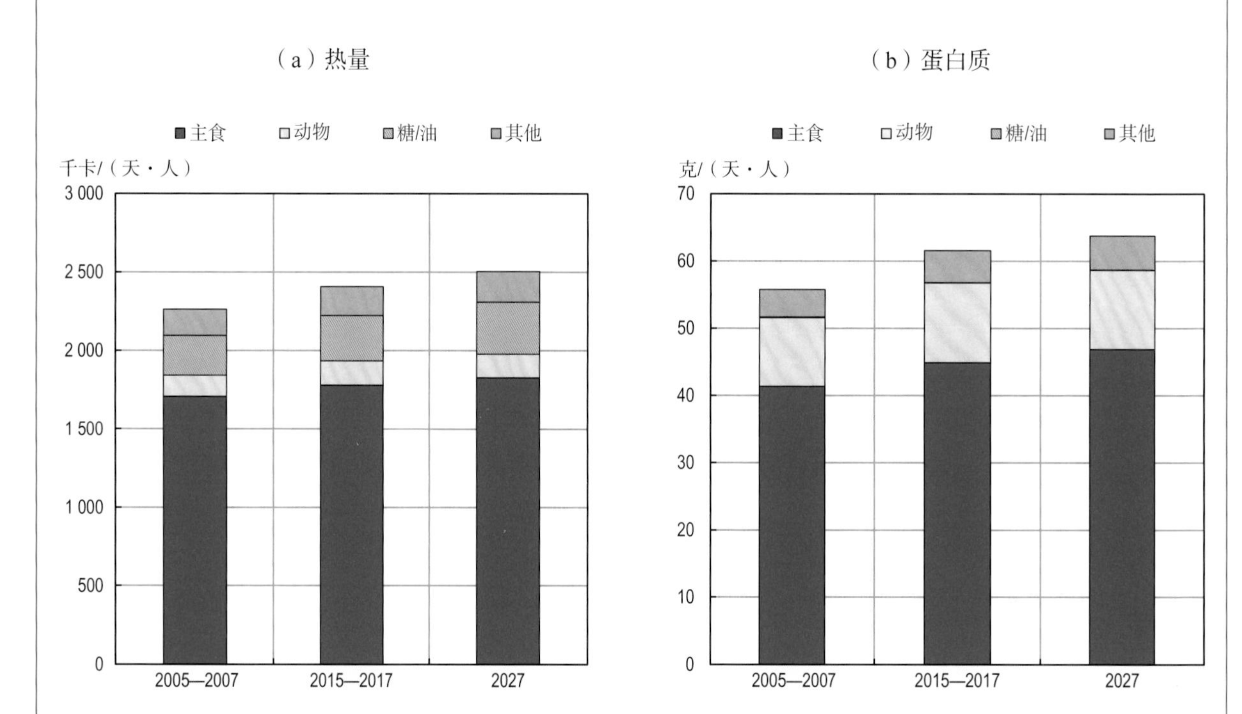

资料来源：经合组织 / 粮农组织（2018 年），《经合组织 – 粮农组织农业展望》，经合组织农业统计数据（数据库），http://dx.doi.org/10.1787/agr-outl-data-en。

12http://dx.doi.org/10.1787/888933742074

最不发达国家宏观经济前景预测，未来 10 年的人均收入年增长率为 3%。该增长率预计将支持进一步增加最不发达国家的热量供应量，但增速较慢。在过去 10 年里，每日热量摄入量从 115 千卡增加到 2 415 千卡 / 天。在未来 10 年里，最不发达国家的每日热量摄入量预计将增加 85 千卡，在 2027 年将达到 2 505 千卡 / 天。这比发达国家的预计水平低 30%，发达国家在 2027 年将达到 3 482 千卡 / 天。

热量供应量增速受到限制，各国和各地区之间的分配也不均衡——这种情况还将持续下去。到 2027 年，亚洲最不发达国家的热量供应量预计可达到 2 700 千卡 / 天，而非洲最不发达国家的增长率尽管较高，但预计仅能达到 2 450 千卡 / 天。近年来，中东和北非最不发达国家的食物供应量有所下降，但到 2027 年预计将从目前的平均每天 2 270 卡 / 天恢复到 2 420 千卡 / 天。

主食（谷物、豆类、根茎和块茎）预计仍将是最不发达国家的主要热量来源，但在主食中所占的比例至 2027 年可能逐渐下降到 73%，低于 2005—2007 年的 75%。额外的膳食能量预计将通过消费更多的食糖和脂肪获取，据估计，所占比例将从 2015—2017 年的 12% 增加到 2027 年的 13%。

在改善蛋白质摄入量方面，预计不会取得多大进步。2027年，平均蛋白质供应量将保持在每天64克左右，其中主要来自谷物，而优质动物蛋白的供应量只能达到每天12克左右。最不发达国家的消费者只能继续获取有限种类的食物，因此他们的饮食仍然缺乏主要营养素多样性和必需的微量营养素，进而加重了长期热量摄入不足的负担。

膳食能量缓慢增长和持续的营养不良前景也表明，许多最不发达国家将无法实现联合国制定的关于在2030年之前消除各类营养不良的可持续发展目标。为了实现此目标，需要在减少冲突方面取得实质性进展，同时帮助小农户改善当地生产技术，并增强抵御气候变化和气候冲击的能力。

非食用用途影响多种农产品的需求量

对于本《展望》所回顾的大多数农产品来说，食用需求在总需求量中占主导地位。然而，对于某些农产品，特别作为生产饲料和燃料原料的农产品来说，非食用用途显得非常重要，而且其需求增长速度往往超过食用需求量。就饲料而言，在未来10年仍将保持这种发展趋势。相比之下，生物燃料是过去10年刺激农产品需求增长的主要因素，但在未来10年，该需求增长速度将持续减弱。

饲料：全球饲料用农作物产量比例不断增加

全球饲料需求量在2015—2017年达到16亿吨，预计到2027年将继续增加到19亿吨，年增长率约为1.7%。因此，饲料需求增长速度预计超过图1.11所示几种商品的需求增长速度，并且明显超过食用谷物的需求增长速度，年增长率预计将达到1.1%。到2027年，该增长率将产生约2.6亿吨新增饲料需求；稍逊于前10年超过3亿吨的增长速度。饲料需求也超过了肉类需求增长速度，这表明肉类生产的集约化。

图1.11　饲料需求

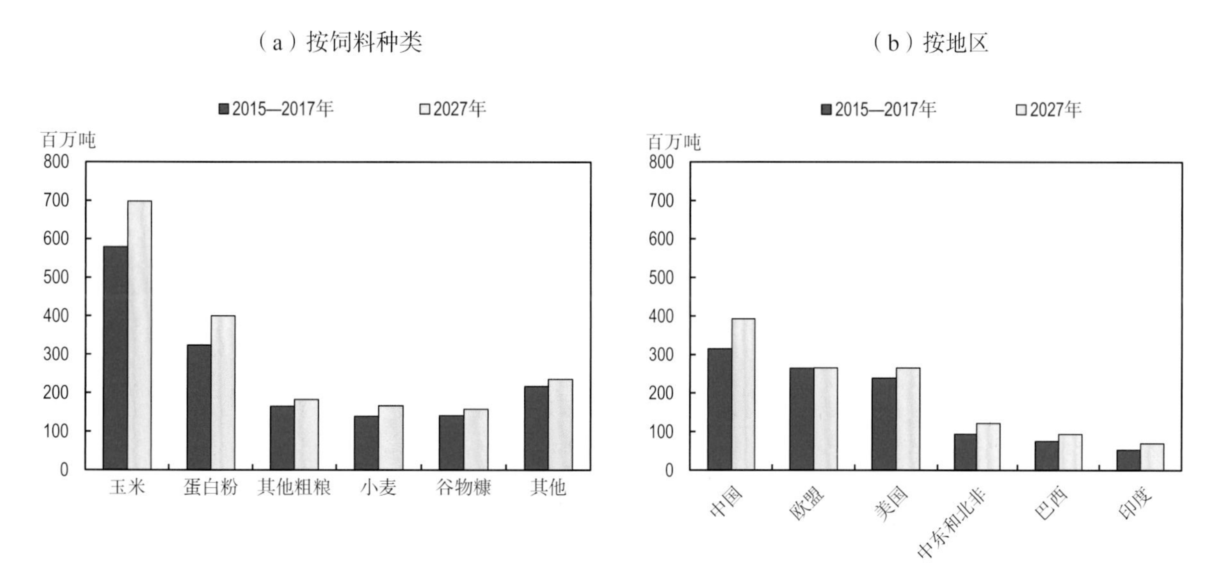

资料来源：经合组织/粮农组织（2018年），《经合组织－粮农组织农业展望》，经合组织农业统计数据（数据库），http://dx.doi.org/10.1787/agr-outl-data-en。

12http://dx.doi.org/10.1787/888933742093

用作饲料的主要农产品包括玉米、蛋白粉、其他粗粮（特别是大麦和高粱）、小麦和谷物加工副产品，如谷物麸皮。如图 1.11 所示，玉米和蛋白粉仍将是用作饲料的最重要农产品，到 2027 年占饲料总量的 60%（高于基准期的 58%）。玉米的饲料需求量在展望期内预计增长 21%，而蛋白粉需求量预计将增长 23%，增长速度远远超过其他饲用商品。

蛋白粉通过压榨油籽来生产，其需求量的预测结果将受饲料系统和农业政策发展的影响。例如，在 2015—2017 年和 2027 年之间，最不发达国家的总需求预计将增长约 45%，这反映了畜牧业生产的集约化，因为这些国家向复合饲料型畜牧业生产转型。然而，全球蛋白粉需求增长率预计将低于过去 10 年的平均年增长率（未来 1.7%，过去 4.2%）。这种高增长率在很大程度上要归功于中国，中国在推进肉类生产集约化的同时，谷物价格保持高位，导致人们不愿意把玉米作为饲料使用。自 2016 年以来，中国玉米的价格下降。这意味着在未来 10 年，玉米在中国饲料混合物中将发挥更重要的作用。

饲料需求量的总体增长模式将因地理区域而异。中国的饲料需求在展望期内预计将增长 25%，使中国的饲料新增需求比例将占到 30%。中东和北非（增长 29%，新增需求量预计将占全球需求量的 10% 左右）的饲料需求预计也将强劲增长，巴西（+25%）和印度（+31%）也是如此。欧盟和美国的需求增长率在展望期分别大幅降低到 0.4% 和 11%。对于欧盟，该比例反映出国内肉类消费量在展望期间预计将会下降。

燃料：巴西和新兴生产国的增长情况

农产品不仅用于食用和饲料生产，还用于以生物燃料形式出现的燃料，包括以玉米和甘蔗为主要原料的乙醇，以及主要利用植物油生产的生物柴油。生物燃料的演进对政策潜在变化以及运输燃料总体需求十分敏感，而这反过来又取决于原油价格。在许多国家，强制混合规则要求在运输燃料中混合最低比例的乙醇和生物柴油。因此，油价与生物燃料价格之间的联系非常复杂，在插文 1.3 中有更详细的解释。本《展望》中的基线预测是在当前主要地区所实施政策的基础上制定的。预测结果显然受到政策环境变化的影响。

从 2006—2010 年，各种政策开始刺激生物燃料生产，导致全世界的乙醇和生物柴油产量猛增。结果，在全世界范围内，甘蔗和玉米在生产乙醇方面所占的比例不断增长，同时，植物油在生产生物柴油方面所占的比例也越来越大（图 1.12）。在过去 10 年间，受政策引导的生物燃料增长是玉米、甘蔗和植物油需求增长的主要推动力。

由于强制混合要求预计不会以过去 10 年的速度继续增长，在接下来的 10 年里，这些农产品作为生物燃料生产原料的需求量预计将会趋于稳定。因此，在未来 10 年里，生物燃料的生产增长速度预计将会更加缓慢。在过去的 10 年里，全球乙醇产量增加了 640 亿升，相当于平均每年增长 3.9%；在接下来的 10 年里，预计仅增加 120 亿升（年均增长 0.7%）。在过去的 10 年里，生物柴油增加了 290 亿升（每年增长 9.5%），而在展望期内预计只能增加 50 亿升（每年增长 0.4%）。

图 1.12　**生物燃料和原料需求量，2000—2027 年**

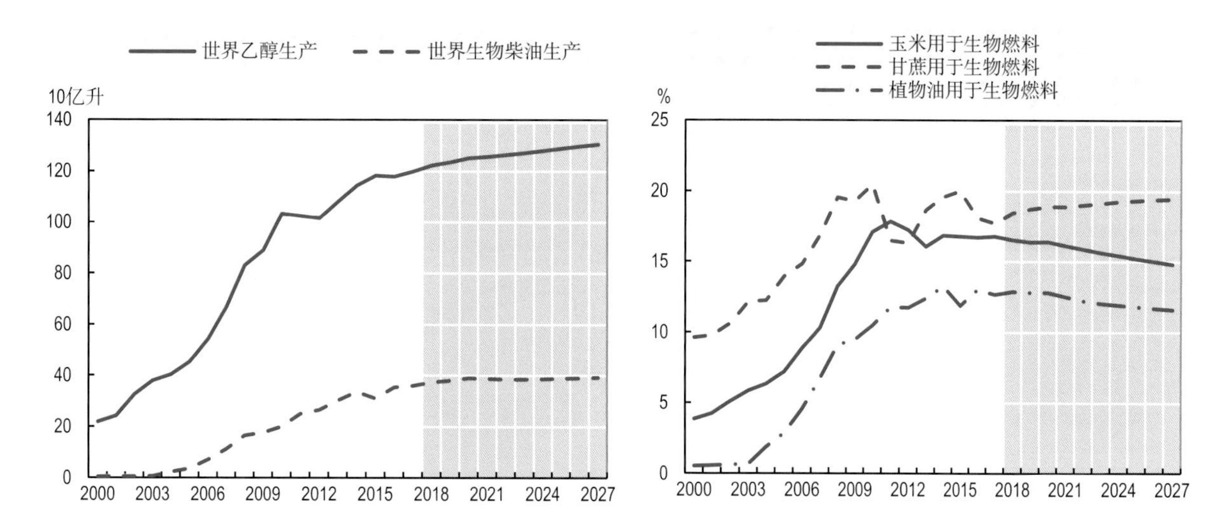

资料来源：经合组织 / 粮农组织（2018 年），《经合组织－粮农组织农业展望》，经合组织农业统计数据（数据库），http://dx.doi.org/10.1787/agr-outl-data-en。

12http://dx.doi.org/10.1787/888933742112

由于发展中国家越来越多地实施对国内生物燃料市场有利的政策，因此生物燃料需求结构开始发生变化——向发展中国家转移。乙醇的主要市场是美国、巴西、中国和欧盟。运输燃料需求下降预计将会使美国和欧盟的乙醇需求量减少，受利好政策的刺激，巴西、中国和泰国的需求量将会强劲增长。随着中国新乙醇强制计划的实施（在生物燃料章节中讨论），中国的需求可能会继续增长。总的来说，未来 10 年的乙醇新增需求将有 84% 来自发展中国家。

生物柴油的主要市场是欧盟、美国、巴西、阿根廷和印度尼西亚。与乙醇一样，欧盟和美国的需求量预计也会下降，这将降低作为原料的植物油需求量。与此相反，巴西、阿根廷、印度尼西亚和其他发展中国家的需求预计将会增长，这也是受到利好政策措施的激励。

食用、饲料和燃料：谷物需求的竞争来源

谷物除了作为一种成本相对较低的重要热量来源，还广泛用于生产饲料和燃料，这在很大程度上是因为谷物容易加工成其他产品。这种多功能性也意味着谷物的食用需求可能会与非食用需求形成竞争，特别是当非食用范围迅速扩大的时候。

如图 1.13 所示，在 2005—2007 年和 2017 年之间，全球谷物需求量从 5.2 亿吨增长到 26 亿吨。未来 10 年的需求量将增长约 3.6 亿吨，但该需求增长的组成结构正在发生变化。燃料是过去 10 年需求增长的主要组成部分（贡献了超过 1.2 亿吨的需求量），但在展望期预计将不是这种情况。食用和饲用需求不断推动增长，加起来几乎构成未来 10 年的所有额外需求。

图 1.13 全球谷物需求，2008—2027 年

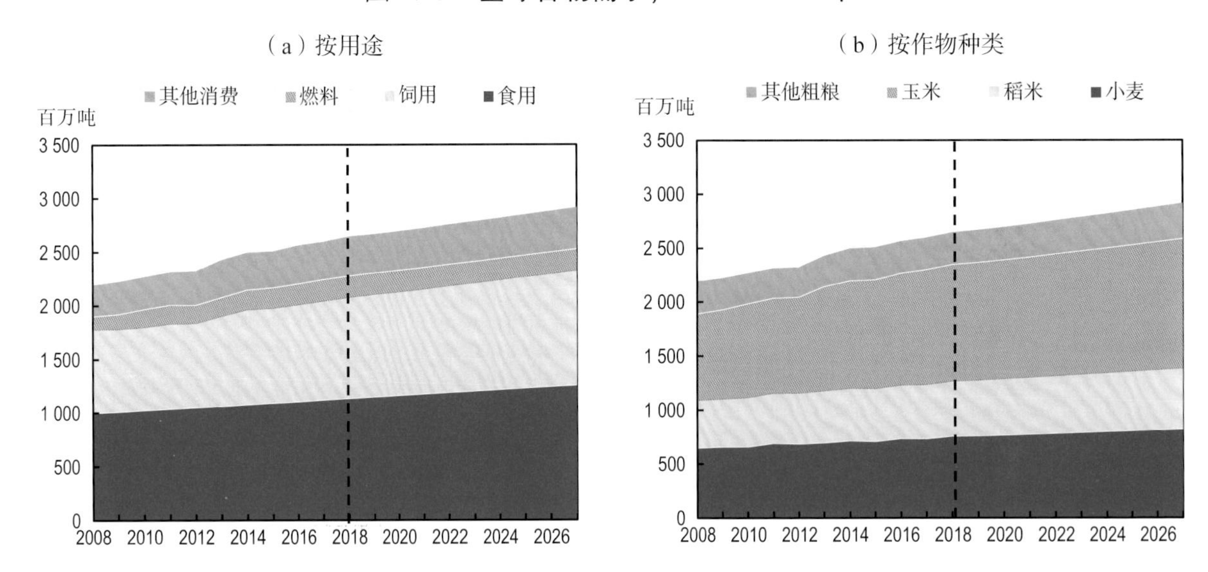

注：本《展望》从食品供应量的角度衡量消费量，因此不考虑浪费因素。

资料来源：经合组织 / 粮农组织（2018 年），《经合组织 – 粮农组织农业展望》，经合组织农业统计数据（数据库），http://dx.doi.org/10.1787/agr-outl-data-en。

12http://dx.doi.org/10.1787/888933742131

图表 1.13（b）显示的是按照农作物划分的谷物需求量。在过去的 10 年中，玉米在 5.2 亿吨的新增谷物需求中占了将近 3.3 亿吨，超过了 60%。在展望期间，玉米需求将增长 1.64 亿吨，仅占需求增长量的 46%。这种增长放缓趋势与未来 10 年生物燃料市场的演变吻合。对大米和小麦来说，需求增长预计将更加强劲，新增小麦需求增长 9 700 万吨，新增大米需求增长 6 600 万吨，其中大部分为食用需求。经历了过去 10 年的需求持平之后，预计人们将对其他粗粮重新产生兴趣，预计未来 10 年将增长逾 3 200 万吨。因此，预测的谷物增长趋势反映了食用、饲用和燃料生产的需求趋势。

生产

过去 10 年的特点是需求旺盛，农产品价格高，导致农产品生产增长强劲，未来 10 年将见证全球农业生产增长更为缓慢。根据目前的假设，未来 10 年的农业和渔业生产量预计将以每年 1.5% 的速度增长，或在展望期内的总增长量达到 16%。该增长量的大部分将归因于不断提高的生产力。虽然农业土地用量因产品和地区而异，但在全球范围内，农业土地总用量没有大幅增加。下文将更详细地讨论主要生产区域的发展趋势。

农业产出将增长，全球土地使用变化不大

无论是耕地还是放牧，土地都是农业生产的一项重要投入。农业生产增长率可能归因于更多的土地投入生产，或者每单位土地的产量增加。由于土地用量在很大

程度上是根据农业生态特征定义的，农业土地的供应量以及农田和牧场所占的相对比例在不同区域有显著差异（图 1.14）。自 1960 年以来，全球农业用地估计增加了约 10%，其中大部分增长发生在 1990 年之前，此后相对稳定。在全球范围内，这种相对稳定预计将会延续到未来 10 年。

图 1.14　**全球农业用地，2015—2017 年和 2027 年**

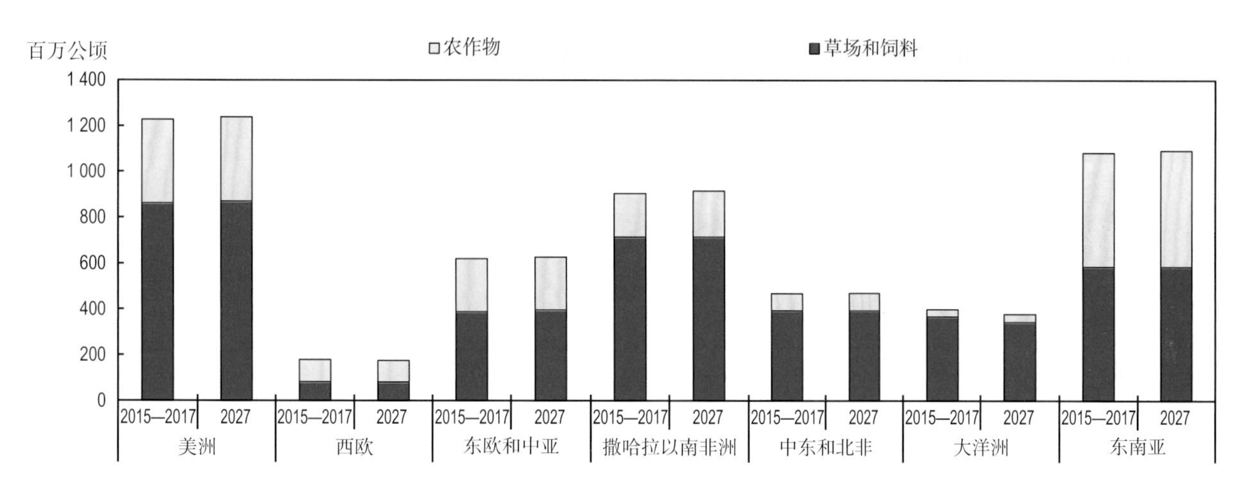

注：西欧包括欧盟、挪威和瑞士；东欧和中亚包括俄罗斯联邦、乌克兰、哈萨克斯坦、土耳其、以色列、东欧一些较小的非欧盟国家和中亚的几个小国；中东和北非定义见第二章；大洋洲包括澳大利亚、新西兰和该地区的一些小国；南亚和东亚包括所有其他国家。

资料来源：经合组织 / 粮农组织（2018 年），《经合组织 – 粮农组织农业展望》，经合组织农业统计数据（数据库），http://dx.doi.org/10.1787/agr-outl-data-en。

12http://dx.doi.org/10.1787/888933742150

用于牛、绵羊或山羊等放牧的牧场主要集中在 3 个地区：美洲，拥有全世界 1/4 的牧场；撒哈拉以南非洲，占全球牧场的 21%；南亚和东亚，占全球牧场的 17%。同时，美洲、南亚和东亚在全球反刍动物肉类生产中也居于领先地位，2015—2017 年期间，这两个地区的肉类总产量占全球供应量的 60% 以上，而撒哈拉以南非洲仅占 8% 左右。如此低比重表明该产业在撒哈拉以南非洲的生产规模小，而且大部分原因是受其传统养殖技术影响。相比之下，西欧的全球牧场份额最低，报告显示仅为 2%，但在 2015—2017 年占全球反刍动物肉类供应量的 11%，这表明在该地区的发达经济体进行了工业化肉类生产。

在展望期间，虽然反刍动物肉类产量会发生变化，但全球牧场面积不会相应变化。牛肉和小牛肉的全球产量预计将增加 16%，羊肉增加 21%，这主要归因于美洲、南亚和东亚以及撒哈拉以南非洲地区的产量增加，但牧场的土地配给比例基本保持不变。此外，非反刍动物肉类行业不需要牧场，因此在未来 10 年势必会扩大生产量，全球的禽肉和猪肉产量将分别增长 18% 和 11%。

全球 50% 左右的农作物土地专用于种植谷物和油籽。鉴于可耕种土地有限，在未来的 10 年里，农作物土地的总面积预计不会有很大的变化，因此，生产率增长对于维持作物产量增长至关重要。然而，面积配给及产量变化将根据作物和地区而异。

玉米和其他谷物增产在很大程度上归因于高产量，而不是增加土地用量（拉丁美洲的玉米种植业例外）。对于其他作物，特别是大豆，由于拉丁美洲（巴西、阿根廷）的面积扩张和作物生产集约化增强，因此土地用量将发挥更大作用（图 1.15）。

图 1.15　按地区划分的牧场和反刍动物肉类产量

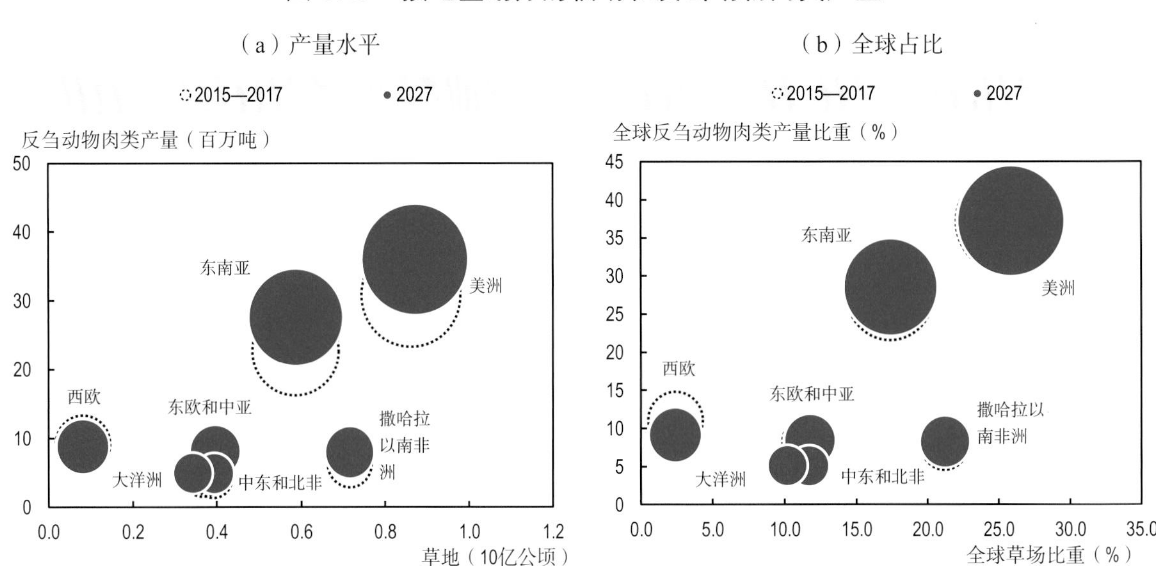

注：每个气泡的大小与该地区反刍动物肉类产量水平成正比。

资料来源：经合组织 / 粮农组织（2018 年），《经合组织 – 粮农组织农业展望》，经合组织农业统计数据（数据库），http://dx.doi.org/10.1787/agr-outl-data-en。

12 http://dx.doi.org/10.1787/888933742169

撒哈拉以南非洲的基数低，但由于所有作物的增长率都很高，因此该地区的产量势必增长最快。此趋势显示了该地区的生产潜力，但也反映了目前大多数的主要农产品的产量相对较低。相比之下，西欧和美洲的大多数农作物生产率已经很高，因此其产量增长率将会显得更加平缓。图 1.16 显示西欧的玉米单产在 2027 年将达到 8 吨 / 公顷，美洲地区的玉米单产将达到 8.6 吨 / 公顷，而撒哈拉以南非洲地区的玉米单产仅为 2.5 吨 / 公顷。

发展中地区扩大农业生产并走向集约化

在未来 10 年，农业生产的扩大将集中在发展中国家（图 1.17）。撒哈拉以南非洲和南亚、东亚地区预计增长最快，并且预计后者的绝对增长速度最快。总体而言，经济发达地区，特别是西欧，单产增长速度将会减弱，而这些地区农业和渔业产量预计在展望期内将会增长 3% 左右。

提高优质种子、肥料和其他技术的供应将有利于生产，而可持续发展问题可能会制约生产。世界各地的农业政策也将影响全球生产决策。印度的农业政策侧重于激励农业增长，以实现国内粮食安全目标，而中国和阿根廷等其他国家则更趋向与全球市场保持同轨。由于这些趋势不会以相同方式影响所有区域和所有商品，下面将更详细地讨论这些区域趋势背后的因素。

图 1.16　玉米和大豆的作物用地和产量趋势

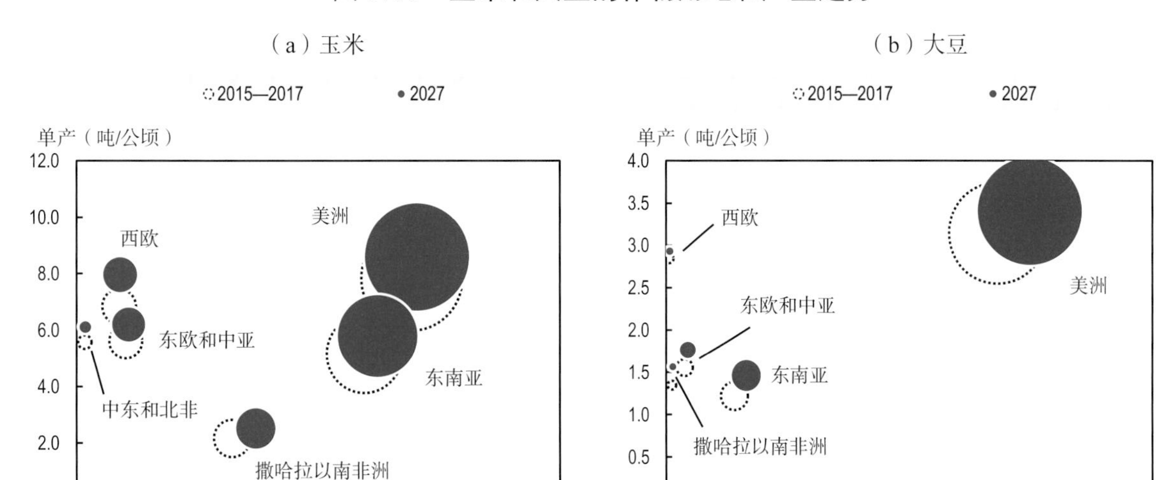

注：每个气泡的大小与该地区的作物产量成正比。

资料来源：经合组织 / 粮农组织（2018 年），《经合组织 – 粮农组织农业展望》，经合组织农业统计数据（数据库），http://dx.doi.org/10.1787/agr-outl-data-en。

12http://dx.doi.org/10.1787/888933742188

图 1.17　各地区产量趋势

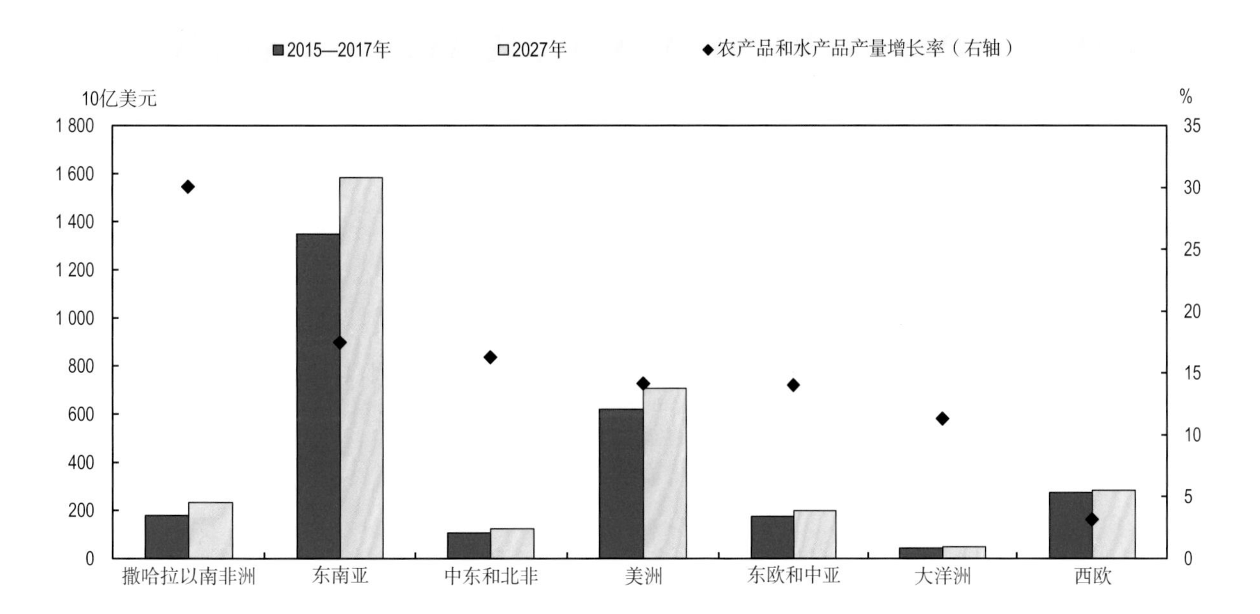

注：本图显示的是农业和渔业产量的净估计值，按照 2004—2016 年的价格计算，以 10 亿美元计。各区域的界定请参见图 1.14。

资料来源：经合组织 / 粮农组织（2018 年），《经合组织 – 粮农组织农业展望》，经合组织农业统计数据（数据库），http://dx.doi.org/10.1787/agr-outl-data-en。

12http://dx.doi.org/10.1787/888933742207

撒哈拉以南非洲：基本农产品的生产率提高

撒哈拉以南非洲占世界人口的 13% 以上，占全球农业用地的近 20%，但在全球农业产出中所占份额相对较低。恶劣农业生态条件，有限的技术获得途径，有限的技术利用率，再加上多数情况下经济增长仅略高于人口增长的事实，这些因素都制约了农业生产。在本《展望》分析的商品中，该区域最重要的商品是“其他粗粮”（包括小米、高粱和苔麸），撒哈拉以南非洲地区的产量占全球产量的 14%。

然而，未来 10 年的农业生产预计将强劲增长。农作物产量将增长 30%，而肉类、乳制品和鱼类的产量将分别增长 25%、25% 和 12%。与之伴随出现的将是玉米、大豆和甘蔗种植面积扩张，以及全面提高生产率。化肥、杀虫剂、改良种子以及机械化和灌溉等技术具有显著提高该地区生产率的潜力，因为该地区的特征是小规模生产，且上述生产资料使用率通常较低。

尽管预计将出现强劲增长，由于国内生产能力仍不足以满足该地区日益增长的消费需求，所以该地区的粮食安全还将继续依赖全球市场。同时，也有一些非洲国家成为区域内某些农产品的出口国。玉米就是一个例子，赞比亚始终具有可供出口的盈余产量。植物油是另一个例子，这是因为西非国家在努力促进其棕榈油行业发展，产量也在迅速增长，这在尼日利亚尤为明显。在展望期内，单产提高预计会使撒哈拉以南非洲地区的棕榈油产量增长 22%。同样，埃塞俄比亚的苔麸单产提高将使该国的其他粗粮产量增长率占全球产量的近 1/5。

棉花产量预计也会大幅增长，在展望期增长 33%，甘蔗增长 18%，食糖增长 34%。单产提高将导致棉花产量提高，特别是在布基纳法索。尽管食糖和甘蔗产量增长标志着这两种农产品在该地区的增长速度最快，但是，到 2027 年，撒哈拉以南非洲地区在全球产出中所占比例仍然不足 5%。

农业生产面临的新挑战可能对该地区的任何预测结果都构成威胁。最近出现的秋黏虫已经危及该地区的 28 个国家，可能严重影响该地区的玉米、大米、高粱、甘蔗和大豆的产量，甚至波及该地区的粮食安全（插文 1.4）。

南亚和东亚：在应对可持续发展问题的同时，产量增长依然强劲

南亚和东亚（包括中国、印度、日本、韩国和东南亚国家）是全世界一些农产品的主要生产地区。尽管面临严重的土地、水资源和劳动力短缺等制约因素，该地区的谷物产量仍占全球总产量的近 40%（占全球大米产量的近 90%）；占全球肉类总产量的近 40%；占植物油供应量的一半以上；占全球捕捞和水产养殖总量的近 70%。

未来 10 年可能会面临新的挑战，尤其是必须协调保持高产量水平与遵守日益严格的可持续生产标准之间的矛盾。尽管如此，该地区的农业和渔业在展望期间预计将增产 17%。

单产提高将是作物增产的主要因素，在展望期间，小麦单产将增长 10% 以上，玉米和大米增长 12%，棉花增长 15%，大豆增长 20%。这些数字与全球趋势接轨，

同时，印度政府通过投资生产技术和信息技术，如农产品在线交易平台 eNAM，势必将拉动印度的油籽产量大幅增长。随着印度寻求满足日益增长的植物油需求，油籽生产和压榨量预计将上升。

世界上大部分的棕榈植物油将继续由印度尼西亚和马来西亚供应。由于面积扩张潜力有限，特别是考虑到提高棕榈油生产可持续性的全球压力，预计现有的棕榈油种植园将会进行集约化生产。

南亚和东亚仍将是全球肉类和乳制品的主要供应地区，到 2027 年，这两个地区的产量将分别占全球总产量的 39% 和 44%。在展望期内，乳制品产量将增长 41%，黄油将增长 44%，牛奶将增长 40%。肉类产量将增长 18%。中国、印度和泰国将拉动禽肉和羊肉的产量增长。但是，受中国产量放缓影响，该地区的猪肉增长缓慢。

尽管中国计划在未来 10 年缩减渔业产量，并且在行业推动可持续实践的做法，但南亚和东亚的捕捞及水产养殖获得的渔业产量将增长 15%。如果中国的“十三五”规划得到全面实施，至 2027 年，中国的渔业捕捞量将减产约 29%，水产养殖将增长 20%，如不落实该计划，将增长 31%。受“十三五”影响，在中国将会形成产量缺口，但由于填补该缺口的能力有限，因此全球鱼类价格将面临上行压力（在鱼类和海鲜类的章节中有更详细的讨论）。

中国在该地区的生物燃料生产领域也居主导地位，并且预计将成为世界第三大乙醇生产国，到 2027 年，中国的乙醇产量将达到 110 亿升。其中大约一半的产量将用于生产生物燃料；其余用于工业。此预测未考虑中国最近提出的全面普及 E10 乙醇汽油计划可能产生的影响。如果落实该计划，中国的乙醇产量到 2027 年将达到 290 亿升，与巴西的预期产量相似（在生物燃料章节中更详细地探讨了该计划可能产生的影响）。泰国在区域和全球乙醇市场上预计将发挥重要作用，其乙醇产量至 2027 年将达到 32 亿升。而印度尼西亚将继续成为该地区主要的生物柴油生产商（在 2027 年产量为 43 亿升）。

在印度，政策制定者专注于促进农业增长，以实现国内粮食安全目标。政府制定者可能会利用进口关税实施进口竞争保护以及制定向农业生产者提供扶持等政策，以刺激对国内农业部门的投资。印度的政策对其国内生产的影响可能大于对全球市场的影响。而中国的政策，尤其是有关谷物的政策，可能会通过价格变动、股票发行和进口法规等影响全球市场。自 2016 年以来，玉米支持价格开始下降，这在未来 10 年将对玉米、大豆和其他粗粮的国内及全球产量产生影响。

中东和北非：经济增速加快有望刺激农业生产

由于中东和北非的生态条件不利于农作物生长，加上政治不稳定，这些因素长期制约着该地区的农业部门生产。然而，在未来 10 年，该地区预计将进入一个经济增长改善时期，这应会拉动其农业和渔业产量在未来 10 年增长 16%。由于整个地区都面临严重缺水以及可耕地稀缺的问题，因此提高农业生产将依赖于通过技术创新提高生产率增长速度。

畜牧业是该地区农业产值的主要来源，区域性的肉类和乳制品生产主要集中在伊朗和埃及。家禽是这些国家生产的主要肉类，在今后 10 年，各国都将努力扩大养殖面积并提高生产力。牛奶、玉米和油籽产量增速将赶超过去 10 年。尽管如此，考虑到生产制约因素，该地区仍将是这些商品和大部分重要商品的净进口地区。

关于该地区生产趋势的更多细节可以在第二章中查阅，该章节对农业部门进行了深入讨论，并且有区别地对该地区的大多数国家进行了分类预测。

美洲：出口型农业部门响应全球需求

除了南亚和东亚，美洲是本《展望》所分析的大多数农产品的主要生产区。该地区的大豆产量占全球 90%，并且在全球总谷物产量中也占有很大比例（28%），特别是玉米（占 52%）。该地区是具有高附加值的农产品的主要生产区，如蛋白粉、食糖和生物柴油，这几种产品分别占全球产量的 41%、39% 和 42%。在未来 10 年，随着种植面积扩大和作物集约化提高，该地区的农作物产量预计将增长 14%。

巴西是全球最大的食糖类生产国，面积扩张将使该国的食糖产量每年增长 1.9%，整个地区的年增长率达到 1.8%。巴西也是全球主要的生物燃料生产国，尽管补植受挫，加上食糖类生产与甘蔗为原料的乙醇生产之间存在竞争，但仍然实现了该增长水平。在展望期内，巴西的乙醇产量预计将提高 1.5%。但考虑到亚洲种植面积快速扩张，其全球市场份额将从 90% 下降到 88%。

全球的大豆种植仍将以美国和巴西为主。在巴西，通过在玉米地里套种大豆而获得更高的种植密度，从而维持其主要大豆生产国的地位。这些增长将为区域乳品生产和全球的蛋白粉及植物油供应提供原料。在此背景下，哥伦比亚扩大了其油棕榈种植面积，在展望期内预计将成为植物油净出口国，而巴拉圭将追随巴西的发展趋势，扩大大豆种植面积，增加油籽压榨量。

为了支撑该地区日益增长的畜牧业，蛋白粉生产的发展将成为重要条件。美国和巴西在继续生产全世界上大部分肉制品的同时，牧场面积也有所扩张。牛肉和猪肉的产量预计将增长 17%，家禽肉产量增长 16%，羊肉产量增长 9%。牛奶和鸡蛋等动物制品也会以同样强劲的速度增长。随着水产养殖扩张，尤其是巴西和智利最明显（增长 35%），鱼类产量在展望期内预计将增长 9%。

东欧和中亚：在全球谷物市场上的比重日益加大

由于整体经济复苏以及向农业现代化领域的大量投资，东欧和中亚（该区域包括作为主要的农业生产国的俄罗斯联邦、乌克兰、哈萨克斯坦和土耳其）的农业生产在过去 10 年中迅速扩大。在未来 10 年，农业和渔业产量将增长 14%。

对于种植作物，该地区将保持全球第二大小麦生产地区的地位，在全球产量中所占比例到 2027 年将提高到 22%。玉米产量在展望期内也将增长 17%，但该地区在全球所占比例仍将保持在较低水平，到 2027 年不足 6%。该地区的向日葵和油菜籽产量在全球所占份额将从2015—2017年的22%增加到2027年的25%，这主要得益于该地区的种植面积扩大，但这种优势将被根茎和块茎作物种植面积减少所抵消。

作物生产方面发生的这些变化主要归因于俄罗斯联邦发生变化，由于该国的大豆、其他油籽、谷物和甜菜产量提高，因此扩大了种植面积。对于该地区的其他国家来说，其总产量增长将过度依赖于单产的提高。

畜牧业生产将增加肉类和乳制品产量，在展望期内，牧场面积将增加2%。尽管俄罗斯联邦的总产量增长大幅放缓，但其肉类部门仍将增长16%。俄罗斯联邦的乳制品生产在未来10年将持平（在过去10年中缩减了0.7%）。对整个地区来说，牛奶产量将每年增长1.1%。乳制品加工预计将集中在奶酪生产业，从而使其年增长率达到1.7%。

与俄罗斯联邦的发展趋势相反，土耳其的肉类生产量将有所上涨。土耳其的畜群规模扩大和单产提高将表现在牛肉、绵羊肉和家禽肉生产方面，这在一定程度上是受展望期的红肉自给自足政策所驱动。与此同时，作为全球棉产量最高的国家之一，土耳其的棉花产业生产率也将增长。土耳其种植的是非转基因棉花，因此单产提高将得益于机械化、灌溉技术和改良种子的使用。

大洋洲：环境法规限制畜牧业的增长

大洋洲是肉类、乳制品和谷物的重要农业生产和净出口地区。与其他大多数地区的情况一样，大洋洲的主要农产品生产增长速度将低于过去10年的水平。

在未来10年，澳大利亚和新西兰的羊肉生产率预计将有所提高，但随着发展中国家扩大产出，这两国的全球份额将会下降。与此下降趋势同时发生的是，受土地限制和环境限制影响，该地区的牛奶生产放缓。新西兰的牛奶产量增长率预计为每年1.5%。低于过去10年的3.3%。该地区也是脱脂奶粉和全脂奶粉的重要生产区；到2027年，其脱脂奶粉占全球供应量的17%，全脂奶粉占27%。

在未来10年，椰子油生产将成为该地区各国的生产重点，植物油产量的年增长率将达到2.2%。在展望期内，棉花的种植面积将增加16%，成为该地区产出增长的支柱。在澳大利亚，棉花产量预计将增长23%，部分原因是转基因品种的种植。

渔业总产量将增长19%，在该地区诸多岛屿发展中国家的粮食安全方面，将继续发挥重要作用。

西欧：在严格的监管和资源基础上保持高生产率

西欧国家（包括欧盟、瑞士和挪威）在全球其他粗粮的生产中占有重要份额（大麦、燕麦、黑麦，占全球产量的31%）；其他油籽（油菜籽，向日葵；占20%）；小麦（20%）；牛奶（21%）；肉类（15%）。随着其他国家和地区的增长速度加快，在未来10年，这些作物占全球产量的比例将开始下降。

生物柴油的降幅将特别明显。在展望期内，随着柴油需求量下降，生物柴油的产量将下降 4% 左右，使该地区占全球产量的比例将从 40% 降至 34%。尽管在全球产量中所占的份额越来越小，但西欧仍将是全世界第二大生物柴油生产地区。该地区的一个主要不确定因素是强制性混合规定可能使生物柴油消费量减少，如实施该规定，生产量将大幅减少。

到 2027 年，该地区的农业和渔业总产量将增长约 3%，成为预测期内产量增长最慢的地区。尽管增长缓慢，而且该地区的面积扩张潜力有限，但作为一个高生产率和持续高产量的地区，这种优势使该地区能够继续成为大量农产品的全球主要供应地区。

由于油籽、甜菜、根茎和块茎等其他各类作物的种植面积在展望期内预计会缩减，因此，农作物产量增长将主要依赖于单产提高，据报道，该地区的部分农产品具有全世界最高的单产，这是比较突出的特点。主要受严格管理和环境政策的影响，渔业生产增长有限。

欧盟的食糖配额制度在 2017 年被废除。过去，配额制度使欧盟食糖价格高于世界市场价格，同时限制了生产商对这些较高价格作出反应的能力。在配额制度终止预期的推动下，甜菜面积在 2017 年较上一年增加了 14%，但在未来 10 年，随着欧盟价格下降到全球市场水平，专用于甜菜种植的土地面积预计将回缩到 2017 年以前的水平。与此同时，甜菜单产将继续增长。最终结果是，欧盟的甜菜产量将在基准期（2015—2017 年）和 2027 年之间增长 2.5%。

严格管理和环境政策将限制鱼类、畜牧业和乳制品生产率增长。例如欧盟的硝酸盐指令等政策，为了保护水质，该政策对农业生产硝酸盐实施限制，在展望期内，预计这将限制牛奶产量增长，反过来限制牛肉生产率。尽管鲜奶产量增长缓慢，未来 10 年将增长 8%（过去 10 年为 10%），至 2027 年，该地区的脱脂奶粉和全脂奶粉产量将分别增长 10% 和 18%。对于全脂奶粉来说，该增长率远远高于前 10 年的水平。

贸易

各区域之间加速实现专业化

气候和地理（优质农业用地供应量）的差异性决定了生产不同农产品的比较优势模式。人口密度和人口增长的差异性加上政策因素决定了地区间的贸易流量。人口增长缓慢、人口密度低以及拥有有利自然条件的国家往往会成为农产品出口国，而人口增速快、人口密度大、自然条件不佳的国家往往会成为进口国。

图 1.18 显示按区域划分的农业贸易差额的历史演进和预测变化。这些余额大致反映了上述作用力，随着时间推移，预计在大多数地区会变得更加突出。

图 1.18 各地区农业贸易差额，假定价格不变，1990—2027 年

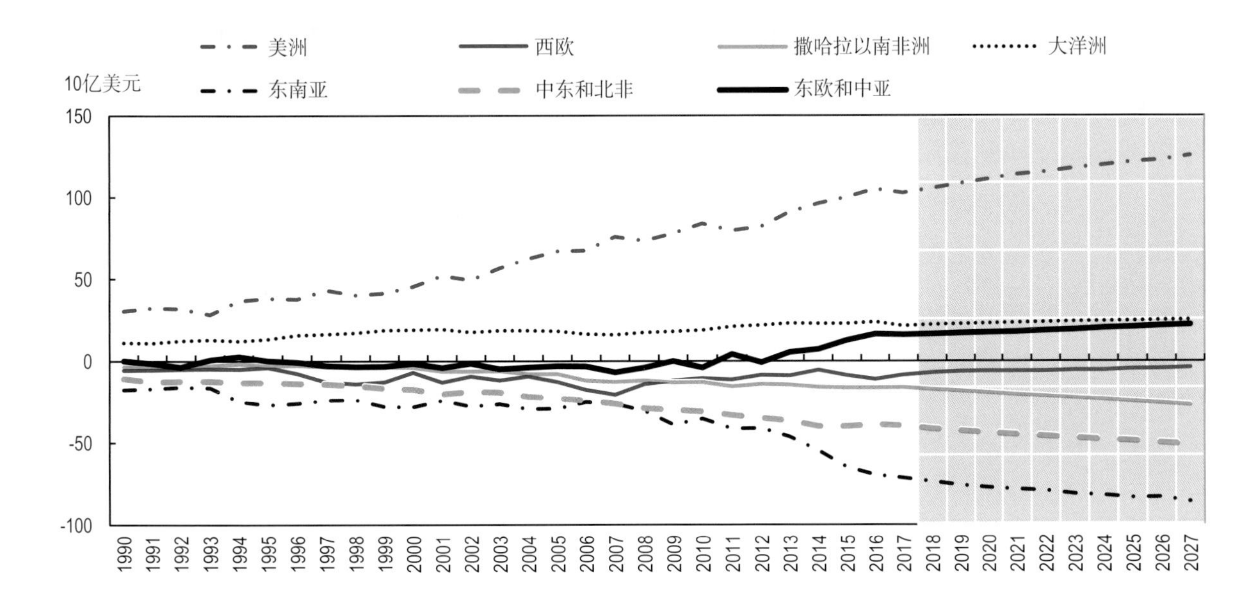

注：本《展望》所涵盖商品的净贸易额（出口额减去进口额），以 2004—2006 年的美元不变价格计算。各区域在生产章节中界定。

资料来源：经合组织 / 粮农组织（2018 年），《经合组织 – 粮农组织农业展望》，经合组织农业统计数据（数据库），http://dx.doi.org/10.1787/agr-outl-data-en。

12http://dx.doi.org/10.1787/888933742226

净出口国：传统供应国家的多数商品市场份额扩大

美洲和大洋洲传统上是农产品净出口地区。北美（美国和加拿大）和拉丁美洲以及加勒比（最显著的是巴西和阿根廷）各占美洲贸易顺差的一半。在大洋洲，澳大利亚约占总顺差的 60%，新西兰包揽了其余部分。

大洋洲的农业贸易顺差长期保持稳定，美洲的农业贸易顺差也在强劲增长。随着玉米、大豆和肉类等农产品的国际需求量攀高，生产商应声行动，使净出口不断增加。在预测期间，美洲的贸易顺差预计将进一步扩大。

近年来，东欧和中亚异军突起，已成为重要的农业出口地区，主要是由于俄罗斯联邦与乌克兰的出口形势有所改善。自 2013 年左右以来，俄罗斯联邦已从净进口国转变为净出口国。乌克兰的农业贸易直到 2007 年才接近平衡，此时净出口量开始强劲增长。俄罗斯和乌克兰出口强劲增长，从这些国家的玉米和小麦出口量占全球份额的变化也可以看出来（图 1.19）。2008 年之前，乌克兰仅占全球玉米出口量的不足 5%。到 2011 年，该份额已经上升到 15%。俄罗斯联邦在全球玉米出口中所占的份额仍然较低，但已经从 2010 年的几乎 0% 增长到全球总量的 4%。而小麦出口情况则相反。乌克兰和俄罗斯联邦历来都保持全球小麦出口顺差的记录，但在 2012 年之前，占全球出口量的比例总是呈大幅波动趋势。自此以来，出口份额有所增长，同时也减弱了波动性。乌克兰目前占全球小麦出口量的 9%，而俄罗斯联邦现在是最大的出口国，占全球出口的 19%~20%。

图 1.19　乌克兰和俄罗斯联邦：玉米和小麦出口量占全球份额

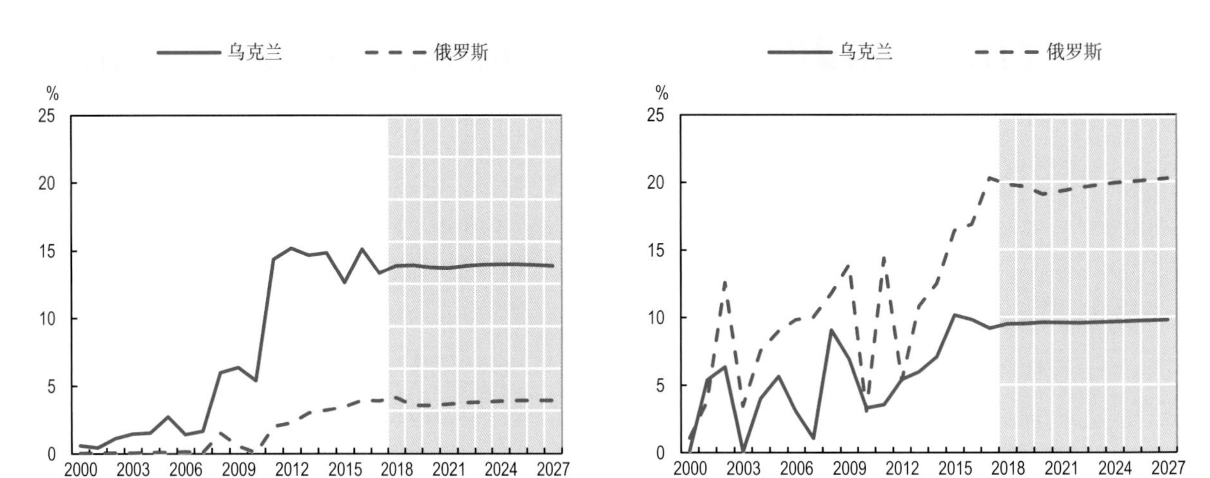

资料来源：经合组织 / 粮农组织（2018 年），《经合组织 – 粮农组织农业展望》，经合组织农业统计数据（数据库），http://dx.doi.org/10.1787/agr-outl-data-en。

12http://dx.doi.org/10.1787/888933742245

净进口地区：随着人口快速增长，各国间的贸易逆差不断上升

南亚和东亚是一个主要的净进口地区，但该地区的总数字掩盖了各国之间的显著差异。印尼和马来西亚是公认的净出口国（很大程度上是由于棕榈油的进口），但从历史角度来看，日本是一个净进口国，其农产品贸易逆差长期以来基本保持不变。与此相反的是，自 2000 年以来，中国的农产品贸易逆差大幅增长，东亚地区在 2017 年的贸易逆差为 700 亿美元，其中中国占了 400 亿美元（以 2004—2006 年美元固定价格计算）。中国的净进口量（这里把南亚和东亚作为一个整体）预计在未来 10 年增速将放缓。

同样经历了农产品贸易逆差增长的两个地区是中东和北非，以及撒哈拉以南非洲地区。然而，在满足这两个区域的消费需求方面，进口的作用却有很大差异。进口占撒哈拉以南非洲主要粮食商品消费量的近 20%，通过中东和北非地区的进口满足了其中约 57% 的消费量。关于中东和北非对进口依赖性的演变，在第二章有更详细的讨论。

西欧的农产品贸易逆差（大部分来自欧盟）在 2007 年达到顶峰。之后，该赤字下降了大约一半，达到 100 亿美元左右（以 2004—2006 年的价格计算），预计在展望期内将继续减少一半左右。

鱼品和海鲜贸易量

总体农产品贸易差额的区域趋势可能掩盖特定商品净进口国和净出口国的模式差异，如鱼类和海鲜，这是本《展望》中涉及的贸易量最密集的产品之一。在农产品方面，美国是一个净出口大国，中国是一个净进口大国，而鱼类和海鲜的情况则相反。随着时间推移，这种区域性差异变得更加明显；自 20 世纪 90 年代初以来，欧盟、美国和撒哈拉以南非洲地区（以及其他国家）的净进口量有所增加，而挪威、

越南和中国的净出口量则有所增加。在净出口方面，越南和挪威预计将继续增加出口，但中国由于渔业产量减少，加上国内需求增长，预计净出口量将会下降。

农产品贸易增速放缓

本《展望》所涉各类商品的贸易量增长速度预计将会显著放缓，参见图 1.20 所示。脱脂奶粉、大豆和谷物等商品的贸易额在过去 10 年中以每年 4%~8% 的速度强劲增长。未来 10 年，由于需求增长缓慢，贸易额增速也放缓。最高的预期年均增长率（大米）仅为 2.2%，而部分商品（例如，生物燃料）的贸易几乎根本不会出现任何增长。

图 1.20　类各商品贸易量增长情况

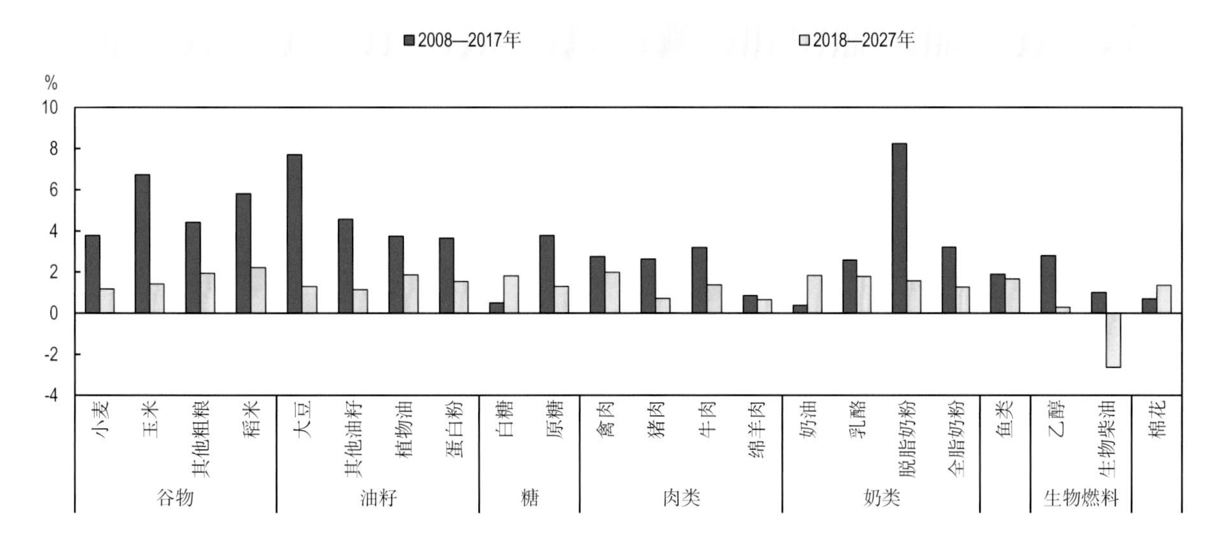

注：贸易额的年增长率。

资料来源：经合组织 / 粮农组织（2018 年），《经合组织 – 粮农组织农业展望》，经合组织农业统计数据（数据库），http://dx.doi.org/10.1787/agr-outl-data-en。

12http://dx.doi.org/10.1787/888933742264

贸易重要性因商品而异，如图 1.21 所示。许多农产品的交易产量比例很低。猪肉的国际交易量占全球猪肉产量的比例不足 7%，黄油交易量仅占全球黄油产量的 8% 左右；大米所占比例为 9%，生物柴油为 10%。只有几种农产品的贸易额至少占全球产量的 1/3。棉花、食糖和大豆是这种情况，植物油和奶粉也是如此，而且这些农产品的加工程度更高。

由于奶粉是一种低成本运输乳制品的一种方式，因此该商品贸易份额相对较高。如前文所示，大多数乳品以新鲜乳制品的形式消费（图 1.7），新鲜乳制品基本都在国内消费。

虽然全球层面贸易份额低，但并不意味着该贸易不重要。对于许多发展中国家而言，进口农产品对保证粮食安全来说至关重要。正如第二章所讨论的，中东和北非的进口依赖程度特别高。

图 1.21　交易占产量的比重

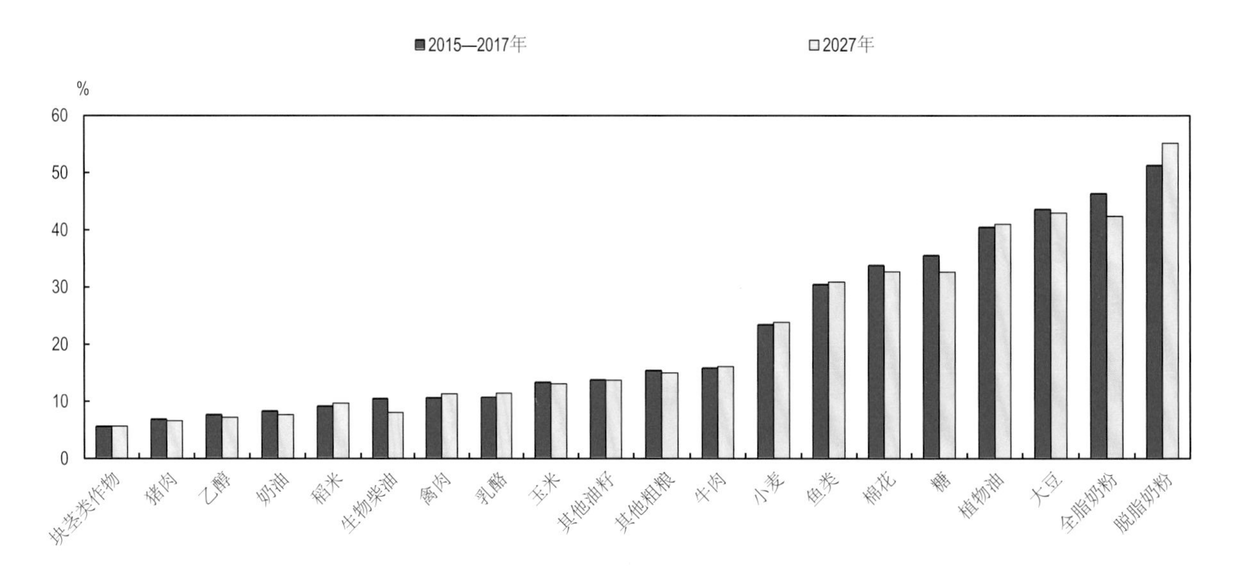

资料来源：经合组织 / 粮农组织（2018 年），《经合组织 – 粮农组织农业展望》，经合组织农业统计数据（数据库），http://dx.doi.org/10.1787/agr-outl-data-en。

12http://dx.doi.org/10.1787/888933742283

农产品出口仍集中于少数的几个关键供应国

在生产方面具备比较优势的少数几个国家，却拥有全球大部分的农产品出口量，这种情况在未来 10 年预计还将持续下去（图 1.22）。即使是牛肉或小麦等出口相对不太集中的商品，五大出口国也占了全球出口总量的 2/3 以上。对于大豆和猪肉，该比例甚至超过了 90%。

图 1.22　2027 年五大出口国的出口份额，按商品种类划分

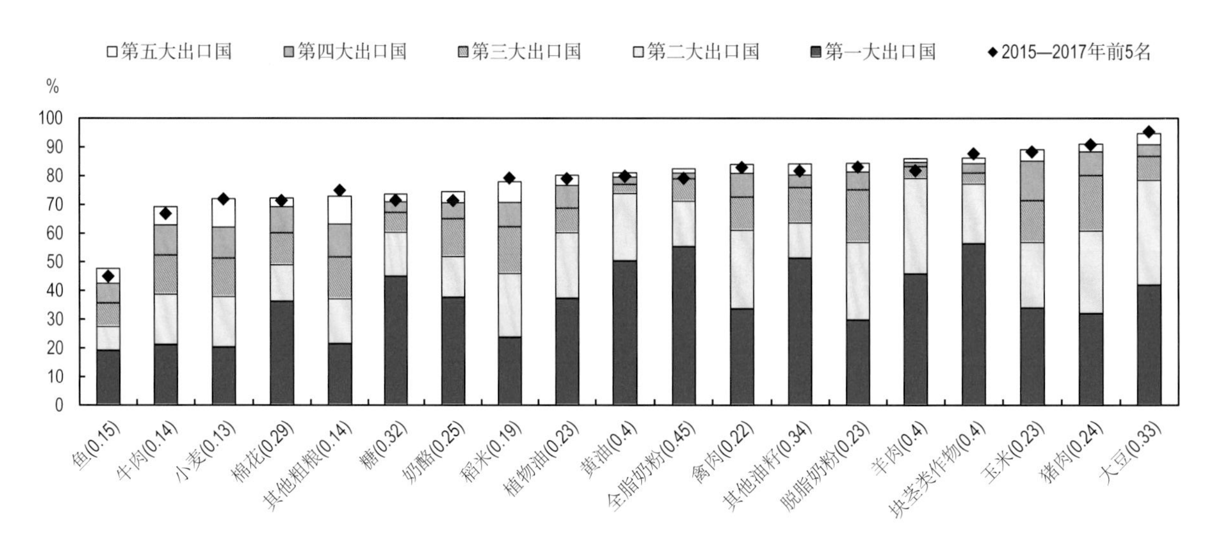

注：括号内的数字代表 2027 年各国出口集中度的赫斯曼 - 赫芬达尔指数的值。赫斯曼 - 赫芬达尔指数等于市场份额平方值的总和，介于 0 和 1 之间，数值接近 0 表示无集中度，数值等于 1 表示某一个国家是唯一的出口国。

资料来源：经合组织 / 粮农组织（2018 年），《经合组织 – 粮农组织农业展望》，经合组织农业统计数据（数据库），http://dx.doi.org/10.1787/agr-outl-data-en。

12http://dx.doi.org/10.1787/888933742302

此外，即使是5个主要出口国所占份额较低的部分商品，其中某一个国家往往占主导地位。食糖（巴西占全球出口量的45%）、其他油籽（加拿大占全球出口的54%）、根和块茎（泰国占全球出口的56%），以及一些乳制品就是这种情况。对于奶酪，欧盟出口量占全球总量的近1/3，预计该份额还会继续增长。黄油和全脂奶粉，新西兰占了全球出口量的一半以上。

相反，脱脂奶粉出口量在主要出口国之间的分配更加平均。在2015—2017年，欧盟、美国和新西兰的出口份额分别为30%、25%和19%；在未来10年，美国的全球出口份额预计将增加，但总体排名不会改变。供人类消费的鱼品出口也不太集中，到2027年，五大出口国的出口量预计不会达到全球出口量的一半。

图1.22还显示了每种商品的赫斯曼-赫芬达尔指数值，这是一个常用的市场集中度指标。赫斯曼-赫芬达尔指数的高值表明出口国的集中度更高，低值表示参与国之间的市场份额分配更均匀。该测算结果表现了出口国的相对优势，补充了五大出口国市场份额总和所传达的信息。当一个大的出口国在市场上占据主导地位时，赫斯曼-赫芬达尔指数将会相对更集中，食糖、其他油籽和全脂奶粉就是这种情况。

农产品出口总体集中程度趋于稳定，在未来10年预计不会有什么变化。农产品出口高度集中给全球市场带来重大冲击风险，例如，不利生产冲击（如歉收）或主要出口国的政策调整都可能导致出口中断。这种中断可能会影响价格和当地的供应量，进而危及粮食安全。

与出口相比，农产品进口往往较为分散，这是因为农产品贸易通常是从少数几个出口国流向数量庞大的进口国（图1.23）。以大米和小麦为例，五大进口国占全球进口量的比例不足30%；对于本《展望》所涉及的大多数农产品而言，五大进口国所占份额还不到60%。同理，赫斯曼—赫芬达尔指数的进口值一般低于出口值。

值得注意的特例是油籽（大豆和其他油籽）、根和块茎以及其他粗粮，中国对这些农产品的需求占市场主导地位。中国目前占全球大豆进口总量的63%，该比例预计在未来10年还将有所增加。对于根和块茎，中国占在全球进口量的比例预计将从53%增加到58%。大豆、根茎块茎的出口集中度也较高。因此，全球大豆贸易以美国和巴西向中国出口为主，而根和块茎（木薯）的全球贸易则以泰国和越南向中国出口为主。

与出口一样，产品进口集中度在未来10年将发生变化，但没有明显的上升或下降趋势。脱脂奶粉、棉花、根茎和块茎等商品预计将会提高进口集中度；而家禽肉、牛肉，特别是猪肉的进口分散程度也会增加。对于猪肉，尽管全球贸易预计将会继续增长，但两大进口国（中国和日本）的进口量在展望期预计将有所下降。预计日本进口量将超过中国，成为全球最大的猪肉进口国；这些国家的总进口量预计在2027年将占全球进口的29%，但在基准期占34%。

图 1.23 2027 年五大进口国的进口份额，按商品种类划分

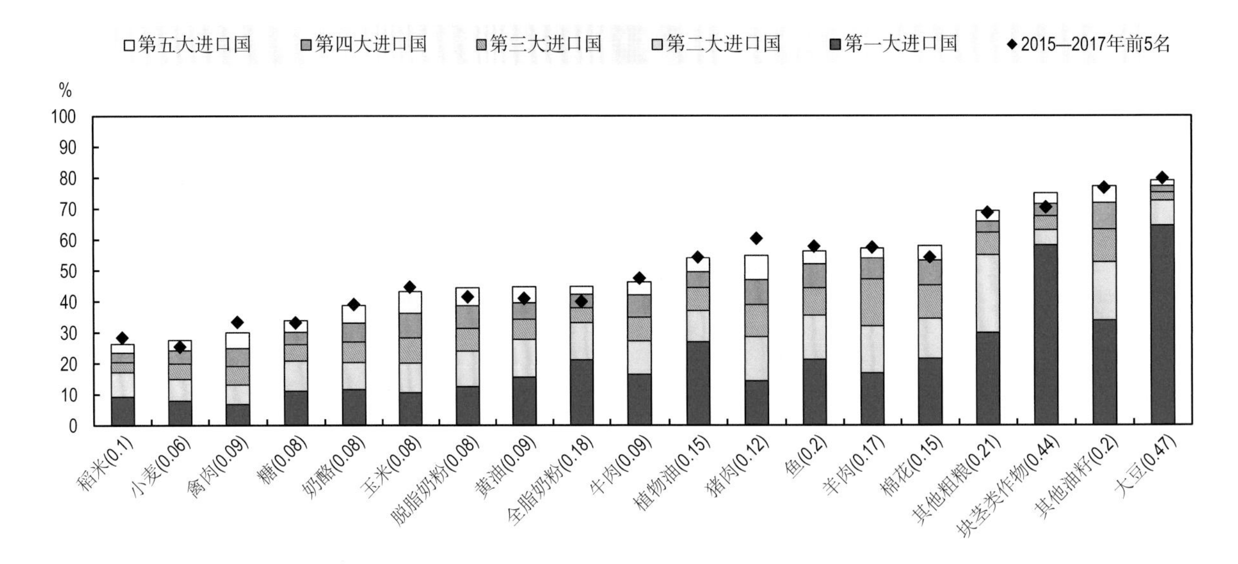

注：括号内的数字表示 2027 年各国进口集中度的赫斯曼 - 赫芬达尔指数的值。赫斯曼 - 赫芬达尔指数等于市场份额平方值的总和，介于 0 和 1 之间，数值接近 0 表示无集中度，数值等于 1 表示某一个国家是唯一的出口国。

资料来源：经合组织 / 粮农组织（2018 年），《经合组织 – 粮农组织农业展望》，经合组织农业统计数据（数据库），http://dx.doi.org/10.1787/agr-outl-data-en。

12http://dx.doi.org/10.1787/888933742321

价格

多数农产品的实际价格预计将下跌

本《展望》将各商品的主要市场（如美国墨西哥湾区港口、曼谷）价格作为国际参考价格，并提供对这些价格的预测。近期价格预测仍将受到近期市场事件（如干旱、政策变化）的影响，而在预测期之外的年份，价格预测仅受到基本供需条件的影响。

谷物、奶类和油籽等不同商品组价格高度关联。未来 10 年，这些主要商品组的实际价格预计将会下跌（图 1.24）。这意味着，实际价格预计将低于 2006—2008 年的谷物和油籽的峰值水平，以及 2013—2014 年的肉类和乳制品的峰值水平，但高于 2000 年后前几年的水平。

图 1.25 更详细地显示了每种商品在展望期的年均实际价格变化情况。在普遍下降的实际价格中，预测的乳制品价格趋势非常显著。继 2017 年的“黄油泡沫”之后，由于黄油价格从预测期之初就开始继续下降，因此预计黄油的实际价格将以平均每年 2% 的比例下跌。脱脂奶粉的价格预计每年增长 1%。除了全脂奶粉外，脱脂奶粉是本《展望》中唯一一种实际价格预计不会下跌的农产品。

图 1.24 商品实际价格中期演变

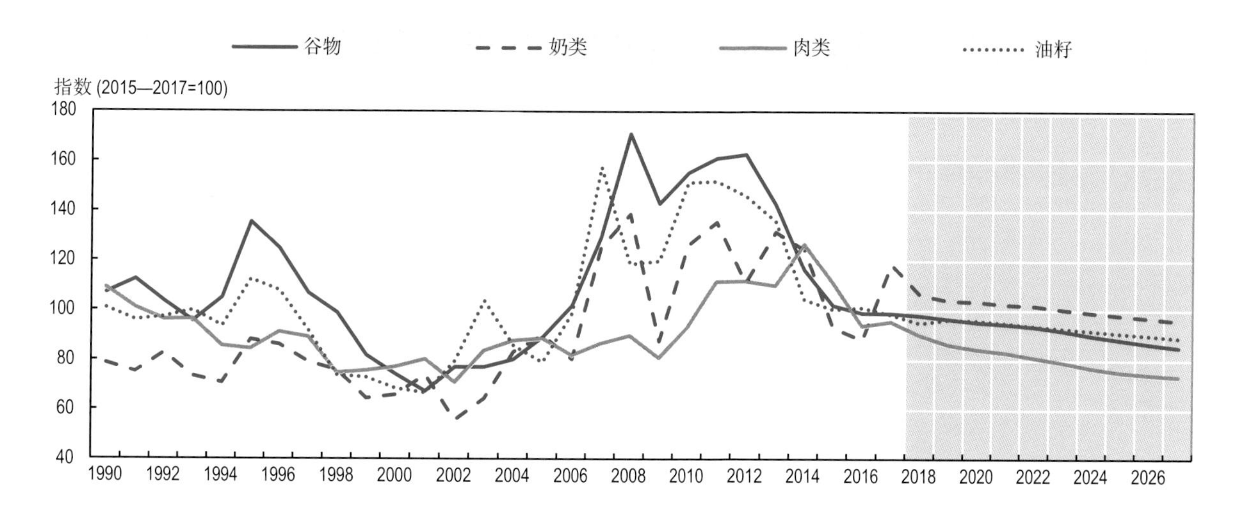

资料来源：经合组织 / 粮农组织（2018 年），《经合组织 – 粮农组织农业展望》，经合组织农业统计数据（数据库），http://dx.doi.org/10.1787/agr-outl-data-en。

12http://dx.doi.org/10.1787/888933742340

图 1.25 农产品年均实际价格变化，2018—2027 年

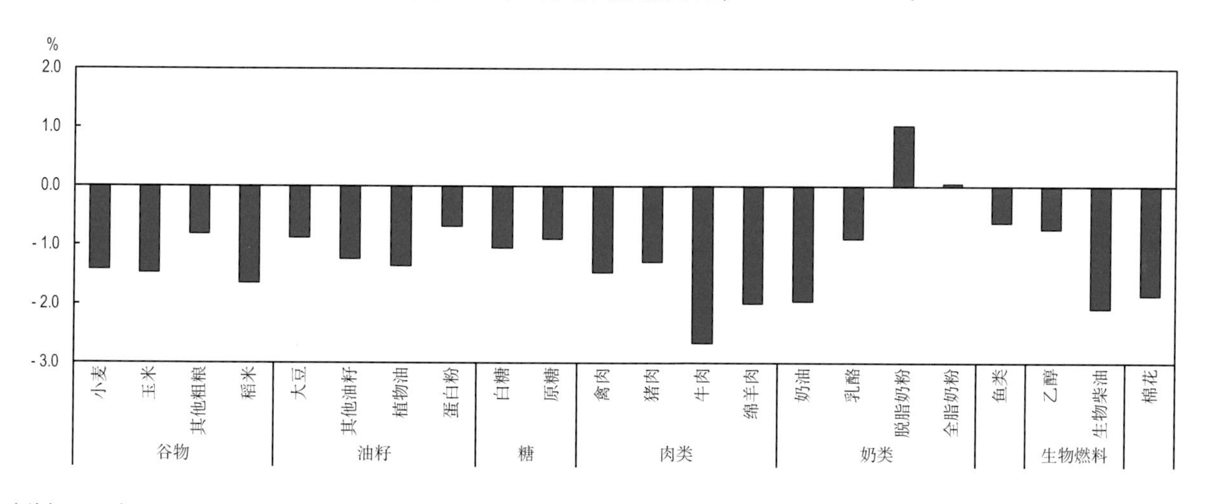

资料来源：经合组织 / 粮农组织（2018 年），《经合组织 – 粮农组织农业展望》，经合组织农业统计数据（数据库），http://dx.doi.org/10.1787/agr-outl-data-en。

12http://dx.doi.org/10.1787/888933742359

农产品实际价格发展趋势反映了各种因素之间的平衡，这些因素包括导致价格上涨的因素（如人口增长和收入增加引起的需求增长），以及可能会降低价格的因素（如生产率提高，在不使用额外投入的情况下增加产出）。图 1.25 所示的实际价格下降模式表明，在本《展望》所做假设的基础上，减价因素（主要是生产率提高）在未来 10 年预计将占主要地位。

尽管价格呈下降趋势，但创新高的风险依然存在

农产品价格往往波动较大，因为供需对短期价格波动相对不太敏感。这意味着，暂时冲击或者预测的不确定性对价格的相对影响将大于对消费或生产水平的影响。

本图显示的价格趋势概括了基本供需因素的相互作用，但短期波动可能会引起该发展趋势的明显偏离。

为了评估价格的不确定性，本《展望》的预测部分进行了部分随机分析。随机分析利用宏观经济变量和其他变量，如石油价格、经济增长、汇率和单产冲击等 1 000 种不同情景模拟了农业市场的潜在变化。在每个场景中，本《展望》所依据的 Aglink-Cosimo 模型预测不同价格产生的不同后果。这些可以用来表示本《展望》所做估计的敏感性。

随机分析中包含的差异程度建立在历史差异的基础上，这意味着比以往所见更极端的冲击未纳入该随机分析。此外，该分析仅为局部分析，因为未获得所有可能影响农业市场的变化源。例如，由于与动物疾病相关的不确定性很难量化，所以未反映这种不确定性。在随机分析中，农业市场不确定性的主要来源如下（Araujo-Enciso 等，2017）。

- 全球宏观经济驱动因素：32 个变量的值，包括美国、欧盟、中国、日本、巴西、印度、俄罗斯联邦和加拿大的实际国内生产总值（GDP）、消费价格指数（CPI）和 GDP 紧缩指数；这些地区的国家货币兑美元汇率；以及世界原油价格。
- 农业单产：本《展望》还分析了影响 20 个主要生产国 17 种作物单产的不确定性，得出总共 78 种因国家而异的特定产品的不确定单产。

图 1.26 显示在本《展望》基线场景下的部分商品实际价格的预期演变，在每个图表中都使用一条实线表示。价格预测的敏感性使用该预测线周围的一个 90% 置信区间表示；在随机分析中，90% 的模拟价格都落在这个灰色区域内。在随机分析的假设条件下，价格在任何给定年份都保持在该区间内的概率为 90%。因此，在整个 10 年期间都使价格保持在该区间的概率低得多，为（0.90）10% 或 35% 左右。在未来 10 年的某个时间点，价格跌出该区间（在该区间之上或之下）的概率是 65%。

图 1.26　**部分商品的实际价格演变**

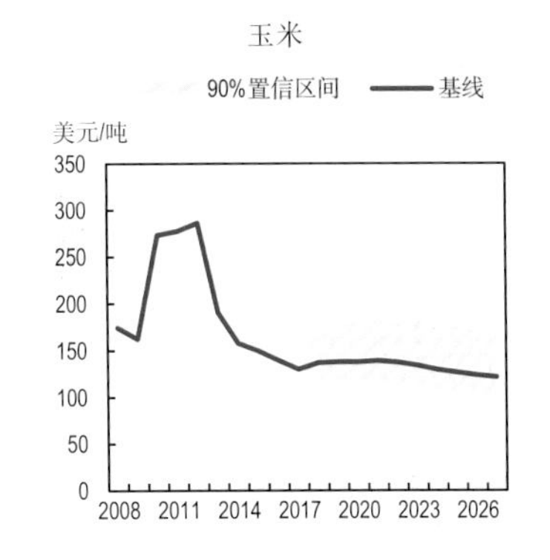

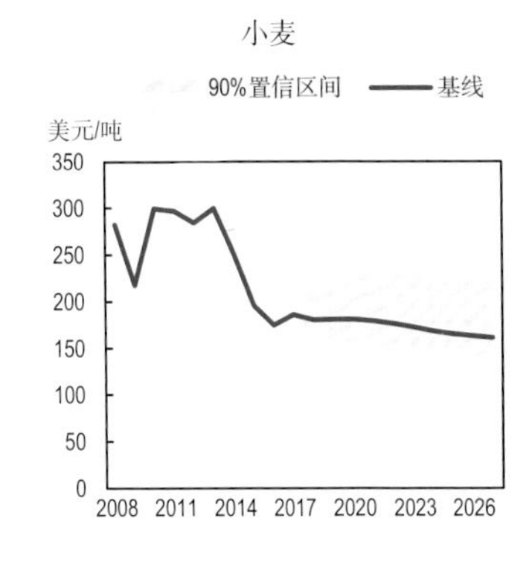

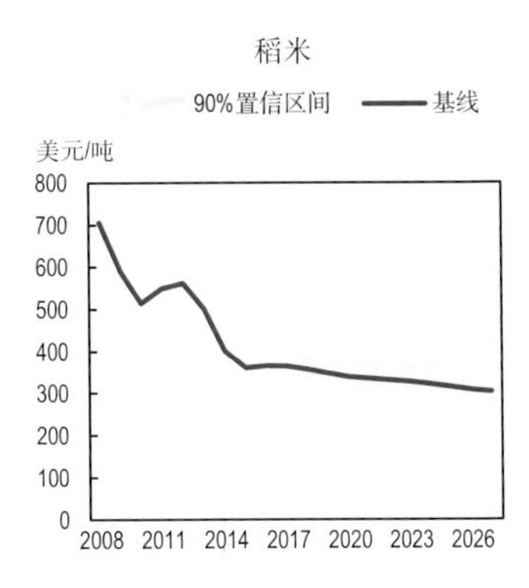

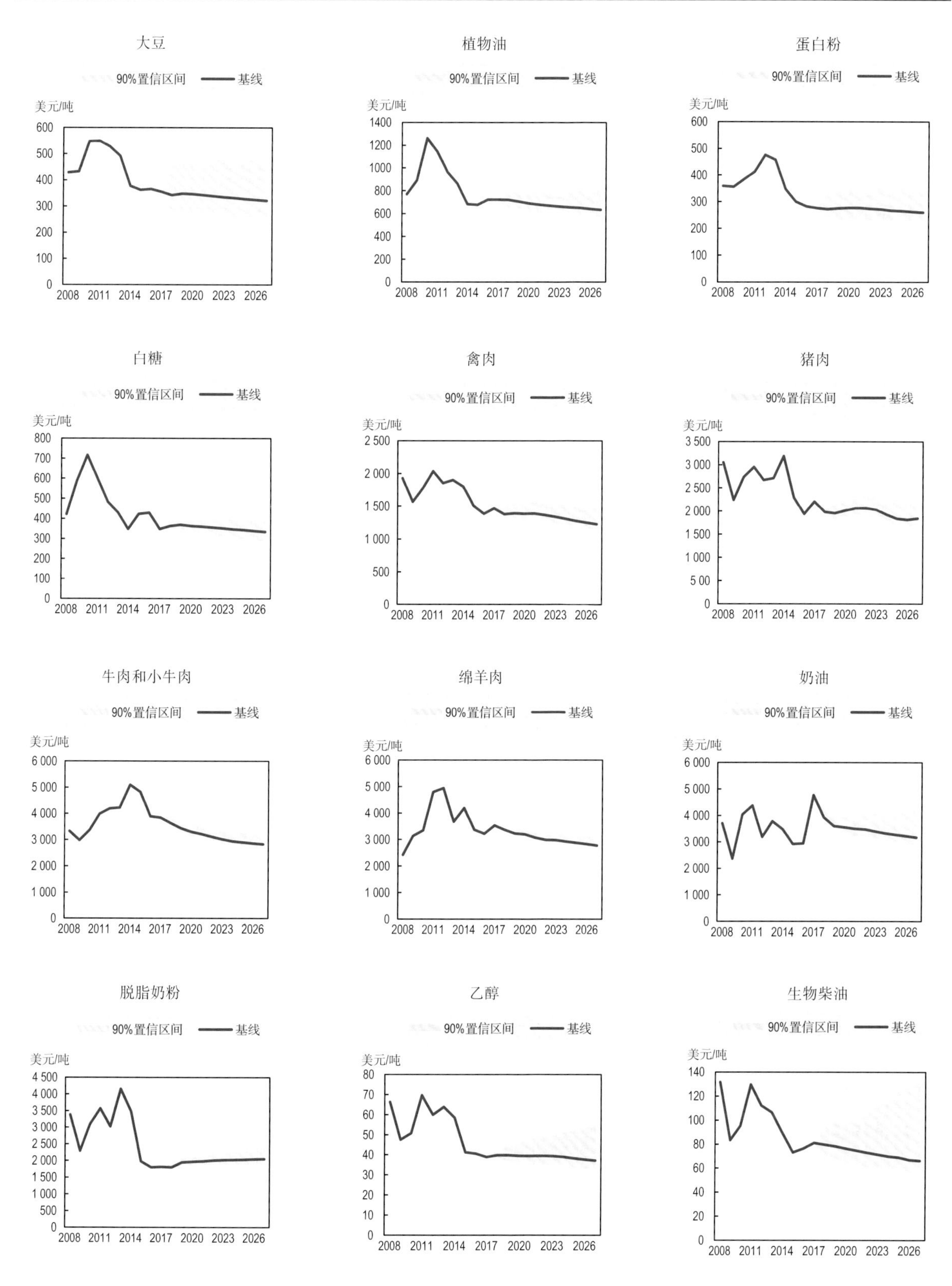

注：图表给出的是使用基准预测线（蓝实线）表示的展望期实际价格的演变以及一项部分随机分析的 90% 置信区间（详见文本）。在随机分析中不包括棉花和鱼类，所以此处未显示。实际价格是指利用美国 GDP 紧缩指数（2010=1）降低的名义世界价格。

资料来源：经合组织 / 粮农组织（2018 年），《经合组织－粮农组织农业展望》，经合组织农业统计数据（数据库），http://dx.doi.org/10.1787/agr-outl-data-en。

12http://dx.doi.org/10.1787/888933742378

重要的是，这个灰色区间不能反映出与预期价格相关的所有不确定性，只能反映随机分析所含变量产生的不确定性。考虑到单产对气候条件的敏感性，作物覆盖的范围往往比牲畜覆盖的范围大得多。在所有农作物中，水稻价格在随机分析的不同模拟场景变化不大。其部分原因是，当作出种植决定之后，水稻单产受天气条件影响的程度不大（但是，天气冲击会影响种植面积，因为农田完全透水是种植稻谷的先决条件。在随机分析中目前还不包括这种面积变化）。相比之下，生物燃料（乙醇和生物柴油）不仅具有影响实际生产率的不确定性，还有在需求方面的更大不确定性，因此该商品的价格变化程度最高。总之，由于价格飙升的上行潜力比价格下跌的概率更大，所以不确定性的程度往往是不对称的。

粮农组织食品价格指数的预期演变

评估价格演变的另一种方式是通过粮农组织食品价格指数的预期未来路径。该指数是在1996年提出来的，是这些商品组在2002—2004年的平均出口份额的加权，用于反映五大商品组中的一系列农产品的名义价格发展趋势。由于该商品价格指数在商品范围方面与本《展望》非常相似，作为衡量名义农产品价格演变的一项标准，其有可能预测食品价格指数的未来演变（图1.27）。

图1.27 粮农组织食品价格指数的预期演变

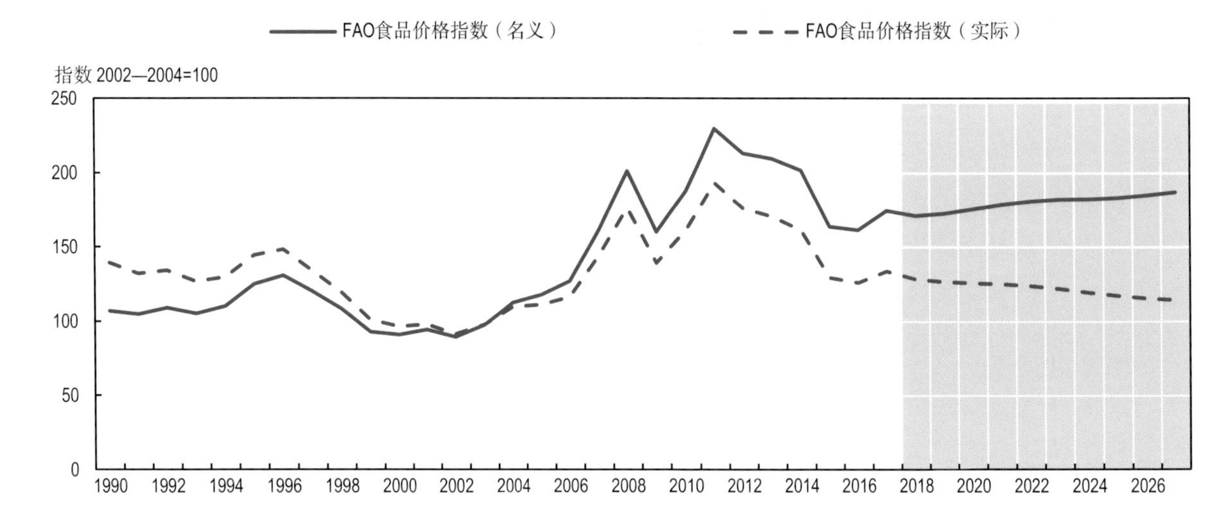

注：历史数据建立在粮农组织食品价格指数基础之上，收集了名义农产品价格信息；并且这些数据都是利用本《展望》基线预测的。粮农组织食品价格指数除以美国GDP缩减指数（2002—2004=1）得出真实值。

资料来源：粮农组织世界粮食形势（http://www.fao.org/worldfoodsituation/foodpricesindex/en/），经合组织/粮农组织（2018年），《经合组织－粮农组织农业展望》，经合组织农业统计数据（数据库），http://dx.doi.org/10.1787/agr-outl-data-en。

12http://dx.doi.org/10.1787/888933742397

在本《展望》所预测供求状况的基础上，由粮农组织食品价格指数汇总得到的名义农产品价格预计在未来10年每年仅增长0.7%。按实值计算，粮农组织食品价格指数在未来10年预计将会下降。名义价格和实际价格预计仍将低于2008—2014年达到的峰值水平，但高于2000年后前几年的水平。

风险和不确定性

本《展望》把利用 Aglink-Cosimo 模型预测的结果与农业市场驱动因素潜在演变的专家判断结合起来。本《展望》中的预测对基本假设条件非常敏感，如宏观经济条件假设和插文 1.6 所讨论的相关政策。这些假设以编制阶段的最佳可用信息为基础，其本身具有内在的不确定性。此外，一些没有明确考虑的因素在未来 10 年可能会影响全球农业市场。这些问题的不确定性往往会长期累积。在本《展望》所覆盖的未来 10 年中，即使本《展望》所做预测是合理的，但与发展趋势的暂时偏离也可能掩盖实际发展趋势。

一部分不确定因素可以量化。例如，在插文 1.3 中探讨了不同石油价格情景的影响。再有，上一节介绍的局部随机分析可以提供有用的信息，以了解本《展望》的预测对全球宏观经济条件和农业单产变化的敏感度。最后，还有几个因素更难量化；以下讨论了这些因素的潜在影响。

插文 1.3 替代油价情境的影响

预测期间的原油价格假设，是以世界银行在 2017 年 10 月发布的农产品价格预测中所预测的平均原油价格为基础。这些预测暗示着名义油价在展望期间的年均增长率为 1.8%，从 2017 年的 54.7 美元 / 桶，增长到 2027 年的每桶 76.1 美元。

为了测试本《展望》对该假设的敏感性，在国际能源署《2017 年世界能源展望》所述“新政策情境”的基础上，利用一个替代油价执行了情景分析。在该替代情境下，名义油价在 2027 年上升至 122.2 美元，比基线情境高出 61%。

油价大幅变动也将影响作为本《展望》基础的 GDP 假设，这对石油出口经济体来说特别明显。为了将这些影响纳入考虑范围，在欧洲委员会联合研究中心最近执行的一项研究基础上，该情境分析涵盖了石油价格对国内生产总值的影响（Kitous 等，2016）。

高油价导致燃料和化肥价格上涨，加上高通胀导致的总体成本增加，最终增加了农业生产成本。两种相反作用的影响下，燃料价格上涨也会经由生物燃料市场影响农产品的需求。一方面，价格上涨抑制了运输燃料的需求量，由于受强制混合规定的影响，这反过来又导致生物燃料需求减少。另一方面，原油价格上涨为使用生物燃料替代品创造了有利条件。由于汽油燃料在几个主要市场所占份额已经接近其技术极限，因此这种效应对生物柴油的影响比乙醇更明显。

该情境表明，原油价格上涨将对大多数农产品的生产产生负面影响，但影响较小。以玉米为例，其全球产量将比基线预测低 0.7%。原油价格上涨对生物燃料的影响更强烈。油价上涨将刺激全球生物柴油产量比基准提高 2.5%，而全球乙醇产量将减少 1.5%。

原油价格上涨也将影响农产品价格。玉米、小麦、大豆和植物油的名义价格将比基准价格高出 10%~11%，而牲畜和乳制品的名义价格将上涨 6%~8%。随着需求、生产成本和通胀率上升，生物柴油价格预计出现更强劲的上涨，名义价格预计将比基准价格高出 27%。

若干因素影响了石油价格向农产品价格的“转嫁”。该情境假定油价上涨是供方因素造成的，高油价会使运输燃料需求减少，并且受强制混合规定的影响，进而降低生物燃料需求量。如果油价上涨是运输燃料需求增加造成的，那么伴随而来应是生物燃料需求增长更加强劲，并因此导致农产品价格上涨。

第二个因素是油价上涨对化肥价格的影响。从传统观点来看，高油价导致了作为氮肥主要原料的天然气价格居高不下。过去，天然气的价格往往与原油价格挂钩，形成一种直接联系。但近年来，天然气价格已出现与石油价格“脱钩”的迹象。这将削弱油价与化肥价格之间的联系。另外，正如在该情境中所考虑的，原油价格大幅上涨似乎可能导致天然气价格提高——无论是天然气定价方式导致的，还是替代效应导致。因此，该情境假定原油价格确实会影响肥料价格。

资料来源：Kitous, A., 等人（2016）“低油价对石油输出国的影响”，《欧盟联合研究中心政策科学报告》，EUR 27909 EN (doi:10.2791/718384)。

部分随机分析

在上一节中，我们使用了部分随机分析来说明各种商品的预期实际价格的不确定性范围。随机分析还提供了对本《展望》其他方面的见解。表示和比较不确定性对预期结果影响的方法之一是最后一个预测年份，即 2027 年的变化系数。变化系数是指标准偏差除以平均值的得数，在本《展望》中可以解释为与“中间”预测值的偏差百分比。

图 1.28 对比了玉米的全球消费、产量、贸易量、（名义）价格和库存量的变化系数。其中，全球消费的变化系数约为 1%，而产量的变动幅度更大，几乎达到 3%。贸易量变化系数约为 5%。价格的变动幅度要大得多，达到 11%，而库存量的变动幅度最高，为 16%。

图 1.28　2027 年玉米变化系数

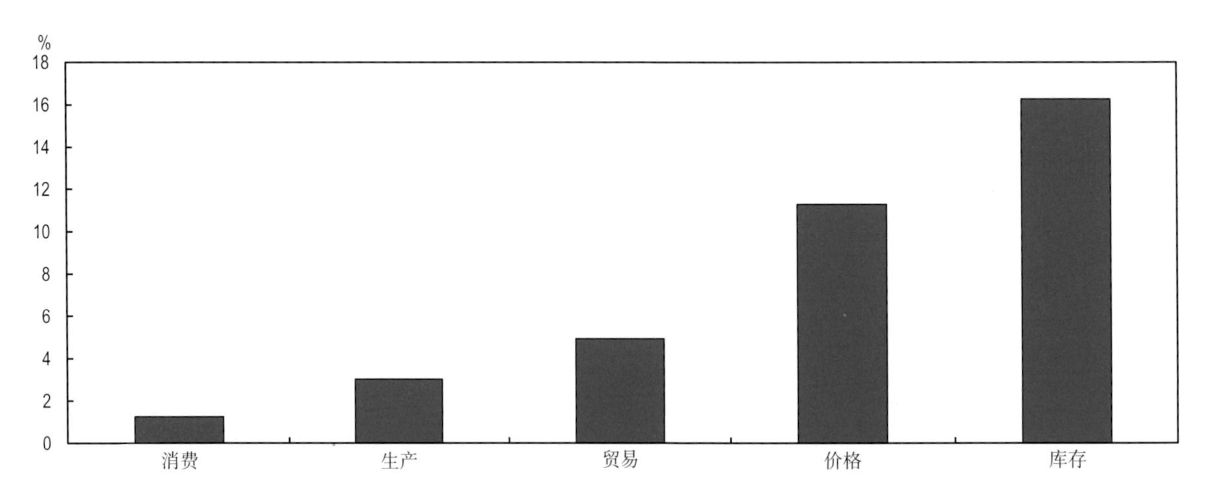

资料来源：经合组织 / 粮农组织（2018 年），《经合组织 – 粮农组织农业展望》，经合组织农业统计数据（数据库），http://dx.doi.org/10.1787/agr-outl-data-en。

12http://dx.doi.org/10.1787/888933742416

该结果反映了全球农产品市场的两个基本特征。首先，许多农产品的需求和供应对价格的敏感度相对较低。因此，对供需产生的冲击将会导致大幅调整价格。其次，贸易和库存起缓冲作用，因此更加多变。在产量出现波动时，库存可以稳定消费市场。同样，贸易也有助于各国增加进口，在产量较低的年份中，保持稳定的消费。

影响本《展望》的其他不确定因素

虽然部分随机分析反映了影响农业市场发展的一系列因素的不确定性，但许多其他不确定性更难量化，而且也同样重要，尤其是那些与政府政策相关的不确定性。

需求

在需求方面，一个重要的不确定源与主要市场的生物燃料政策相关，特别是中国。中国政府最近出台了一项全面普及乙醇的新计划，之前提出的一项计划已经在11个试验省份开展试点工作，最新提出的这项计划扩大到截至2020年在全国普及实施。在生物燃料章节中，对其潜在影响进行了更详细的讨论，但初步估计表明，该政策将使中国的乙醇使用量从180亿升增长到290亿升。考虑到这种增长，目前预计世界乙醇产量在2027年将达到1 310亿升。如果利用国内的农产品生产乙醇，中国很大一部分玉米储备可投入使用；但如果通过进口满足额外需求，则可能对农业市场产生巨大影响。

改变消费者的偏好也可能影响市场。从目前趋势可以预测消费者需求发生的改变，例如谷物需求量的下降，并且随着平均收入增长，蛋白质需求量持续增加。其他变化，例如素食或纯素食生活方式的出现，或者越来越偏好本地食品或有机食品，则很难进行评估，但这些变化往往是相对缓慢发展的趋势，而且在全球市场的重要性通常有限。相比之下，食品安全恐慌问题在短期内可能降低消费者需求，有时也会产生持久后果。

许多国家开始把肥胖和超重视为公共卫生问题，并且各国政府已经出台各种政策来遏制肥胖率上升，这些政策包括提供相关信息和知识教育，提出标签和产品配方要求，提供补贴和制定税收政策（最明显的是有关糖类和含糖饮料的政策）。在预测期内，还可能采取更多措施来影响热量消耗水平和饮食构成。

供应

农产品的产量特别容易受到自然因素的影响，包括恶劣天气以及可能影响动植物生产的疾病。从以往来看，这些疾病总是对农业市场构成严重干扰；在展望期内很可能出现类似干扰（特别是关于秋黏虫威胁的讨论，请参见插文1.4）。如上所述，农产品出口往往集中在少数几个国家；在其他条件相同的情况下，这就增加了某一个国家受灾后影响世界市场的风险。

监管变化可能影响农业生产，例如采取措施禁止某些生产做法，或提高某些生产做法的成本（例如，使用新烟酸类杀虫剂）。同样，减缓气候变化的政策也会影响农业，尤其影响那些会排放甲烷的反刍动物的生产。另外，新技术的发展，如数字和精准农业或新植物育种技术，可以使农业生产率超过本《展望》目前所预测的增长速度。

农业投入产业目前正面临越来越强的整合及市场集中化发展趋势。在农作物保护化学品、种子和生物技术、肥料市场等方面都出现这种趋势，人们对竞争减弱可能会降低民营研发支出的担忧也因此而生。

对于渔业和水产养殖业，一个重要的不确定因素与中国正在实施的政策变化有关，由于中国在该产业扮演重要角色，因此可能影响全球供需和价格。在鱼品和海鲜章节中更详细地讨论了其产生的潜在影响。

插文 1.4 撒哈拉以南非洲地区抵抗秋黏虫侵扰蔓延的斗争

秋黏虫（*Spodoptera frugiperda*）是一种美洲本土昆虫，2016 年初在中非和西非首次发现。此后，该虫害已经扩散到撒哈拉以南非洲的大多数国家，并且可能抵达北非（粮农组织，2017 年）。从中期来看，专家们担心该虫害可能蔓延到南欧和亚洲，在夏季甚至攻占北欧。在美洲，农民、研究人员及政府几十年来一直抗击秋黏虫，将损失控制在最小范围内。然而，在撒哈拉以南非洲地区，大多数玉米种植户都是小农，他们没有渠道获取必要的知识或生产资料来对抗这种新出现的害虫。站在农民观点上的部分研究声称，如不采取任何控制方法，秋黏虫可能使玉米减产 53%（Day 等，2017 年），而大部分的田间试验显示减产量低于 20%。

南部非洲连续两年的严重干旱结束之后，撒哈拉以南非洲地区暴发的秋黏虫疫情似乎并没有阻碍玉米产量的恢复。在 2017 年，谷物产量比 2016 年增加了约 1 600 万吨，使总产量达到 8 000 万吨，高于平均水平。本《展望》预计此积极趋势将持续下去，到 2027 年，该地区的玉米产量预计将达到 9 300 万吨左右。这些预测假定秋黏虫控制方法有效，足以继续提高单产。

但是，这些方法并不容易实施。而且，秋黏虫可能威胁该地区的粮食安全，还可能危及谷物和其他作物的生产，因为与美洲不同，撒哈拉以南非洲地区的绝大多数谷物生产以小规模生产为主。这些小种植户的作物往往更容易受到害虫和疾病侵袭，而且应对疫情的能力也很有限。

本《展望》预测把秋黏虫视为一个重要的不确定因素。同时，利用已经制定的举措，特别是粮农组织提出的“非洲秋黏虫可持续管理”五年计划，预计可以预防发生重大生产损失。该项目有拉丁美洲的研究人员、政府和小生产者参与，他们拥有丰富的秋黏虫管控经验。预计在拉丁美洲开发的方法和工具可以证明能够有效遏制撒哈拉以南非洲地区的秋黏虫疫情。

存在一种可能性：秋黏虫逐渐向北非转移，然后借道北非，往欧洲和亚洲奔袭。撒哈拉以南非洲地区更像是一个区域市场，但北非、欧洲和亚洲却不同，随着这些地区成为玉米的主要进口国和出口国，秋黏虫向这些地区蔓延可能对全球玉米市场造成影响。目前评估此问题产生的影响还为时过早，但已经开始采取措施确保有效监测和及早发现这种害虫。这些措施最终应使农民和政府能够及时采取正确行动，遏制秋黏虫的蔓延，减轻该虫害产生的影响。

资料来源：粮农组织（2017），“非洲秋黏虫可持续管理”，粮农组织行动方案，10 月 6 日，http://www.fao.org//a-bt417e.pdf
Day, R. 等（2017），“秋黏虫：对非洲的影响和启示”，《害虫管理展望》第 28 卷第 5 号第 196-201 页。

贸易量

近年来，国际贸易环境正面临越来越大的不确定性，这可能影响农业贸易流动情况。

当前许多涉及农产品的贸易问题（如俄罗斯进口禁令，阿根廷和印尼生物柴油向美国出口争议，以及中国针对美国高粱进口贸易执行的反倾销调查）可能会对特定商品产生重要的双重影响，但在全球层面以及不同商品之间不太可能产生巨大影响（插文 1.5）。然而，即使这些争端最终得以解决，由于出口国发现新市场，而进口国找到新供应源，也可能使不同国家之间的贸易流动发生永久改变。

英国退欧（即英国宣布退出欧盟）目前仍在谈判中；尚不得知针对英国国内农业政策及其与欧盟和其他国家贸易关系制定的确切安排。英国退欧可能会对某些双边农业贸易流动（尤其是牛肉、乳制品和羊肉）产生重大影响，但对全球农产品贸易的影响可能很小。

2018 年 3 月，有 11 个国家（澳大利亚、文莱、加拿大、智利、日本、马来西亚、墨西哥、新西兰、秘鲁、新加坡和越南）签署了《全面与进步跨太平洋伙伴关系协定》。该协定的缔约方正在降低彼此的农产品进口关税，这可能会巩固参与国之间的贸易关系。该协定还可能对非缔约国向缔约国的出口产生负面影响。同理，这些变化将对各个国家产生影响，使双边贸易流量超过全球农业市场。

目前正在重新谈判的《北美自由贸易协定》可能会影响北美的农业。该协定将促使形成一个高度一体化的地区，因此使农业贸易强劲增长。目前，25% 以上的美国玉米出口到墨西哥，1/3 的美国牛肉出口到加拿大和墨西哥；如果这些贸易流动中断，不仅会影响北美，也会波及全球市场。

插文 1.5　中国对美国农产品加征进口关税的潜在影响

中国是美国最大的贸易伙伴。对美国的商品出口总额从 2000 年的 840 亿美元上升到 2017 年的 5 060 亿美元。在净贸易额方面，美国每年的商品贸易逆差总额约为 3 750 亿美元，而农业产品的贸易顺差保持在 200 亿美元左右，其中大豆出口额达到 130 亿美元。

2018 年 3 月，美国政府表示在中国开展业务的美国企业受到不公平待遇，知识产权受到侵犯，正式对中国的钢铁和铝制品加征进口关税。中国政府作出回击，暂停对包括水果、坚果和猪肉在内的多种美国产品给予关税优惠，并宣布最终将对其他农产品征收关税。而且已经对进口猪肉加征 25% 的从价税，并宣布对大豆和高粱征收从价税。

美国大豆出口量的 60% 左右运往中国，为满足国内需求，中国大豆进口依赖性很高。2017 年，中国进口了约 9 600 万吨大豆，占全球大豆进口量的 64%，而中国的大豆产量约为 1 300 万吨。对大豆加征关税将降低从美国的进口量，但通过向其他供应国采购农产品也可能抵消减少部分，尤其是巴西和阿根廷。这可能扩大贸易重新分配范围，使美国的出口转向其他市场；在美国与巴西大豆差价大幅扩大的情况下，尤其会转向欧洲和拉丁美洲。目前已经发生这种迹象。

中国已采取进一步措施遏制从美国进口高粱。在 2017 年，美国高粱出口量的 80% 运往中国，折合 9.57 亿美元。2018 年 2 月，中国启动了针对美国高粱进口的反倾销和反补贴税调查，因此，从原则上讲，这不在北京宣布的反制措施范围之内。截至 4 月初，中国提出对原产美国的进口高粱征收临时保证金，相当于 178.6% 的反倾销税。这项措施适用于所有美国公司，导致美国出口停止，迫使已经开往中国的货船改变航向。对中国高粱进口交易设置的更高贸易壁垒可能引发二次效应，并可能减少中国较高的玉米库存量，或者刺激其他饲用谷物的进口，尤其是大麦，这将为其他出口国打开机遇之门。

中国是世界上最大的猪肉生产国和进口国。在2017年，中国的猪肉产量达5 300多万吨，约占全球产量的45%，进口量估计达到160万吨。该行业对猪饲料豆粕的依赖性非常严重。从中期来看，关税提高，大豆和饲料谷物成本上涨，都将推高中国猪肉业的生产成本。再加上进口猪肉的高关税以及因此导致的价格上涨，这可能使国内猪肉价格大幅提高。为了满足需求，中国可能会选择从欧盟、加拿大和巴西等其他供应国采购猪肉。

在这些主要产品类别中，加征进口关税将意味着直接使美国供应商和中国消费者承受一定损失。除了直接导致的混乱之外，由于这些产品是高度可交易产品，并且中国有可能从其他国家采购，而美国也可能向其他市场出口，因此整体市场影响应当比较温和。特别指出的是，鉴于美国对中国的大豆贸易量巨大，加上缺少其他合作伙伴，转移贸易会付出很大的代价。如果中国寻求通过国内生产来填补需求缺口，其影响将更大。

商品预测的要点

谷物

到2027年，全球谷物产量预计将增长13%，这在很大程度上归功于单产提高。在玉米和小麦贸易方面，俄罗斯联邦开始在国际市场上发挥重要作用，在2016年已经超越欧盟，成为全世界最大的小麦出口国。玉米贸易方面，巴西、阿根廷和俄罗斯联邦的市场份额将会增加，而美国则会下降。泰国、印度和越南预计仍将是国际大米市场的主要供应国，而柬埔寨和缅甸预计将在全球出口市场中占有更大份额。在预测期间，名义价格预计略有提高，实际价格略有下降。

油籽

全球油籽产量预计每年将增长1.5%左右。远低于过去10年的增长率。巴西和美国将成为最大的大豆生产国，两国产量相似。由于畜牧产量增速放缓，并且蛋白粉在中国饲料配比中所占的比例已经达到了稳定水平，因此蛋白粉用量增长更加缓慢。由于发展中国家人均粮食消费增长放缓，以及作为生物柴油原料的植物油需求预计停滞，因此，预计植物油需求增长将更为缓慢。植物油出口将继续以印度尼西亚和马来西亚为主，而大豆、其他油籽和蛋白质粉出口则由美洲为主。在展望期内，名义价格预计将略有上升，实际价格将略有下降。

食糖

甘蔗和甜菜的产量增长速度预计将比前10年缓慢。预计巴西仍是最大生产国，印度、中国和泰国将出现强劲增长。高热量甜味剂（食糖和高果食糖玉米食糖浆）的需求增长速度预计将超过大多数商品。在发达国家和部分发展中国家，人均消费停滞不前，而这些国家的消费水平已经导致需要关注健康问题。在亚洲和非洲，人口增长和城市化预计将使食糖消费量继续保持增长。巴西将继续占全球出口量的45%左右，成为最大的出口国。食糖类的名义价格预计将出现温和上升趋势，但实际价格呈下降趋势。

肉类

2027 年，全球肉类产量预计将比基准期高 15%。发展中国家将占产量增长的 76%，家禽肉的增长速度最快。然而，发展中国家的消费者预计将增加肉类消费，把消费目标对准更昂贵的肉类，如牛肉和羊肉。亚洲预计将保持强劲的进口需求，菲律宾和越南的进口需求将大幅增长；其他主要进口国包括中国、韩国和沙特阿拉伯。巴西和美国这两个最大肉类出口国的出口份额加起来预计将扩大到 45% 左右。到 2027 年，肉名义类价格预计将逐渐上涨，而实际价格预计将呈下行趋势。

乳制品

世界牛奶产量在预测期间预计将增长 22%，其中大部分增长来自巴基斯坦和印度。 2027 年，这两个国家加起来预计占全球牛奶产量的 32%。这些国家的大部分额外生产将作为新鲜乳制品在国内消费。在预测期间，欧盟在全球乳制品出口中所占的份额预计将从 27% 上升到 29%。在预测期间，随着 2017 年的黄油泡沫继续破灭，黄油的名义价格和实际价格都将下降。除奶粉外，乳制品的实际价格预计将会下降。

鱼品

全球渔业产量将继续增长，与过去 10 年相比，增长速度要慢得多。额外的产出完全来自于水产养殖持续而缓慢的增长。捕捞渔业产量预计将略有下降。中国的政策变化意味着其水产养殖和渔业产量增长速度可能显著缩减。亚洲国家将占食用鱼品消费增长的 71%。除了非洲，各洲的人均鱼品消费量都将增加。鱼类和渔业产品将继续具有高度可交易性；亚洲国家将继续成为人类食用鱼品的主要出口国，而经合组织国家仍将是主要进口国。按名义价格计算，鱼品价格将全面上涨，但实际价格基本保持持平。

生物燃料

考虑到当前政策发展以及柴油和汽油需求的发展趋势，全球乙醇产量预计将从 2017 年的 1 200 亿升增加到 2027 年的 1 310 亿升，而全球生物柴油产量预计将从 2017 年的 360 亿升增加到 2027 年的 390 亿升。由于研发投资不足，在预测期间，预计不会启动使用残余物生产优质生物燃料的项目。生物燃料贸易预计仍将受到限制。未来 10 年，全球生物柴油和乙醇的实际价格预计将分别下降 14% 和 8%；但是，运输燃料政策和需求将继续影响乙醇和生物柴油市场的发展，这意味着这些预测存在相当大的不确定性。

棉花

世界棉花产量增速预计将落后展望期最初几年的消费水平，表现为价格下降，2010—2014 年期间积累的全球库存减少。印度继续保持全世界最大棉花生产国的地位，尽管中国棉花种植面积减少了 3%，但全球棉花种植面积预计仍将略有回升。中国的原棉加工产业预计将继续保持长期下降趋势，而印度将成为世界上最大的棉纺消费国家。至 2027 年，美国仍然是全世界主要出口国，占全球出口量的 36%。

高库存量以及合成纤维品的竞争继续给世界棉花价格施加压力，无论按实际价格还是名义价格计算，棉花价格预计都将低于基准期（2015—2017 年）。

插文 1.6 宏观经济与政策假设

基线预测的主要假设

本《展望》在特定宏观经济、政策和人口环境假设条件的基础上，给出了一个认为合理的情境，这些假设条件也是预测农产品和渔产品供需变化的依据。本《展望》中使用的宏观经济假设是以经合组织《经济展望》（2017 年 11 月）和国际货币基金组织《世界经济展望》（2017 年 10 月）为依据。在本插文中详细介绍了这些假设条件以及其他假设条件。

全球增长情况

2016 年，全球经济增长特别疲软，之后于 2017 年开始强劲复苏，增长率达到 3.6%。2018 年和 2019 年，预计还会出现类似的增长率。在发达经济体中，欧洲、加拿大、日本和美国的经济增长开始加速，通货膨胀率依然保持低位，但中期可能无法维持这样的增速。世界经济增长主要由新兴市场和发展中经济体推动，但增长不均衡，这对一些农产品出口国而言特别明显。

受财政刺激、有利的金融环境以及消费者和投资者信心激励，美国 2017 年 GDP 增速预计为 2.2%，2018 达 2.5%。在接下来的 10 年里，经济增长预计将保持温和，年均增长率为 1.7%。

欧元区的复苏预计在今年将加速，增长率达到 2.1%，2019 年略下降到 1.9%，但由于生产疲软和人口增长缓慢，预计未来 10 年仍将保持温和。对于欧盟 15 个成员国来说，预计在预测期间的年平均增长率为 1.6%。

2017 年反弹 1.5% 之后，日本的经济增长预计将在 2018 年和 2019 年再次分别降至 1.2% 和 1.0%。由于劳动力减少，预计 GDP 年平均增长率在预测期间将进一步下降到 0.6%。

在经合组织国家中，未来 10 年，预计土耳其增速最高，年均增长率为 3.6%，紧随其后的是智利 3.2%，以色列 3.0%，韩国 2.9%，澳大利亚与墨西哥 2.7%。加拿大的 GDP 在 2017 年强劲复苏，增速达到 3.0%，但预计在 2018 年下降到 2.1%，并且在未来 10 年的平均增速不超过 1.8%。

与过去 10 年 8% 的增速相比，中国经济增速在未来 10 年预计将继续减缓至 5.8%。而印度的平均增速预计将达到年均 8.1%。

经历了 2016 年的经济衰退之后，巴西、阿根廷和俄罗斯联邦在 2017 年恢复经济增长，预计在预测期间的年均增速分别达到 2.0%、3.2% 和 1.5%。在过去 10 年，南非的经济增长率平均为 2.2%。

继原油市场疲软导致经济衰退之后，中东和北非地区的经济增长正在复苏。中期预测经济增长略强，整个地区在展望期的年均增长率为 3%，但是，由于在很大程度上受到地缘政治因素影响，各国增长不平衡。预计埃及将成为增长最强劲的国家，GDP 的年增长率达到 5.9%，其他国家预计将以每年 2%~5% 速度增长。但有些国家可能无法恢复前 10 年的增速下降部分。

东南亚新兴发展中国家在中期内预计将继续保持强劲增长，至少可以和过去 10 年的表现媲美。越南、印度尼西亚和菲律宾的年增长率预计将达到 5%~7%，泰国的年增长率在 3.1% 左右。

对于拉丁美洲和加勒比地区的国家，增长率差异很大。巴西和阿根廷在未来 10 年的增速可能相对缓慢，而其他国家的年均增长率预计在 3%~4%，这包括哥伦比亚和智利。

图 1.29　经合组织和部分发展中国家 GDP 增长率

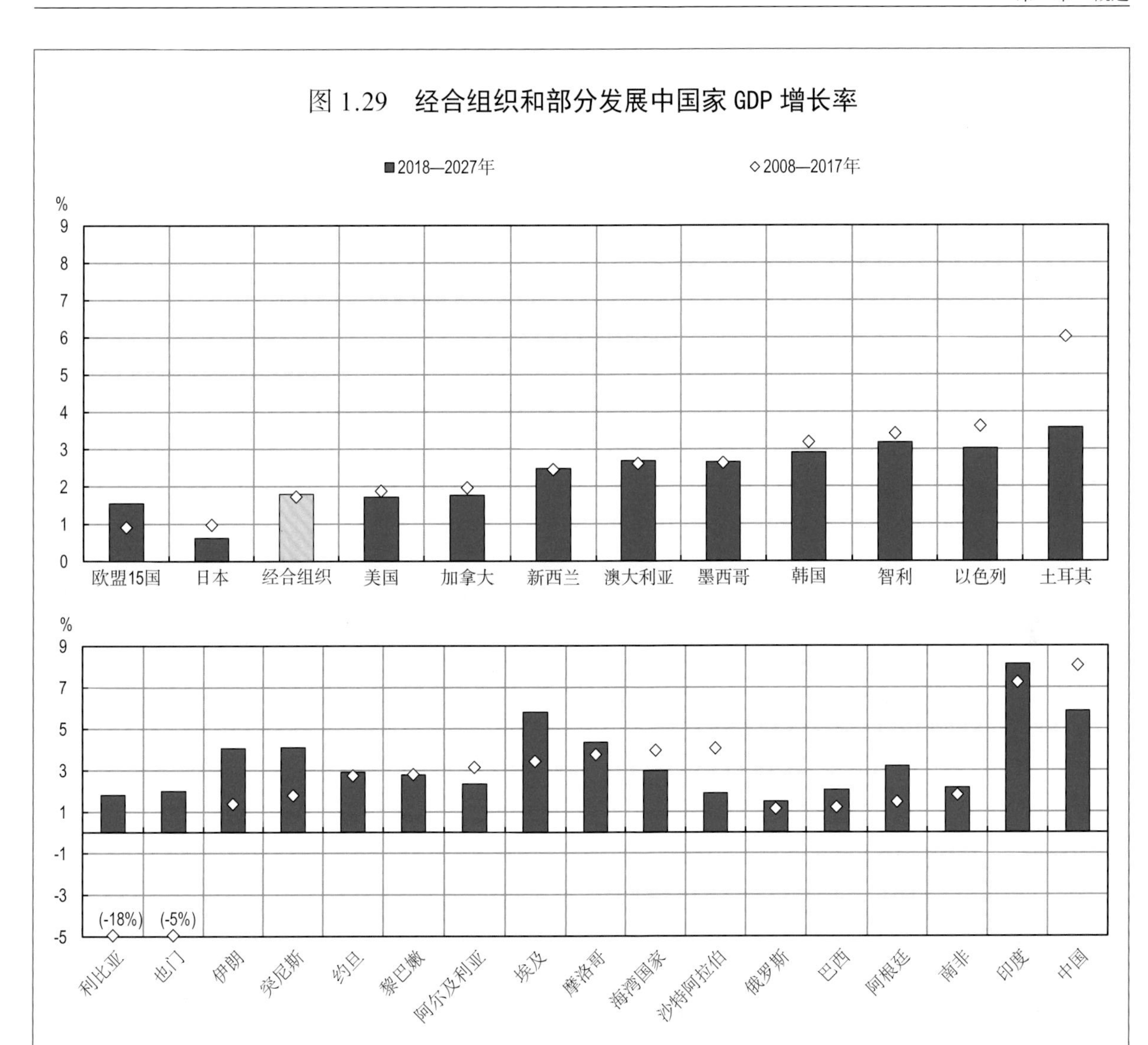

注：图二仅显示部分发展中国家。有关所有国家的假设请参见在线统计附录。

资料来源：经合组织 / 粮农组织（2018 年），《经合组织 – 粮农组织农业展望》，经合组织农业统计数据（数据库），http://dx.doi.org/10.1787/agr-outl-data-en。

12http://dx.doi.org/10.1787/888933742435

在非洲，发展中国家和最不发达国家的增速差异极大，但预计在未来 10 年将继续以更高速度增长，而且每年的人均增长率可能超过 3%。大多数非洲国家的持续增长将依赖于稳定的商品市场和国内政策改革。

人口增长率

未来 10 年，全球人口增速预期将减缓至每年 1%，过去 10 年为 1.3%。发展中国家继续为这种增长势头助力。尤其是非洲，预计将实现每年 2.4% 的增长率。亚太地区将占世界人口的一半左右；至 2027 年，印度将新增 1.38 亿人口，从而超过中国，成为世界人口最多的国家。

在经合组织国家中，日本人口在未来 10 年预期将减少 400 多万，俄罗斯联邦的人口也将减少 210 万。欧盟人口预计将继续保持稳定。澳大利亚预计可能成为经合组织中人口增速最快的国家，预计为每年增长 1.1%，其次是墨西哥，每年增长 1.1%。

通货膨胀

未来几年，在发达国家和新兴市场国家及发展中经济体，随着需求复苏和能源等商品的价格上涨，通货膨胀率预计将会上升。经合组织国家的通货膨胀率在 2017 年有所上升，平均约为 2%，但澳大利亚和加拿大仍然很低，仅为 1% 左右，日本接近于零。

美国的通货膨胀率预计将会逐步上升，在未来 10 年的年均增长率为 2.3%。对于欧盟 15 国来说，未来 10 年的年均通胀率预计为 1.8%。日本的通货膨胀率预计会略有上升，年均 1.6%。在主要新兴经济体中，预计中国的消费价格通胀将保持稳定，在预测期间的年均通胀率为 2.6%，巴西以每年 4.1% 的速度缓慢增长，同时，俄罗斯联邦的通货膨胀率应下降到年均 4.0%。

汇率

2017—2026 年期间，名义汇率主要受到与美国的通胀差距驱动（实际汇率变化不大或没有变化）。

在 2017 年，欧元对美元的名义汇率略有升值，2018 年应继续升值，但未来 10 年会再次贬值。未来 10 年，中国货币和日本货币对美元的名义汇率预计将会升值。相反，阿根廷、巴西、印度、南非、土耳其、巴拉圭和尼日利亚的货币预计将出现大幅贬值，而韩国、澳大利亚、墨西哥、俄罗斯联邦和加拿大的货币贬值幅度较小。

能源价格

截至 2016 年的世界石油价格历史数据基于从第 102 号《经合组织经济展望》短期更新（2017 年 11 月）获取的布伦特原油价格测算。2017 年使用了年均月度现货价格，2018 年则在 2017 年 12 月的每日现货价格平均值的基础上进行评估。预测期内，油价将保持世行 2017 年 10 月发布的《世行商品价格预报》预测的平均原油价格走势。

2017 年，石油输出国组织（欧佩克）延长生产协议后，原油价格开始回升。尽管美国页岩油产量强劲，但预计石油价格在未来几年将继续小幅上涨。基线预测认为，石油名义价格在展望期内将以年均 1.8% 的速度增长，从 2017 年的 54.7 美元 / 桶增加到 2027 年的 76.1 美元 / 桶（插文 1.3 探讨了另一种石油价格情境的影响）。

政策因素

政策在农业、生物燃料和渔业市场中发挥着重要作用，政策改革通常会改变市场结构。本《展望》假设整个预测期内政策将保持不变。英国退欧的决定未纳入预测，因为退欧条件尚未确定。在本《展望》中，英国预测仍保留在欧盟总体预测之中。就双边贸易协定而言，本《展望》仅考虑了经核准或已经实施的协定。因此，北美自由贸易协定在整个《展望》预测期内保持不变，而部分实施但尚未核准的《综合经济贸易协定》已纳入本《展望》。《全面与进步跨太平洋伙伴关系协定》于 2018 年 3 月签署，取代了美国退出后的《跨太平洋伙伴关系协定》，但尚未得到核准，因此未包括在本《展望》中。俄罗斯联邦对来自特定国家的进口实施禁令是一项临时措施，本《展望》假设该禁令将于 2018 年年底废除。关于生物燃料政策的具体假设在生物燃料章节进行阐述。

参考文献

Araujo-Enciso, S.R., S. Pieralli 和 I. Pérez Domínguez (2017)，“利用 Aglink-Cosimo 模型执行的部分随机分析：方法概述”，《联合研究中心的技术报告》，EUR 28863 E N, doi:10.2760/680976

经合组织－粮农组织 2018—2027 年农业展望

第二章

中东和北非：前景与挑战

本章回顾了中东和北非地区农业部门面临的前景和挑战。中东和北非地区的主要问题是，随着可耕地和水资源日益稀少，该地区的主要粮食产品高度依赖国际市场，并且这种依赖日益增强。该地区制定了扶持粮食生产和消费的政策，65% 的农田种植了用水量大的谷物，尤其是占卡路里摄入量很大部分的小麦。中东和北非地区的展望预计：食品消费增长缓慢，饮食结构逐渐发生改变，慢慢提高牲畜消费量，用水量持续以不可持续发展的速度增长，以及对国际市场的依赖持续不断增强。另一种解决粮食安全问题的做法是将政策重心偏向农村地区开发、减少贫困以及支持生产高价值的园艺产品。这种变化将促进饮食结构更加多元化、更健康，但需要提高农民的能力，帮助他们在种植高价值作物的时候，最大限度地降低风险。

引言

中东和北非地区[①]由来自海湾地区的高收入石油出口国、中等收入国家、中低等收入国家以及苏丹、也门和毛里塔尼亚等最不发达国家组成（表 2.1，第 1 列）。作为全球最大的粮食净进口地区之一，其供需两方面都有相当大的不确定性。供应方面的不确定性包括生产基地面临限制，缺乏可持续性。需求方面的问题包括：长期地缘政治冲突带来影响；作为该地区经济财富主要来源的全球石油市场不稳定；以及新出现的饮食和营养问题。

中东和北非地区的一个主要问题是，该地区重要的主食产品对国际市场的依赖度日益增高。考虑到该地区资源有限，这种担忧导致出台了一系列看起来极其错误的政策。例如，虽然中东和北非地区是世界上土地和水资源最有限的地区之一，但其水价却是全世界最低的，并且提供高额的用水补贴，约占其国内生产总值的 2%。结果，该地区的水资源生产率仅为世界平均水平的一半（世界银行，2018 年）。该地区的种植模式与缺水程度的矛盾也难以解决。虽然水果和蔬菜的用水量少，每季都产生高经济回报，并且该地区的大多数国家在水果蔬菜出口方面都具有相当的优势条件，但是约有 60% 的种植土地仍在种植用水量很大的谷物。政策与水资源短缺问题明显不匹配的一个主要原因是该地区制定的粮食安全目标，该目标希望减少对进口的依赖，特别是对谷物进口的依赖。与此同时，许多国家提供基本食品消费补贴，加上收入增长，导致淀粉和糖类消费过度，引发饮食和健康问题，如肥胖（粮农组织，2017c）。

本章首先考虑了中东和北非地区农业和渔业的一些主要特征，并回顾了该地区在资源、生产、消费和贸易等方面的表现。本章接着介绍了农业和渔业部门的中期预测（2018—2027 年），结束部分讨论了市场平衡可能以什么方式演变，以及可能影响该评估的主要风险和不确定性。

背景

尽管中东和北非地区的国家差别很大，正如表 2.1 所强调的，这些国家仍具有许多相同的特征。该地区的经济增长表现欠佳，从 2001 年到 2016 年，人均 GDP 年增长率仅为 1.6%，而同时期的中等收入国家总体的年增长率达到 4.3%（表 2.1，第 2 栏）。这在一定程度上是由于该地区人口增长率相对较高，在过去 10 年里仍然超过 2%，高于中等收入国家在同时期的全球平均增长率（1.3%）。该地区还面临严重的土地制约问题。在该地区 2/3 的国家中，作为生产基础的可耕地面积只有不到 5%，而许多国家（沙特阿拉伯、黎巴嫩、突尼斯、摩洛哥、也门、毛里塔尼

① 在本章中，中东和北非地区包括粮农组织北非和近东地区的国家 / 地区：阿尔及利亚、巴林、埃及、伊朗、伊拉克、约旦、科威特、黎巴嫩、利比亚、毛里塔尼亚、摩洛哥、阿曼、巴勒斯坦权力机构、卡塔尔、沙特阿拉伯、苏丹、叙利亚、突尼斯、阿拉伯联合酋长国和也门。

亚和叙利亚）拥有可供放牧的巨大沙漠牧场。该地区是世界上水资源最紧张的地区，2/3 的国家使用地下水的速度继续超过其国内淡水资源的再生速度（表 2.1，第 4 栏）①。而该地区的水价是世界上最低的，每年提供巨额用水补贴（约占 GDP 的 2%），并且总的水资源生产率仅为世界平均水平的一半（世界银行，2018 年）。

表 2.1 2014 年中东和北非的背景指标

	人均国内生产总值		农业土地	可耕地	可再生内部淡水资源	年度淡水取水量	出口（2014）	进口（2013）
	当期美元金额 *	年增长率（%）2000—2016	占土地总面积的百分比（2014）		（2014）10 亿米 3		矿物燃料、润滑油和化工产品的份额（%）	自给率（%）
	（1）	（2）	（3）		（4）		（5）	（6）
卡塔尔	86 853	0.6	6	1	0.06	0.44	87	3
阿拉伯联合酋长国	44 450	-2.1	5	0	0.15	4.00	38	
科威特	42 996	0.1	9	1	0.0	0.9	94	
巴林王国	24 983	-0.1	11	2	0.0040	0.3574	48	
沙特阿拉伯	24 575	1.2	81	2	2	24	90	33
阿曼	20 458	-0.2	5	0	1.40	1.32	79	5
黎巴嫩	8 537	0.4	64	13	4.8	1.3	13	41
伊拉克	6 703	2.7	21	12	35	66	95	54
利比亚	5 603	-2.4	9	1	0.7	5.8	77	
伊朗伊斯兰共和国	5 541	2.5	28	9	129	93	77	85
阿尔及利亚	5 466	2.0	17	3	11	8	98	64
突尼斯	4 270	2.3	65	19	4	3	14	75
约旦	4 067	1.1	12	3	0.7	0.9	32	38
阿拉伯埃及共和国	3 328	2.2	4	3	2	78	31	72
摩洛哥	3 155	3.0	69	18	29	10	16	80
巴勒斯坦民族权力机构	2 961	0.6	50	11	0.81	0.42	6	16
苏丹	2 177	4.2	29	8	4	27	64	85
阿拉伯叙利亚共和国	2 058	2.1	76	25	7	17	24	
也门共和国	1 647	-2.4	45	2	2	4	41	50
毛利塔尼亚	1 327	1.4	39	0.4	0.4	1.4	4	

注：所有的人均国内生产总值估计都是指 2014 年，但由于冲突影响了可靠数据的获取，所以不包括利比亚（2011 年）和叙利亚（2007 年）。叙利亚的人均国内生产总值是指 2000—2007 年，利比亚为 2000—2011 年。可耕地包括种植临时作物、临时牧场、厨房菜园以及临时休耕的土地。农业用地包括可耕地，以及种植永久作物的土地和用作永久牧场的土地。表 2.1 所列的自给率是按价值计算的：（以当前美元价值计算的农业生产总值）*100/（以当前美元价值计算的农业生产总值 + 以当前美元价值计算的进口总值 – 以当前美元价值计算的出口总值）。

资料来源：世界银行（2018）；联合国贸发会议（2018）；粮农组织（2018a，2018b）。

① 相对于可再生的国内淡水资源而言，当年度淡水提取量较高时，水资源紧张问题就会显现出来。如果淡水提取量超过可再生国内水资源，则需要提取不可再生的地下水资源，或者进行海水淡化，以及使用其他补充水资源，而用水情况不包括在每年的水资源数字中（世界银行，2018 年）。

该地区的出口商品范围仍然有限，超过 2/3 的出口由矿物燃料、润滑油和化学品构成（表 2.1，第 5 栏）。这种小范围的产品出口模式使中东和北非地区的出口集中度比世界其他地区高出近 10 倍。2014 年，世界出口集中指数为 0.06，而中东和北非地区的该指数为 0.44（联合国贸发展会议数据库，2018 年）①。然而，该地区的石油出口依赖性存在很大差异。伊拉克、阿尔及利亚、沙特阿拉伯、卡塔尔和科威特等国家几乎不出口任何其他商品，只出口矿物产品、润滑油和化学品等几种商品，而毛里塔尼亚、巴勒斯坦权力机构、黎巴嫩和摩洛哥却很少出口此类产品。

最后，尽管在过去 50 年里，该地区的农产品贸易额占 GDP 比重大幅增加，但这种激增主要源于进口增长。2013 年，该地区的国内农业产量占国内农产品消费总值的 65%，最低的为卡塔尔（3%），最高的是苏丹和伊朗，均为 85%（表 2.1，第 6 栏）。其他农产品依赖进口。

中东和北非地区的农用自然资源

中东和北非地区的环境不利于农业生产。该地区的土地和水源稀缺。受风和水的侵蚀，加上不可持续的耕作方式，导致使用中的雨养土地和灌溉土地不断退化。大多数国家的农场规模普遍很小，因此各地的小农户普遍面临各种挑战。此外，由于气候变化，预计该地区未来将变得更加炎热、干旱。

该地区只有一小部分土地是可耕地

在中东和北非地区的土地总面积中，只有 1/3 是农业用地（农田和牧场），而其中只有 5% 是可耕地（农田）（表 2.1）。剩余土地要么已经城市化，要么是干燥的沙漠。由于气候干旱，该地区约 40% 的种植区域需要灌溉（粮农组织，2018a，2018b）。图 2.1 显示，该地区只有 4% 土地适宜或比较适宜种植雨养谷物，而 55% 的土地不适合种植雨养谷物。

除了缺乏适合耕种的土地外，目前用于耕种的土壤也严重退化，其生产力估计已减至生产潜力的 30% ~35%（插文 2.1）。雨养系统中的土壤退化是受风和水的侵蚀引起的，而在灌溉系统中，耕作方式本身则影响土壤的盐度和碱度②。据估计，在该地区 3 000 万公顷的雨养农田中，其中 3/4 的土地出现退化。最近的研究估计，该地区土地退化导致每年产生 90 亿美元的经济损失（单个国家 GDP 的 2%~7%）。据估计，在整个区域，仅盐度一项导致的损失每年就达到 10 亿美元，折合每公顷受影响的土地损失 1 600~2 750 美元（西亚经社理事会和粮农组织，2018 年）。

---

① Herfindahl-Hirschmann 集中度指数是衡量产品集中度的一个指标。该指数介于 0 和 1 之间。一个接近于 1 的指数值表示一个国家的出口或进口高度集中于少数产品。相反，接近于 0 的值则反映出口或进口更均匀地分布于一系列产品。在世界范围内，自然资源丰富的国家拥有系统化的高度集中度指数值，参见 Bahar（2016）。

② 碱性是指土壤钠的浓度较高。由于钠会导致土壤膨胀和分散，因此碱性土壤的结构较差。松散的土壤结构使土壤失去其完整性，容易发生水涝，而且土质往往变得更加坚硬，使植物根系难以穿透。

图 2.1　北非和西亚种植低投入雨养谷物作物的适宜指数（级别），1961—1990 年

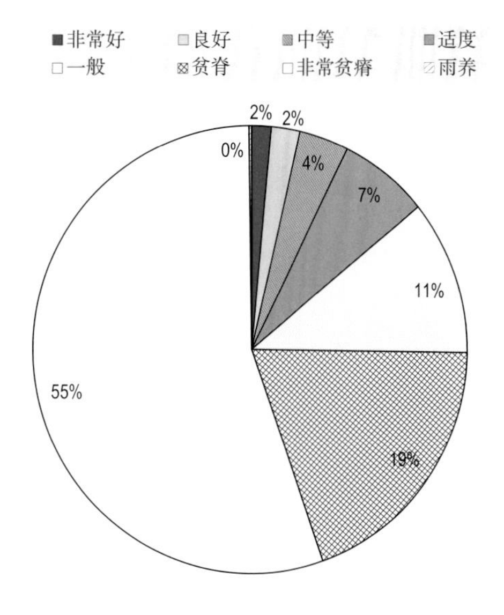

资料来源：粮农组织（2018c）。

12 http://dx.doi.org/10.1787/888933742454

插文 2.1　解决中东和北非地区土质问题的倡议

免耕。犁翻土壤会产生许多有害影响，如水分和有机物流失，更容易遭受风和水的侵蚀。免耕或尽量减少耕作的种植做法可以消除耕作，不翻动土壤，从而可以避免这些问题。上季作物留下的根茎可以稳定土壤，使土壤免受侵蚀影响，而地面上的有机物增加了土壤的肥力和持水量。不耕翻土地，可以利用条播机直接把种子和肥料插入土壤中，但条播机的价格昂贵，而大多数小农场都负担不起大约 3 万美元的费用。国际旱地农业研究中心和澳大利亚政府最近推出的一个项目解决了这个问题。该项目旨在与当地农民和工匠合作，制造并分销近 200 台经济型条播机，这种条播机目前正在阿拉伯叙利亚共和国、伊拉克、黎巴嫩、约旦、阿尔及利亚、突尼斯和摩洛哥使用。

土壤图。土壤数据对农民和决策者来说都很重要。然而，土壤图往往已经过时，而且分辨率低，不易理解。总部设在美国的数字土壤测绘研究所是一个区域中心，为一个由科学家和研究人员组成的全球联盟提供服务。该联盟正在开发 GlobalSoilMap.net，该网站可以把不同来源提供的数据组合起来，并通过一种适合用户查看的格式提供给各界浏览者。这些数据可能包括土壤酸碱度、储水电导率，以及通过遥感、近红外光谱和实地取样中推导得出的碳含量数据。该举措还可能利用国际土壤信息研究所的全球土壤伙伴关系系统。此外，欧盟、非洲联盟和粮农组织最近发布了一套非洲土壤图集（Jones 等人，2013）。

资料来源：www.icarda.org/conservation-agriculture/zero-tillage-seeders, 西亚经社委员会和粮农组织援引（2018）。

与其他地区相比，土地生产力较低

土地生产力的一项总体指标是每公顷农业土地的农业生产总值，中东和北非地区的农业生产总值落后于全世界大多数地区（表 2.2）①。在主要地区，只有撒哈拉以南非洲地区的表现最差。每公顷低产值反映了大部分耕地被用于种植低产量温带作物，以及沙漠牧场的生产力低下。但并非所有国家的表现都如此糟糕。埃及拥有肥沃的土壤，种植灌溉谷物，几乎没有牧场，每公顷农业土地上的产值超过 6 000 美元；巴林王国仅种植园艺作物和饲养牲畜，生产产值超过 4 000 美元。约旦、黎巴嫩、巴勒斯坦权力机构、阿联酋和科威特几乎没有用于种植谷物的土地，但每公顷土地的产值超过 1 000 美元②。

表 2.2 还对比了中东和北非地区与其他发展中地区的土地生产力增长情况。在 20 世纪 70 年代，中东和北非地区取得了非常不错的进展，但在最近几十年里，表现显得相对平淡。自 20 世纪 80 年代以来，中东和北非地区的每 10 年增长率在表 2.2 中排名垫底，这表明与其他 4 个发展中地区比较，其表现相对恶化。

表 2.2 每公顷农业土地生产总值（以 2004—2006 年度不变价格计算，千美元）

	1961—1970 年	1971—1980 年	1981—1990 年	1991—2000 年	2001—2014 年
全世界	189	234	286	334	449
西欧	1 284	1 541	1 810	1 878	1 962
北美	261	326	375	449	540
东亚	209	269	364	518	829
拉丁美洲和加勒比	138	169	213	258	373
撒哈拉以南非洲	55	67	79	104	146
中东和北非	85	111	142	162	226

资料来源：粮农组织（2018b）。

园艺作物（如橙子和番茄）方面，中东和北非地区的单产接近世界平均水平。但是，小麦和油籽等温带作物的平均单产远低于世界水平（表 2.3）。由于单产因灌溉条件、施肥和其他投入因素的差异而有所不同，因此，这种低平均水平掩盖了各国之间的差异。在 2010—2016 年度，埃及、科威特、沙特阿拉伯、阿联酋、阿曼、黎巴嫩全部实现小麦单产超过每公顷 3 吨（图 2.2）。在 2010—2015 年期间，这些国家均采用灌溉小麦生产方法，每公顷耕地施用肥料 100~600 千克（按营养重量计算）（粮农组织，2018b）。

在 1971—2016 年期间，通过扩大种植面积和提高单产，园艺作物和谷物产量增加。但油籽的情况并非如此，油籽产量随时间推移而逐渐降低。对于橙子、番茄和小麦，中东和北非地区的单产增速略高于世界平均水平。此外，该地区内的园艺作物增长率比小麦和油籽等温带作物更加强劲（图 2.5）。

① 生产总值包括所有牲畜和作物产量，包括用作饲料的作物。与生产总值对应的土地是农业用地，包括可耕地和牧场。
② 所有的价格都以美元为货币单位，采用 2004—2006 年的平均国际价格计算。

表 2.3　各地区的橙子、番茄、小麦和油籽平均单产，2010—2016 年度（吨 / 公顷）

	橙子	番茄	小麦	油籽
全世界	17.9	35.2	3.2	3.2
西欧	5.8	269.5	7.2	3.2
北美	28.3	91.1	3.1	2.0
东亚	15.3	52.1	5.0	2.8
拉丁美洲和加勒比海	19.3	38.7	3.1	4.5
撒哈拉沙漠以南非洲	17.6	7.8	2.5	1.8
中东和北非	17.9	37.8	2.2	0.9

资料来源：粮农组织（2018b）。

图 2.2　中东和北非地区各国的平均小麦单产，2010—2016 年度

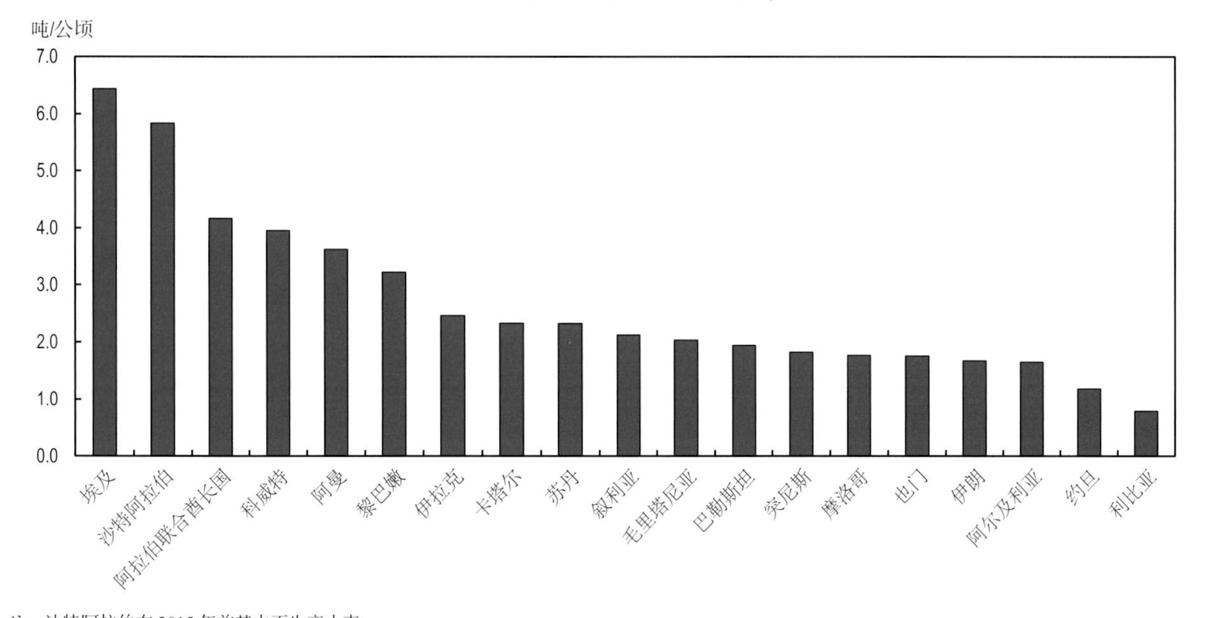

注：沙特阿拉伯在 2015 年前基本不生产小麦。
资料来源：粮农组织（2018b）。

12 http://dx.doi.org/10.1787/888933742473

表 2.4　世界和中东北非地区：橙子、番茄、小麦和油籽的年均产量、单产和面积增长率，1971—2016 年（%）

	橙子	番茄	小麦	油籽
世界				
产量	2.3	3.5	1.7	4.4
单产	0.4	1.4	1.7	2.2
种植面积	1.9	2.1	0.1	2.2
中东和北非				
产量	3.1	4.2	2.4	-1.0
单产	0.6	2.5	2.2	-1.2
种植面积	2.5	1.6	0.2	0.2

资料来源：粮农组织（2018b）。

正如下面详细讨论的，该地区大多数国家的农场规模都很小，并且这些小农场往往不专门种植某种农作物。但是，这些小农场拥有充足的家庭劳动力，因此在劳动密集型园艺作物方面具有相对优势，但在采用新技术和获取投资方面的能力有限。此外，由于园艺作物生产风险较高，小农户不愿专门从事园艺作物生产。园艺作物具有高回报潜力，但也可能增加投资成本；在坏年景，一个农场可能损失其在种子、化肥和杀虫剂等方面的全部投资。相比之下，谷物则是更易种植、投入低，但产量也较低的作物。因此，作为一种多样化生产战略，小农往往种植园艺作物和谷物两种作物，从而降低风险，确保最低收入，以用于直接消费。不良的自然生长条件和较低的专业化程度共同导致园艺作物和谷物的单产低。中东和北非地区小农场的低生产率符合此分析结果。

农业用水政策及用水不可持续性加剧

中东和北非地区用水问题的重要性怎么评估都不为过。除了冲突，缺水是对该地区未来最严重的人为威胁。此问题并不局限于水资源的匮乏，还有长期以不可持续的方式抽取地表水和地下水，导致中东严重依赖的地下含水层枯竭（世界银行，2018 年）。在表 2.1 所列的 20 个国家 / 地区中，其中 13 个国家在 2014 年的淡水取水量超过从再生资源抽取的用水量。该地区以不可持续方式取水的做法获得了政策的支持，而缺乏水治理措施也加剧了不可持续性。并且，该地区的水价是全世界上最低的，甚至提供巨额用水补贴（约占 GDP 的 2%），其总的水资源生产率仅为世界平均水平的一半（世界银行，2018 年）。

中东和北非地区大多数国家用水量低于国际公认的可再生水资源人均 1 000 米^{3}的缺水区警戒线（图 2.3）[①]。在每个国家，农业都是主要的用水部门。另外，改善农业用水管理是遏制土壤退化和适应气候变化的关键。

图 2.3 年人均可再生水资源，2014 年

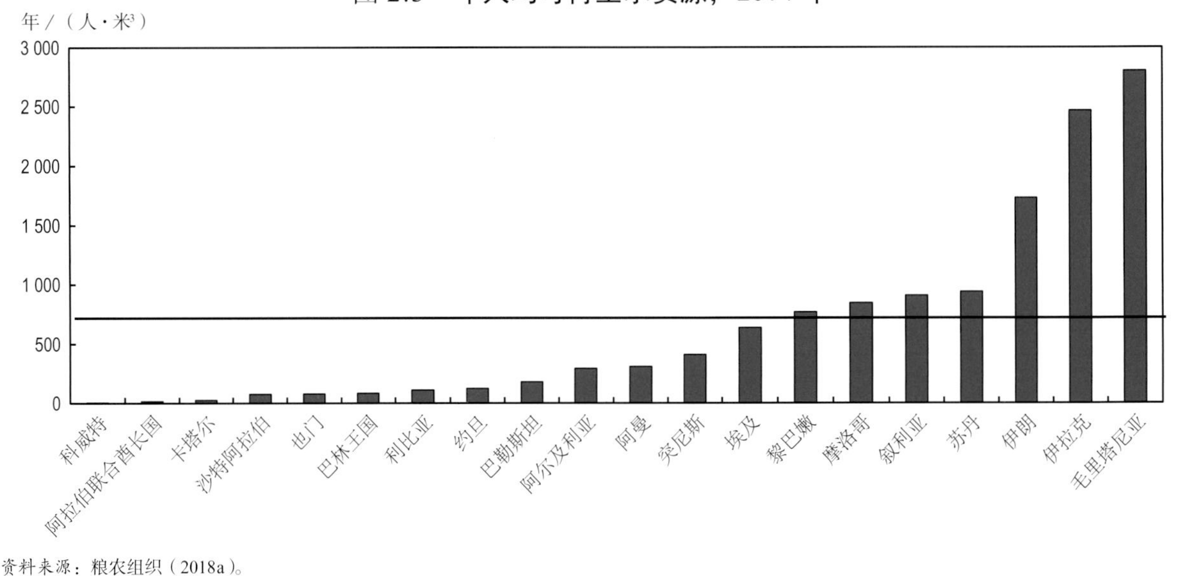

资料来源：粮农组织（2018a）。

12http://dx.doi.org/10.1787/888933742492

① “缺水线”由联合国开发计划署定义（2006 年）。

水资源生产率低是中东和北非地区农业的主要问题之一

可以通过两种主要方式来测量农业生产所用的水资源生产率①。

实际水资源生产率是指每单位消耗水量所获得的农业产出。表 2.5（第 1 列）显示，在中东和北非地区，蔬菜和水果的实际水资源生产率最高，其次是谷物、花生和牲畜产品。由于土壤肥力、植物疫病、害虫以及灌溉和种植时机等存在差异，而这些又都影响水资源生产率，因此每种产品的水资源生产率具有极大差别。农民控制这些因素的能力越强（例如，通过灌溉、正确的农艺做法、施肥以及病虫害防治），实际水资源生产率就越高。

经济水资源生产率可以定义为每单位消耗水量获得的生产价值。在中东和北非地区国家，蔬菜和水果的每立方米消耗水量获得的生产价值最高，其次是橄榄、枣、扁豆、谷物和牛肉（表 2.5，第 3 列）。

水并不是农业生产的唯一投入物，种植农作物或养殖牲畜的决定也受其他因素影响。关于产品选择的决定还取决于可用土地的类型（如牧场和农田）、农场位置（例如，在雨养区还是灌溉区），以及农民对风险的态度。然而，如果其他成本相似，中东和北非地区的农民更愿意通过生产水果和蔬菜来获得最高的回报。

表 2.5　中东和北非地区部分农产品的平均水资源生产率

	实际水资源生产率 中距值（千克 / 米³）*	中东和北非的平均生产价格， 2010—2016 年（美元 / 千克）**	平均经济水资源生产率 （美元 / 每立米农产品生产用水量）
	（1）	（2）	（1）*（2）=（3）
番茄	12.5	0.40	4.98
洋葱	6.5	0.42	2.76
苹果	3.0	0.88	2.64
马铃薯	5.0	0.45	2.23
橄榄	2.0	0.90	1.80
扁豆	0.7	1.17	0.82
枣	0.6	1.33	0.80
蚕豆	0.6	0.98	0.54
玉米	1.2	0.45	0.51
大米	0.9	0.59	0.51
牛肉	0.1	7.48	0.49
小麦	0.7	0.51	0.33
花生	0.3	1.33	0.33

注：* 以最大和最小平均值计算，Molden 等人提供，2010 年。** 中东和北非国家平均值，2010—2016，粮农组织提供（2018b）。
资料来源：Molden 等人（2010）；粮农组织（2018b）。

① 一般来说，“用水”一是指在蒸腾过程中消耗；二是指被某种产品吸收；三是指流入某个无法轻易重新使用的地方；或者四是指被严重污染（Molden 等，2010）。

气候变化对生产条件的影响各不相同

中东和北非地区的气候变化只会增加世界上已经非常干旱地区的农业风险。中东和北非地区的国家经常发生干旱，并且由于地下水的不可持续开采，未来将面临水资源短缺的问题。此外，在 20 世纪，北非和苏丹部分地区的平均气温上升了 0.5℃，并且在过去几十年里，其降雨量减少了 10%。根据气候变化预测结果的估计，在未来，整个地区将会变得更加炎热和干燥，该地区西部的降水减少量特别明显（Bucchignani 等，2018）。温度升高和降水减少将加速地表水流失，干旱将变得更加频繁。雨养作物的平均产量已经很低，今后还会变得更低，而且会更加不稳定。到 21 世纪末，该地区的农业总产量可能会从 2000 年的基准水平减少 21%[①]。

所有的农业系统将变得越来越干旱，水资源也越来越少，而且雨水灌溉系统面临最大的风险[②]。但是，气候变暖可能会使部分地区的生长季节延长，提高这类地区的冬季作物产量。以也门为例，该国的夏季为雨季，如果平均气温上升 2℃，预计将使生长季节延长约 6 周（Verner 和 Breisinger，2013）。此外，部分地区预计将获得更丰沛的降雨，这可能会提高产量，但也可能增加洪水泛滥的频率。在阿曼、沙特阿拉伯和也门已经出现这些趋势。

气候变化的共同特征是该地区气温的普遍升高，以及不同程度地影响各国的降雨量。然而，气候变化对农业的影响预计将因不同的农业系统而异（表 2.6）。在某些情况下，农民可以调整措施来应对变化。而其他地区的农业可能就难以为继，此时，农户将需要转型从事非农业或者迁徙。

表 2.6　气候变化对中东和北非地区农业系统的影响

农业系统		暴露： 预期与气候变化有关的事件	敏感性： 可能对农业系统产生的影响	
灌溉		第二章　温度上升 第三章　地表灌溉供水减少 第四章　地下水补给减少	增加灌溉需求和输水需求 当温度过高时降低单产 浸出液减少导致发生的盐化作用	第五章　水源压力更大 第六章　降低种植密集度
高地混合	干旱风险更大 可能延长生长期	第七章　增加干旱 第八章　灌溉供水量减少	降低种植密集度	第九章　减少单产 第十章　增加灌溉需求
雨养混合	干旱风险更大	第十一章　增加干旱 第十二章　灌溉供水量减少	降低种植密集度	第十三章　减少单产 第十四章　增加灌溉需求
旱地混合	干旱风险更大	第十五章　增加干旱 第十六章　灌溉供水量减少	有些土地可能重新变成牧场	第十七章　极易受降雨量减少影响的农业系统 第十八章　增加灌溉需求
放牧	干旱风险更大	第十九章　增加干旱 第二十章　牲畜和饲料用水量减少	这是一个非常脆弱的系统，荒漠化可能会显著降低土地的承载能力	第二十一章　非农业活动、退耕、迁徙

① Cline (2007)。计算结果依据的是政府间气候变化专门委员会（IPCC）于 2001 年发表的第三次评估报告。

② Verner 和 Breisinger (2013)；粮农组织（2015）；Ward 和 Rucksthuhl (2017)。

中东和北非地区的农业、渔业和水产养殖业的结构与表现

整个地区的农场规模分布不均

中东和北非是世界上农场规模分布最不均匀的地区之一。在该地区的部分国家，如埃及、也门、约旦、黎巴嫩和伊朗，大多数的农场规模都不足 1 公顷（图 2.4）。而与农场规模不足相对的另一极端是，数量相对较少的几个大型农场归属少数几个土地所有者，或者属于国有农场（Rae，未注明日期）。

图 2.4　**中东和北非地区部分国家的农场规模分布，1996—2003 年**

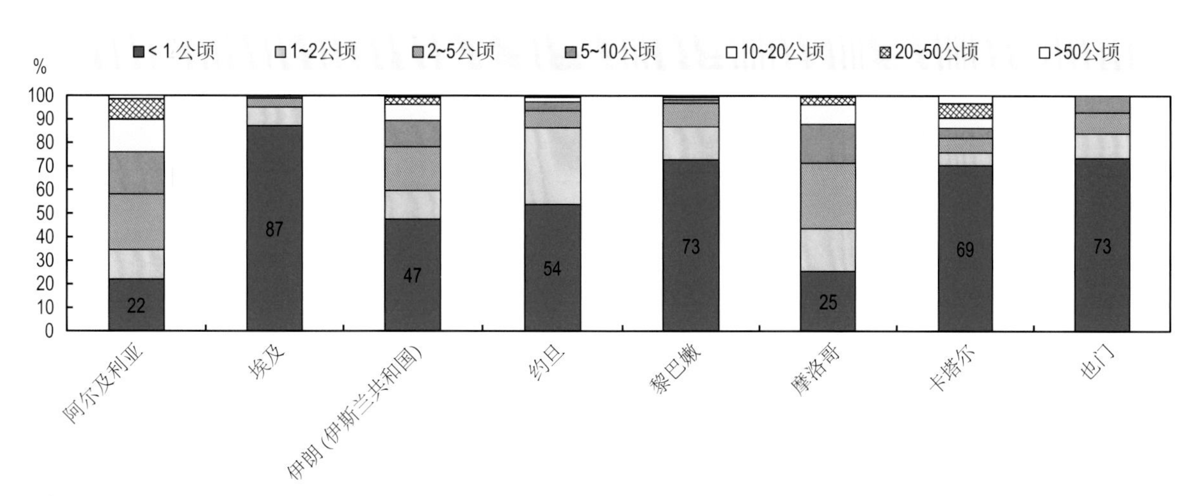

注：小于 1 公顷的柱形图中的数字表示小于 1 公顷的农场所占比例。估计数指的是阿尔及利亚（2001 年）、埃及（1999—2000 年）、伊朗（伊斯兰共和国）（2003 年）、约旦（1997 年）、黎巴嫩（1998 年）、摩洛哥（1996 年）、卡塔尔（2000—2001 年）和也门（2002 年）的农场规模分配情况。条形图中的数字表示在低于 1 公顷土地所占比例。

资料来源：Lowder 等人（2014）。

12 http://dx.doi.org/10.1787/888933742511

图 2.5 利用洛伦兹曲线来表现土地占有不均，该图绘制了全部农场所占比例与全部农业用地所占比例的对比图。对角线表现的是一种理论情况，其假定每个地块具有同等大小，例如，50% 的农场占农业总面积的 50%。实际洛伦茨曲线越弯，分布越不均匀。例如，在中东和北非地区，80% 的农场仅占农业总面积的 20%，这表明绝大多数的农场规模都很小。另一方面，10% 的农场占农业用地的 60%，这意味着为数较小的大型农场耕种面积占农业用地的一半以上。仅在拉丁美洲，土地分配更加不均：不到 10% 的农场却占有 80% 的农业用地。

在中东和北非地区通过两项政策扶持发展大规模农业企业，支持农业用地集中化。首先，该地区关于发展农村地区的主要政策是实现农业部门现代化，其中包括促进大规模集约化企业或私营农场的发展，政府支持农业发展，以及出于良好的商业理由，提供实际有利于大型农场的信贷融资。由于规模问题，小农场往往没有资格获得政府支持或者通过银行贷款受益。产业“现代化”政策在很大程度上把小农

户排除在政府支持之外，导致其规模小、技术落后、经济贫困。其他有关农村发展的政策侧重于通过提供技术和业务培训来支持小农场，而农村中小企业和社区发展往往无法获取资金或资金不足。

图 2.5　农业用地的农场集中化：中东和北非地区比较

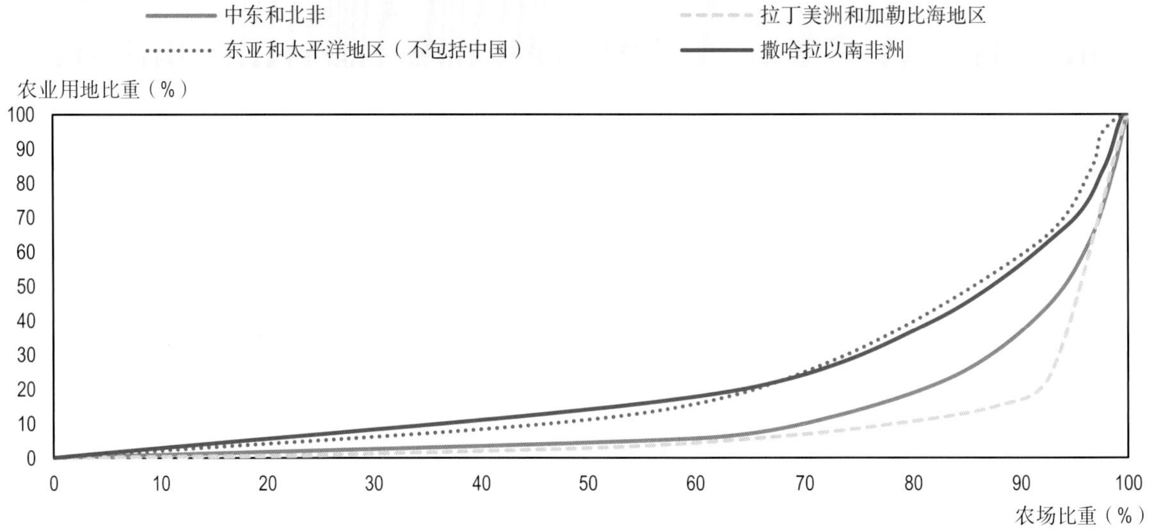

中东和北非
拉丁美洲和加勒比海地区
东亚和太平洋地区（不包括中国）
撒哈拉以南非洲

农业用地比重（%）
100
90
80
70
60
50
40
30
20
10
0
0 10 20 30 40 50 60 70 80 90 100
农场比重（%）

资料来源：Lowder 等人（2014）。

12 http://dx.doi.org/10.1787/888933742530

第二项政策支持大型农场的土地集中化，这是国家为国内和外国投资者大规模购买土地提供的便利条件。尽管毛里塔尼亚或摩洛哥也有土地，但此政策在苏丹和埃及的推行范围最广。在中东和北非地区，大多数土地收购交易都由企业在政府和银行的支持下完成，这些企业通常来自水资源匮乏、但经济富裕的海湾合作委员会成员国，这些国家对粮食进口的依赖程度最高。该地区的外资收购土地交易是在2007—2014 年农产品价格高涨期间发展起来的，旨在限制对世界农产品市场的开放，确保海湾合作委员会国家获得食品和饲料供应。来自苏丹的案例研究表明，大规模购买或租赁合同的条款往往缺乏透明度，几乎或根本没有与当地社区进行谈判协商。苏丹的大片公有土地被出售或租给当地或外国投资者，几乎不考虑把公共牧场变为外资农田所产生的社会成本和环境影响（Elhadary 和 Abdelatti，2016）。

以谷物为主的农业生产

中东和北非地区水资源匮乏、合适土地短缺以及小农耕作的制约因素限制了单产，进而影响了产量。该地区低产量农业的特点是缺乏多样性，种植区以谷物为主（图 2.6）[①]。谷物种植面积约占农业总面积的 60%，但在 2014 年仅占农业总产量的 15%。旨在降低进口依赖性的政策鼓励了谷物生产。

① 谷物面积主要是种植小麦。2014 年，在谷物总面积中，小麦占 43%，高粱占 23%，大麦占 18%，小米占 8%。目前小麦和粗粮面积的混合比例与 20 世纪 60 年代的情况略有不同，当时小麦占所有谷物收获面积的一半。

图 2.6　中东和北非地区各类商品收获面积所占比例，1961—2016 年

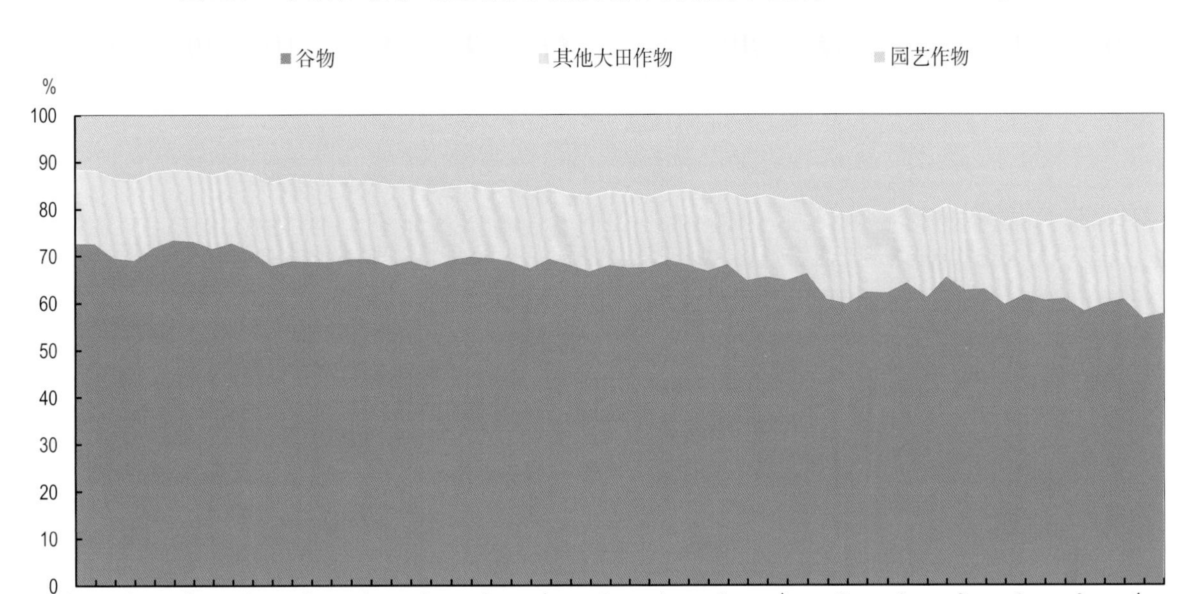

注：园艺包括柑橘、水果、浆果、蔬菜、瓜类、坚果、草药、茶、咖啡、香料、嗜好类作物、饮料作物和橄榄。其他田间作物包括纤维、豆类、豌豆、食糖作物、根和块茎、豆类和油籽。

资料来源：粮农组织（2018b）。

12http://dx.doi.org/10.1787/888933742549

尽管谷物占总收获面积的 60%，但此比例因国家而异（图 2.7）。例如苏丹、也门、伊拉克和毛里塔尼亚等比较贫穷的国家，把大部分土地用于谷物。但是，包括海湾合作委员会成员国、黎巴嫩、突尼斯、利比亚、巴勒斯坦权力机构和约旦在内

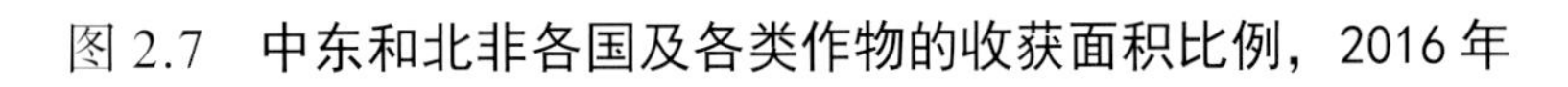

图 2.7　中东和北非各国及各类作物的收获面积比例，2016 年

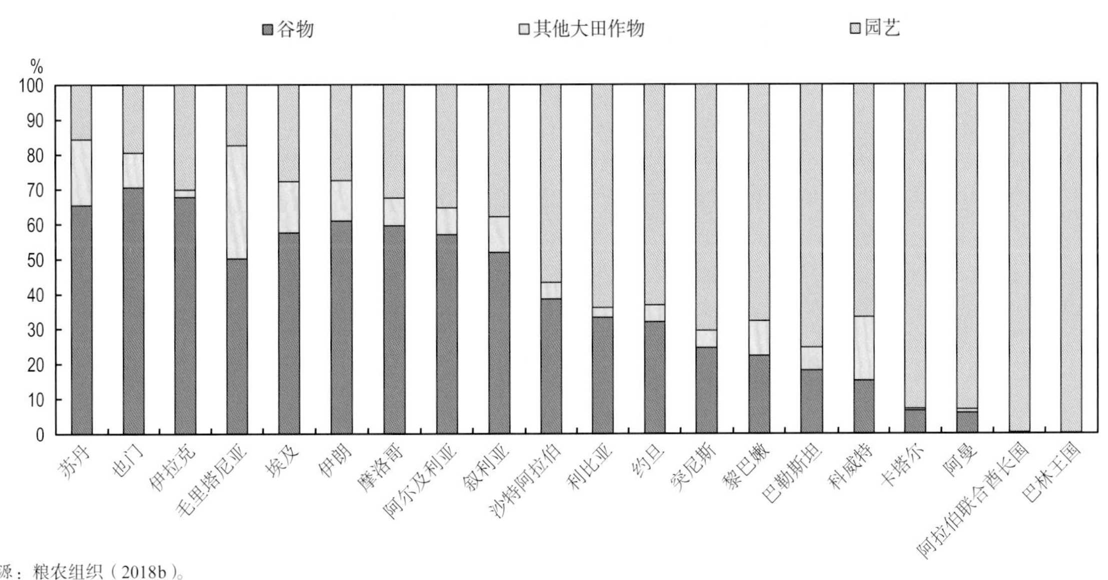

资料来源：粮农组织（2018b）。

12http://dx.doi.org/10.1787/888933742568

的其他国家，将 50% 以上的收获面积用于种植园艺作物，谷物产量低[①]。

虽然该地区的土地以种植谷物为主，但该地区的大部分生产价值来自园艺作物和牲畜（图 2.8）。总体而言，现在农业生产价值的 40% 来自于园艺。

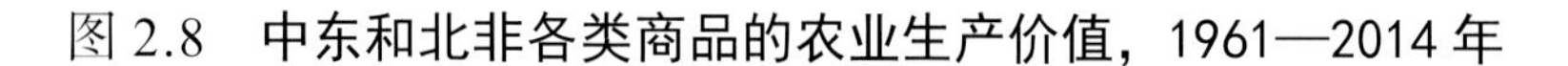
图 2.8　中东和北非各类商品的农业生产价值，1961—2014 年

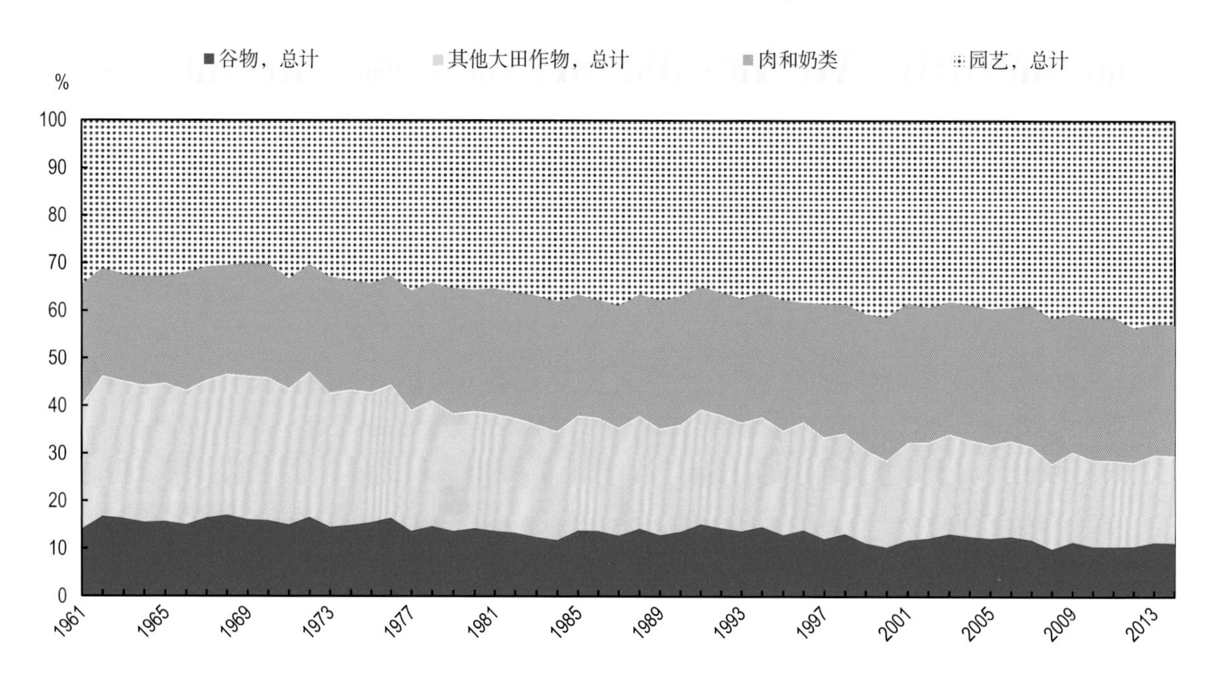

注：园艺作物包括柑橘、水果、浆果、蔬菜、瓜类、坚果、草药、茶、咖啡、香料、兴奋剂、饮料作物和橄榄。其他田间作物包括纤维、豆类、豌豆、食糖作物、根和块茎、豆类和油籽。
资料来源：粮农组织（2018b）。

12http://dx.doi.org/10.1787/888933742587

最后，中东和北非地区的农业由两个地区巨头（伊朗和埃及）主导，这两国的产量合起来占该地区农业生产总值的一半（图 2.9）。紧随其后的 3 个生产国分别是苏丹、摩洛哥和阿尔及利亚，这几国合起来占该地区农业总产量的 27%。其余 15 个国家合起来占中东和北非地区农业生产总值的 23%。

中东和北非地区的渔业和水产养殖业

中东和北非拥有多元化的海洋和淡水生态系统。尽管该地区普遍干旱，但也有几条重要的跨界水道从该地区穿过，包括幼发拉底河、底格里斯河、尼罗河和其他水系。但该地区的淡水资源总量仍然匮乏，特别是那些与河流系统相距极远的地区。在中东和北非地区，捕捞渔业和水产养殖非常重要，是该地区的主要谋生方式以及营养食品源。在过去的 20 年里，捕捞渔业和水产养殖总产量从 1996 年的 220 万吨急增到 2016 年的 590 万吨。其中大部分增长来自捕捞渔业（从 200 万吨增长到 400

① 海湾合作委员会成员国包括巴林、科威特、阿曼、卡塔尔、沙特阿拉伯和阿拉伯联合酋长国。

图 2.9　中东和北非各国及各类商品的农业生产总值，2014 年

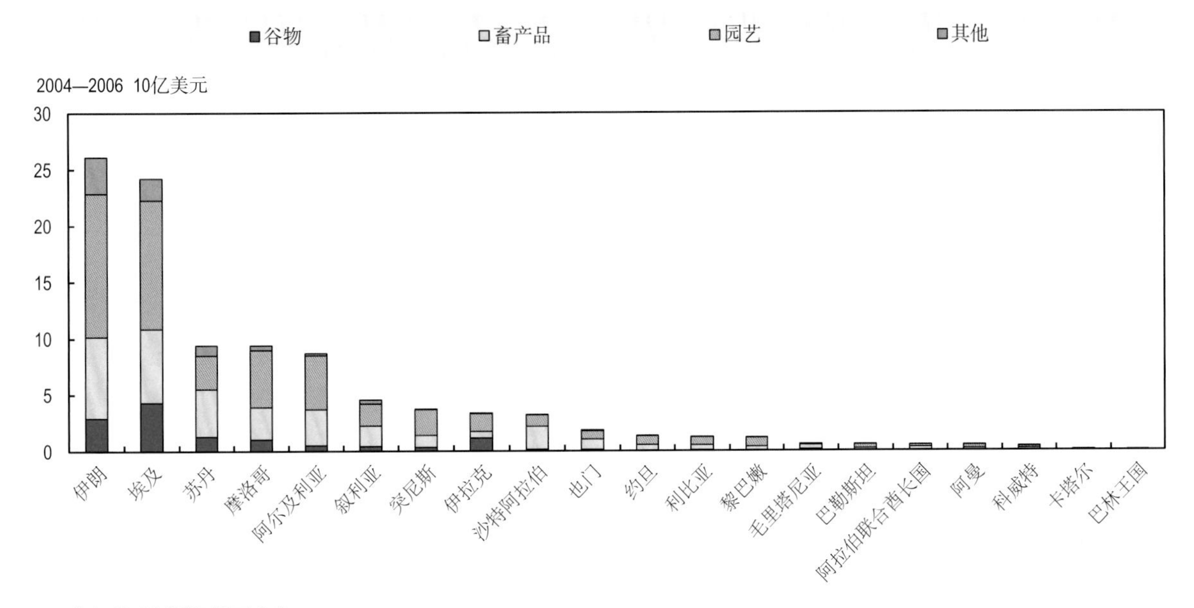

注：2014 年叙利亚的数据可能不准确。
资料来源：粮农组织（2018b）。

12http://dx.doi.org/10.1787/888933742606

万吨），水产养殖也实现强劲增长（从 10 万吨增长到 190 万吨），1996—2016 年期间，在鱼类总产量中所占的份额从 6% 上升到 32%。尽管产量大幅增长，但该地区仍依赖进口鱼类和鱼肉制品来满足国内消费需求。

中东和北非地区的水产养殖和渔业部门面临着许多挑战，各国之间以及各国内部都存在明显的差异。沿海国家的海洋捕捞渔业情况不一：有的拥有漫长的海岸线和大型船队，每年获得巨额产量；有的拥有高产量上升流系统；有的生产规模较小，船队规模也较小。该地区的沿海区对于小规模渔业来说非常重要，为数十万人提供了生计来源，但渔业总规模非常小。对从该地区捕捞的有限几种主要鱼类执行的生物质能评估发现，大多数鱼类资源都承受压力。区域渔业管理组织，例如印度洋金枪鱼委员会和国际大西洋金枪鱼保护委员会，正在实施适应性管理措施，旨在使库存量保持在生物安全水平之内，区域渔业委员会最近采纳了针对最基本渔业和水产养殖数据报告的捆绑性建议。此外，该地区的许多国家，例如毛里塔尼亚、摩洛哥和阿曼，都在致力于实施渔业和水产养殖战略及立法，同时更加重视确保本国资源的可持续性。内陆渔业产量在 2016 年达到了 40 万吨，占总产量的 7%，但在环境管理方面也面临着挑战。为解决这个问题，毛里塔尼亚、摩洛哥、埃及、伊朗和苏丹等国正在努力探索内陆渔业机会，以及解决现有的制约因素。

大部分的水产品仍然来自埃及和伊朗，这两国在 2016 年的贡献量分别为 73% 和 21%，该地区的渔场以小规模经营为主。该地区最近采取了一些行动，通过私人投资为发展水产养殖业创造了有利环境，工业级海洋和淡水养殖引起了关注。一些国家已经敲定了战略性水产养殖发展计划，为确定和分配适合发展该产业的土地而

执行了空间分析，并制定了有助于建设商业设施的明确条例。水产养殖部门面临着多个制约因素，包括可用的养殖场地有限、难以获得可持续生产技术、淡水鱼孵化设施和管理不当，育种数量和/或质量都不足、搬运和运输做法不良。该地区针对水产养殖的动物卫生控制系统也很匮乏；大多数国家几乎不给水产养殖业务办理信贷、贷款和保险业务。此外，该地区水产养殖业的扩张引发了对环境问题的担忧，并提高了公众对粮食安全问题和环境保护的认识。还有，该地区的渔业特别容易受到气候变化和多变以及人类活动的影响。在这方面，由于农民的气候变化适应能力不足，以及应对自然灾害和社会经济风险的复原力不足，水产养殖部门可能特别容易受到影响。

基本食品的进口依赖度日益加剧

中东和北非地区单产低，耕地面积增加空间有限，从而限制了小麦和油籽等温带作物的产量。随着收入不断增长，加上1971—2016年期间人口增长率达2.5%，需求增长速度远远超过了这些作物的产量增长速度，而中东和北非地区又不适合种植这类作物（表2.7）。进口弥补了消费量与国内产量（图2.9）之间日益扩大的差距。园艺作物产量增长速度始终可以满足需求，使该地区的水果和蔬菜实现自给自足（图2.10）。

表2.7详细显示了该地区在谷物、植物油、油籽、食糖和甜味剂方面远远不能实现自给，但水果、蔬菜和肉类（包括动物脂肪和内脏）已经或者几乎已经实现自给自足。

表2.7　中东和北非各国的平均粮食自给率，2011—2013年（%）

自给率	谷物[1]	肉类[2]	水果，植物	牛奶[3]	植物油	油料作物	食糖、甜味剂
阿尔及利亚	30	91	93	51	11	88	0
埃及	58	83	107	89	26	35	73
伊朗（伊斯兰共和国）	61	95	104	106	15	58	58
伊拉克	50	34	86	45	2	80	0
约旦	4	72	139	51	17	80	0
科威特	2	34	36	14	1	0	0
黎巴嫩	14	77	111	49	20	67	0
毛利塔尼亚	27	89	18	65	0	95	0
摩洛哥	59	100	116	95	29	98	28
阿曼	7	32	52	32	4	0	0
沙特阿拉伯	8	45	73	76	18	1	0
苏丹（2012—2013）	82	100	98	96	89	112	72
突尼斯	42	98	110	90	91	65	1
阿拉伯联合酋长国	2	26	21	14	82	0	0
也门	17	79	90	35	5	63	1
中东和北非	46	79	99	82	25	64	37

注：自给率是指粮食产量/（总产量+进口-出口）。

1. 不包括啤酒。

2. 包括肉和内脏。

3. 不包括黄油

资料来源：粮农组织（2018b）。

图 2.10　中东和北非地区部分商品的国内生产和使用情况，1961—2013 年

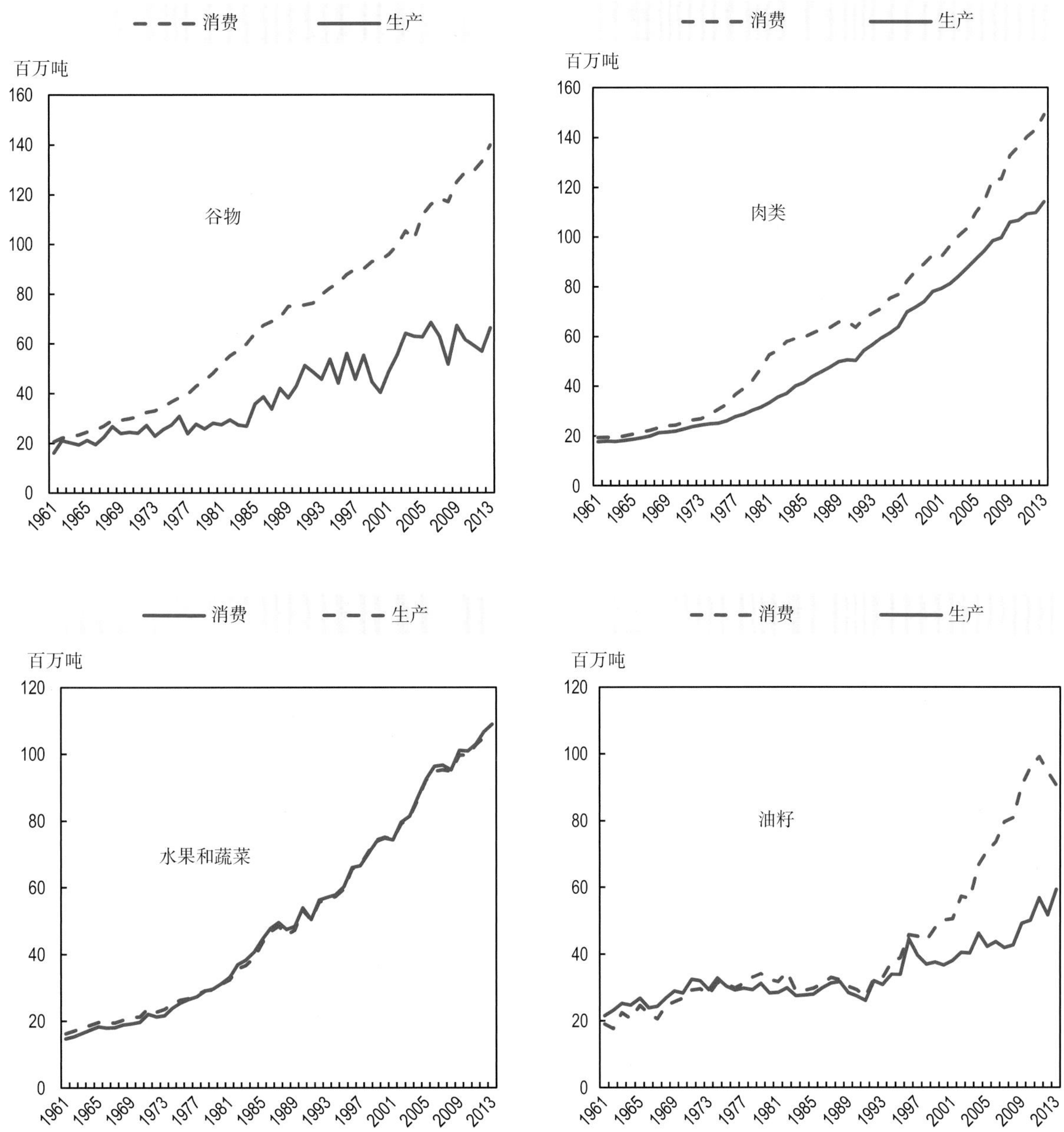

资料来源：粮农组织（2018b）。

12http://dx.doi.org/10.1787/888933742625

粮食进口总量占商品出口总量的比例可以作为一项指标，用于评估一个国家维持粮食进口的能力（表 2.8）。在全球范围内，该比例约为 5%。中东和北非地区的平均水平在最近几年约为 8%（2011—2013 年），并且从早些年就已经出现下降趋势。对于那些粮食进口成本占商品出口总收入的比例高、且极不稳定的国家来说，国际食品价格的稳定性是一个主要问题。即使能够维持出口收入，一旦世界粮食价格飙升，这些国家将面临重大风险。在 2007—2008 年的全球粮食危机期间，粮食价格急

剧飙升，这种脆弱性的隐忧变成了现实。全世界的进口国，包括中东和北非地区的进口国，都面临着粮食价格居高不下的风险，家庭和政府预算都会受到影响。那场危机结束以来，全球农产品市场已经回到更正常条件，但危机提高了对进口国脆弱性的关注，这对于巴勒斯坦权力机构和叙利亚等国来说特别明显。在2011—2013年度，这些国家的进口食品支出占出口总收入的大部分，并且比例非常不稳定。

表2.8　**农产品进口量与商品出口量的比例，2011—2013年（%）**

	农产品进口占商品出口的百分比（%）	稳定性
中东和北非	8	稳定
巴勒斯坦民族权力机构	74	不稳定，1990—2002
叙利亚	58	自2007年以来不稳定
黎巴嫩	58	稳定
阿拉伯埃及共和国	49	稳定
约旦	44	稳定
也门	39	稳定
苏丹	34	稳定
摩洛哥	25	稳定
毛里塔尼亚	17	稳定
突尼斯	15	稳定
阿尔及利亚	15	稳定
伊朗伊斯兰共和国	11	稳定
利比亚	9	稳定
伊拉克	9	不稳定，1990—1999
巴林王国	8	稳定
沙特阿拉伯	6	稳定
阿曼	5	稳定
阿拉伯联合酋长国	4	稳定
科威特	3	稳定
卡塔尔	2	稳定

资料来源：粮农组织（2018b）。

谷物、油籽和肉类产品的贸易模式与应用于农产品的“巴拉萨净出口显示性比较优势指数”（XRCA）所做分析结果一致。表2.9显示了2011—2013年度中东北非6个国家出口的相对优势。虽然每个国家都不相同，但大多数国家在水果、蔬菜和坚果出口方面都有一定优势，而在肉类、谷物和鱼类的出口方面处于劣势（摩洛哥除外）。小型农场适合生产劳动密集型作物，每公顷土地和每一滴水所获得的最高价值都来自于生产水果、牛奶和蔬菜。

表 2.9　中东和北非地区部分国家的显示性比较优势系数

	埃及	黎巴嫩	摩洛哥	约旦	突尼斯	阿尔及利亚
植物	10.21	8.80	10.56	16.07		0.09
水果和坚果	6.71			4.53	3.36	0.09
鱼类	0.15	0.06	3.00	0.08		
肉类	0.01	0.10	0.01		0.02	
谷物		0.11	0.08		0.00	

注：上表给出了适用于农产品的“巴拉萨净出口显示性比较优势指数”（XRCA 指数）。XRCA 指数是指某个产品类别在某一国家出口总额中所占的比例除以该产品类别在全球出口额中所占的比例。若 XRCA 指数大于 1，则意味着该国专门从事该类产品的出口；若 XRCA 指数小于 1，则表示情况相反。

资料来源：Santos 和 Ceccacci（2015）。

粮食安全状况

当一个家庭全年都能获取所需数量和种类的安全食品，保证家庭成员过上健康生活时，该家庭的粮食安全有保障的。因此，粮食安全方面发生的变化，主要由影响家庭获取安全食品能力的事件或条件所驱动。其中最主要的是收入、食品供应市场的运作机制，以及负责保障食品安全的国家公共服务机构。在该地区，这三大因素的最大干扰是冲突。从粮食安全角度出发，该地区可分为两个截然不同的分区——冲突国家和非冲突国家（插文 2.2）[①]。

插文 2.2　中东和北非地区的冲突与粮食安全

2017 年年底，该地区有 3 000 多万人需要获得援助才能满足他们基本的粮食需求。在冲突持续或升级的国家中，粮食安全形势最为严峻，分别是也门、阿拉伯叙利亚共和国、伊拉克和苏丹。根据 2017 年 3 月的最新评估，在也门，约有 1 700 万人需要粮食援助，占全国总人口的 60%。在阿拉伯叙利亚共和国，估计约有 650 万人处于粮食不安全中，另有 400 万人面临粮食不安全风险，因为他们正使用竭泽而渔的方式满足自己的消费需求。在伊拉克和苏丹，约有 300 万人口处于粮食不安全的环境中。利比亚和毛里塔尼亚报告的数字较小，分别为 40 万人。

冲突地区的居民往往不得不采取缩食策略来解决其所面临的粮食严重短缺问题。家庭开始减少用餐次数，并限制成年人消费量，以优先考虑儿童。如果危机持续下去，家庭将耗尽资产，无力再动用库存或其他储备。他们寻求利用童工渡过难关，这通常包括使儿童退学从事农业活动，以应对困难。

包括农业生产在内的经济活动在冲突环境中受到影响，并进一步损害生计。在任何一个经济体中，农业生产通常是最具弹性的活动之一，但那些继续从事农业耕种的人往往面临着高生产成本、投入不足以及基础设施被破坏或损毁的问题。农业活动，特别是与灌溉作物有关的活动，在燃料价格高的时候将会受到影响，因此会导致雨水灌溉作物所占比例增加，而这反过来又会导致产量下降。化肥的使用经常受到国际制裁的影响。农民往往喜欢种植从上季收成保留下来的种子，这进一步限制了产量。许多农村家庭往往把打零工作为主要收入来源。在许多受冲突影响的地区，为了应付增加的生产成本，雇用的农业劳动力往往被家庭劳动力所取代。尽管农业生产改善了家庭和当地的粮食供应，但

① 冲突国家包括苏丹、叙利亚、也门、利比亚和伊拉克。

包括冷链和运输环节在内的有限基础设施往往阻碍向城市市场供应。因此，在生产地区的当地产品价格往往较低，而在城市市场，尽管有供应，但价格却很高。

农业减产对世界农业市场的影响可能很小，但在受影响的国家却产生巨大影响。冲突爆发前，叙利亚是一个较大的生产国，小麦年均产量达到400万吨，但在2017年仅为180万吨。在也门，国内谷物总产量占总使用量（食用、饲用和其他用途）的比例不足20%。也门在很大程度上依赖从国际市场进口小麦来满足其国内对小麦（该国的主食）的消费需求。在过去的10年里，也门国内的小麦产量占粮食总消费量的比例处于5%~10%，具体因收成情况而变化。虽然冲突并没有显著增加该国对进口的依赖度，但冲突导致的产量下降却使农民的生计恶化，并使许多家庭出现粮食不安全问题。

冲突的不可预测性不仅威胁到粮食安全和当地生计，也威胁到国家的生计。除了因冲突而逃离国家的数百万人之外，还有许多人在国内到处流徙。国内流离失所者及收容社区往往最容易受到粮食不安全的影响。在叙利亚，国内流徙的人口约占2/5。在伊拉克，2017年上半年，有近100万人在国内流离失所，主要原因是摩苏尔的军事行动，此外还有300万人在2016年11月之前就已经流离失所。截至2018年2月初，在埃及、伊拉克、约旦、黎巴嫩和土耳其等国登记的难民超过550万。还有一大部分居住在国外的人口未申请难民登记。

营养不良发生率用于评估一个国家中面临绝对粮食匮乏的人口比例。其定义是：从参照群体中随机选择的个人可以消费的粮食量无法满足其过上积极健康生活所需卡路里的概率（粮农组织，2017c）。表2.10显示了中东和北非地区的冲突和非冲突国家的营养不良发生率。

根据经验，营养不良发生率低于5%的国家可以认定其粮食安全相对有保障。正如表2.10所强调的，实际上，该地区非冲突国家的粮食安全也相对有保障。根据营养不良发生率评估，在2014—2016年，中东和北非地区冲突国家的粮食安全程度低于最不发达国家的平均水平。在中东和北非地区的冲突国家中，28.2%的人口面临绝对粮食匮乏，而最不发达国家只有24.4%的人口面临这种不安全状况（粮农组织，2017c）。

尽管冲突国家高度的粮食不安全条件符合预期，但在解释这些营养不良发生率的数据时，仍应小心谨慎。在收入或消费分配相对稳定的时期，营养不良发生率是一个很好的饥饿指标，但当食物分配发生急剧变化时，就不是一个良好的饥饿指标。营养不良发生率数值可能会低估冲突期间的实际情况，因为用于计算该值的食品消费参数包含的不平等因素来自于全国人口调查数据，而这些数据在冲突期间通常无法获取或者不准确（粮农组织，2017c）。

暂且抛开这些警告，自1999—2001年以来，在冲突国家测得的营养不良发生率水平已经超过了中东和北非地区其他国家的3倍以上，而且自2003年以来，与该地区其他国家相比，该水平还在缓慢增长（表2.10）。冲突国家的营养不良发生率发展模式与部分受冲突推动的发展变化模式一致，但是，显而易见，即使在冲突发生之前，这些国家的粮食不安全程度也相对较高。

表 2.10　中东和北非地区冲突和非冲突国家的营养不良发生率，1999—2001 年至 2014—2016 年

	1999—2001	2001—2003	2003—2005	2005—2007	2007—2009	2009—2011	2011—2013	2013—2015	2014—2016
整个区域	9.7	9.8	10.0	10.0	9.6	8.9	8.4	8.4	8.8
非冲突国家	6.3	6.4	6.5	6.3	6.0	5.5	5.0	4.7	4.7
冲突国家	29.0	28.4	28.9	29.1	28.5	26.6	25.3	26.1	28.2
包括：									
也门	29.9	30.7	30.9	28.9	27.1	25.7	24.6	25.2	28.8
伊拉克	28.3	26.6	27.4	29.3	29.6	27.2	25.9	26.7	27.8
苏丹							25.9	25.7	25.6

注：在 5 个冲突国家中，只有 3 个国家存在营养不良的数据，总数由这些数据构成。

资料来源：粮农组织（2017c）。

农业扶持政策

一些国家政府认识到粮食消费依赖进口的风险，因此支持在该地区种植主要作物（插文 2.3）。遗憾的是，目前尚未严格计算全区域内政府向生产者提供扶持（或提供隐性税收优惠）的数据，到目前为止，仅利用从 2010 年以来获取的最新年份的可用数据为 3 个国家做了相关估算。名义援助率是指政府政策提高的农民总收入超过（或者低于，若数值 <0）无政府干预情况下的农民总收入的百分比。名义援助率只考虑总收入，不考虑通过政府制定的投入价格而提供的投入补贴或税收。对小麦的估计数值显示出不同的扶持力度，苏丹为 -28%（2010 年），表明相关部门的税收政策有效，埃及为 44.7%（2010 年），表明获得强劲的支持（世界银行，2013 年）。摩洛哥对小麦的援助较温和，为 15%（2009 年）。除了给农民的援助，该地区大多数国家还坚持通过人为干预，把特定类型的面包和其他主食的消费价格控制在低位，从而有效地补贴了消费者。这些项目通常被视为社会支持项目，但对于政府预算来说绝对是巨额数字，而且在很大程度上是一种退步（非贫困人口是最大受益者）。因此，作为减少贫困的社会保护措施，其有效性和效率值得怀疑。2008—2013 年，燃料和食品的非针对性补贴成本仅占黎巴嫩 GDP 的 1% 以下，但是在伊朗伊斯兰共和国，却占 GDP 的 20% 以上。大多数国家自 2010 年以来一直在努力减少这些补贴，但大多数国家的能源产品和基本食品的价格仍然受到控制，尽管价格更高，却降低了财政影响（粮农组织，2017c）。

自 2010 年以来，各年份的农产品生产者价格与小麦边境进口价格对比显示，阿尔及利亚、约旦、科威特、阿曼、沙特阿拉伯和也门的生产者价格始终明显高于小麦边境进口价格（高出幅度从 60%~250%）。从这些价格差异中，无法得出任何确切结论，因为这两种价格（生产者价格和边境进口价格）是在小麦价值链的不同阶段来衡量的。然而，如此巨大的价格差异确实表明，国内政策继续导致小麦价格高于世界价格。

插文 2.3　中东和北非政府的小麦扶持政策

中东和北非地区政府多年来一直在利用 3 项主要政策措施向小麦生产提供补贴，分别是：保证性价格、投入补贴和进口关税。这些政策的目的是提高小麦价格，降低国内小麦生产成本，从而提高小麦生产自给自足的程度。

以伊拉克为例，该国贸易部提供超过进口价格的保证性价格，从而实现对本国小麦生产者的支持。2015 年，伊拉克贸易部报出价格为 79.5 万第纳尔（约合 681 美元），2016 年为 70 万第纳尔（约 592 美元），2017 年为 56 万第纳尔（约合 487 美元）（美国农业部，2017b）。在伊朗，政府还规定了国家购买小麦的最低收购价。政府以最低价格采购商品，从而鼓励农民将产量从 2013 年的 220 万吨提高到 2016 年的 850 万吨。2017 年，摩洛哥政府通过制定国内小麦采购参考价格的做法，为小麦生产提供补贴（2017 年每吨小麦的价格为 2 800 道拉姆，相当于每吨 286 美元）。在 2017 年 10 月，政府还对购买国内小麦的面粉经营者和谷仓经营者提供补贴。此外，政府将软质小麦的进口关税从 30% 提高到 135%（路透社，2017 年）。突尼斯谷物委员会控制着国内小麦产量 40%~60% 的市场份额，大麦总产量 10%~40% 的市场份额。政府制定小麦和大麦的最低保障价格。在 2017/2018 营销年度，农业部规定了硬质小麦的最低价格为每吨 329 美元，普通小麦为 236 美元。农业部还实行灌溉用水补贴，并向农民提供技术建议，以增加灌溉的小麦面积。还有，在 2017 年，农业部对农业机械和灌溉设备提供 50% 的补贴，以鼓励向灌溉谷物生产投资（美国农业部，2017a）。

埃及政府利用多种政策工具对小麦生产、储存和营销进行严格监管。截至 2015 年，埃及政府通过 4 个主要渠道对小麦生产提供补贴：（1）向农民提供投入和产出补贴，即向高于进口价格的化肥价格和小麦采购价格提供补贴；（2）向巴拉迪面包提供高补贴价格来支持消费；（3）提供政府投资，以改善粮食储存条件和国家粮食贸易；（4）政府为开展小麦产量研究、植物检疫控制和其他公共商品提供支持。中国政府也是国内生产小麦的唯一收购方，小麦进口量约占小麦需求总量的 1/3。政府拥有全国大部分的库存，加工能力占全国的一半以上。

沙特阿拉伯执行了最大力度的政策变革。由于强烈担忧小麦生产所需的灌溉水资源会枯竭，该国逐渐减少了小麦生产配额和购买计划。该国的产量从 2005 年的 250 万吨下降到 2015 年的不到 3 万吨。政府鼓励农民从事替代性的可持续生产活动，例如大棚种植或使用先进的滴灌技术生产水果和蔬菜。

资料来源：美国农业部（2017a，b）；粮农组织和欧洲复兴开发银行（2015 年）；粮农组织（2017b）；路透社（2017）。

中期展望

前几节介绍了中东和北非地区的粮食、农业和渔业部门，并讨论了该地区所面临的主要问题。这包括需要应对提高粮食安全和营养所面临的挑战，同时要利用可持续方式提高生产率，并管控对外国市场日益加深的依赖性。本节扩大了讨论范围，深入探讨农业和渔业商品的消费、生产和贸易的潜在未来趋势[①]。

① 在本节中，各国经常被分为各个区域集团。北非地区国家包括摩洛哥、阿尔及利亚、突尼斯、利比亚和埃及。海湾地区包括海湾合作委员会的成员国：巴林、科威特、阿曼、卡塔尔、沙特阿拉伯和阿拉伯联合酋长国。其他西亚地区包括伊朗、黎巴嫩、约旦、叙利亚的其他马什里克国家、巴勒斯坦民族权力机构和伊拉克。最不发达国家包括也门、苏丹和毛里塔尼亚。

影响前景的主要经济因素和社会因素

中东和北非地区的农业、粮食和渔业前景主要受该地区的宏观经济表现、人口发展、冲突的存在和程度以及政策演变推动。

根据世界银行的数据，该地区家庭收入的44%用于食品和饮料消费支出①。由于该消费比例高，未来10年，经济前景仍将是影响粮食消费和粮食安全的一个关键因素。基于三大假设，即能源市场持续改善，结构性政策改革继续进行，有利的地缘政治气候不发生重大变化，那么该地区的人均收入增长预计在未来10年达到1.6%，高于前10年的1%（图2.11）②。然而，这些收入增长前景不太可能导致饮食模式发生重大变化。

图 2.11　中东和北非地区的过去和将来未来预计人均 GDP 增长率

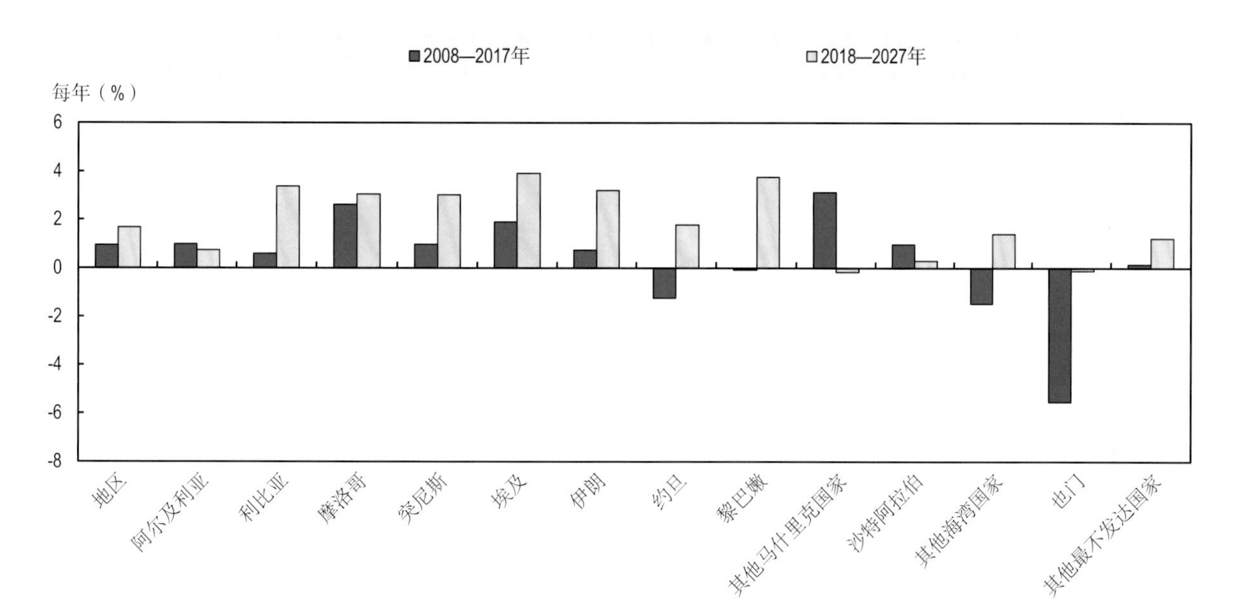

资料来源：经合组织 / 粮农组织（2018 年），《经合组织 – 粮农组织农业展望》，经合组织农业统计数据（数据库），http://dx.doi.org/10.1787/agr-outl-data-en。

12http://dx.doi.org/10.1787/888933742644

人口增长趋势是影响粮食总需求的第二个主要因素。整个地区的人口增长速度预计将放缓，从过去10年的2%下降到未来10年的1.6%（图2.12），但新增人口仍将达到近1亿人。虽然农村人口的比例持续下降，在最不发达国家，农村人口比例将保持在60%以上，而在海湾地区则下降到10%左右。城市消费者的比例增大将增加对预制食品的需求量，通常是含有更多脂肪和糖分的预制食品。

---

① 参见 www.worldbank.org，全球消费数据库。所占比例是依据2016年的值计算的。

② 欲知更多的细节讨论，请参见国际货币基金组织在2018年1月发布的《世界经济展望》，以及世界银行在2018年1月发布的《全球经济展望》。

图 2.12　人口增速将放缓，但整个地区的情况不均衡

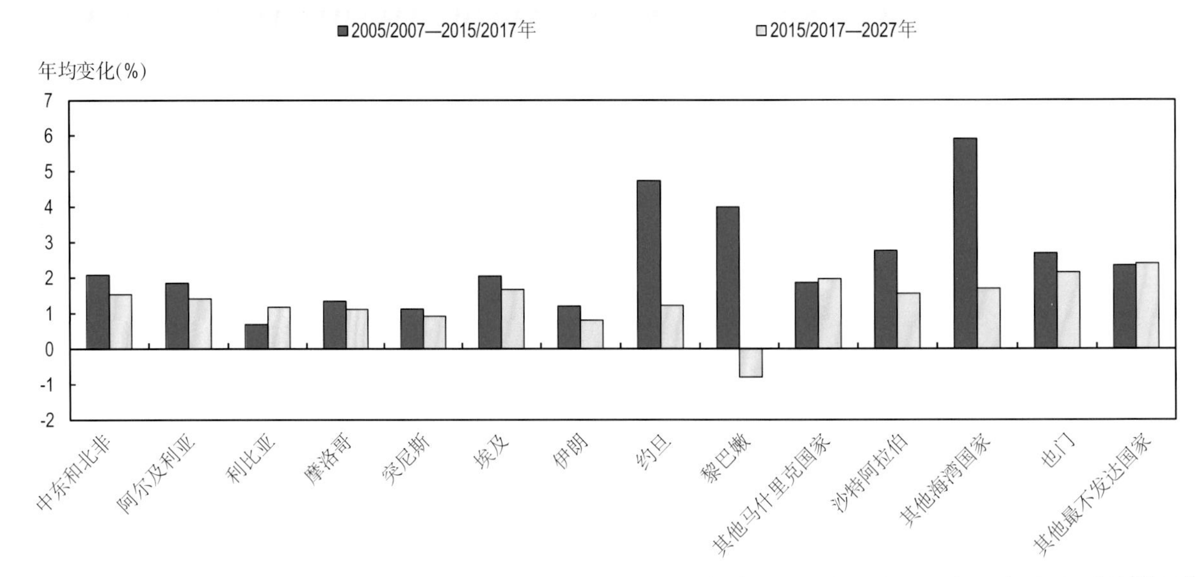

资料来源：2015 年世界人口展望：联合国人口司修订，经合组织 / 粮农组织（2018 年），《经合组织－粮农组织农业展望》，经合组织农业统计数据（数据库），http://dx.doi.org/10.1787/agr-outl-data-en。

12http://dx.doi.org/10.1787/888933742663

食品消费趋势

人均消费增长缓慢

按人均每天卡路里摄入量计算，该地区的食品消费量预计每年将增长 0.4%，这主要是受适度的收入增长因素推动。在未来几年，许多中高收入国家的消费量将达到饱和，消费增长会随之放缓，但在该地区的最不发达国家的消费增长速度预计会提高（每年 0.6%），这些国家的增长率在过去 10 年呈停滞甚至下降趋势。这些改善的前提是收入增长率提高，且政治稳定局面不发生重大变化。该地区人均每天卡路里摄入量（摄入量和浪费量）预计将达到 3 200 千卡，而海湾地区为 3 440 千卡，北非为 3 412 千卡，其他西亚国家为 2 962 千卡，最不发达国家仅为 2 420 千卡。

中东和北非地区的饮食结构以植物性食物为主。本《展望》预测由于肉类、鱼类和乳制品消费量增加，动物性食品的市场份额将会增加，但转变过程将非常缓慢（图 2.13）。据估计，到 2027 年，该地区 89% 的卡路里仍将来自植物性食物，仅略低于目前的水平。整个地区的饮食模式将保持相对类似，而区域内地区间的饮食差异主要受收入差异影响。海湾地区国家的动物性食品消费比例最高，占 15%。其次是最不发达国家，占 12%，这是由于这些国家拥有庞大的畜牧产业，而北非和其他西亚国家到 2027 年仅能达到 10% 左右。这些来自动物性食物的卡路里所占比例与发达国家多年来稳定保持的 24% 的比例相似。

谷物在饮食中继续占主导地位

目前，该地区人均每年谷物粮食消费量约为 200 千克，比世界平均水平高近 60 千克。在预测期间，预计将基本保持这个水平。小麦是该地区的传统主食，人均

消费量预期持平。受南亚和东亚移民消费量的影响，海湾地区的大米消费量预计继续增长。在最不发达国家，本地粗粮（主要是小米）消费量也在增大（图 2.14）。

图 2.13 不同来源的卡路里供应量

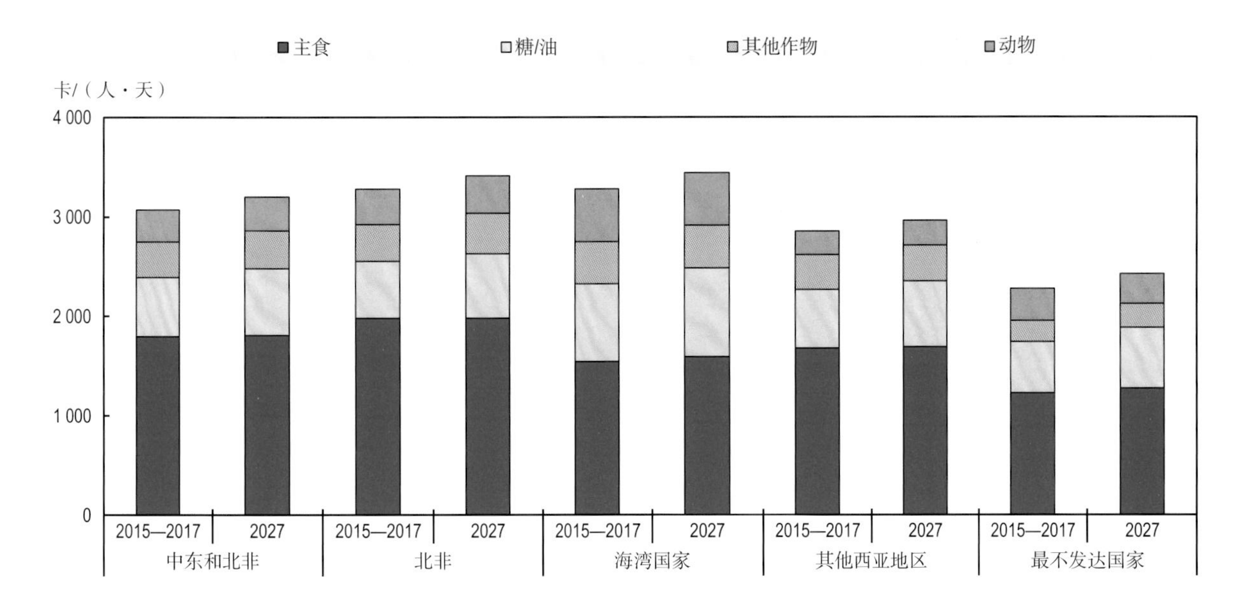

资料来源：经合组织 / 粮农组织（2018 年），《经合组织 – 粮农组织农业展望》，经合组织农业统计数据（数据库），http://dx.doi.org/10.1787/agr-outl-data-en。

12http://dx.doi.org/10.1787/888933742682

图 2.14 小麦仍然是该地区最重要的谷物

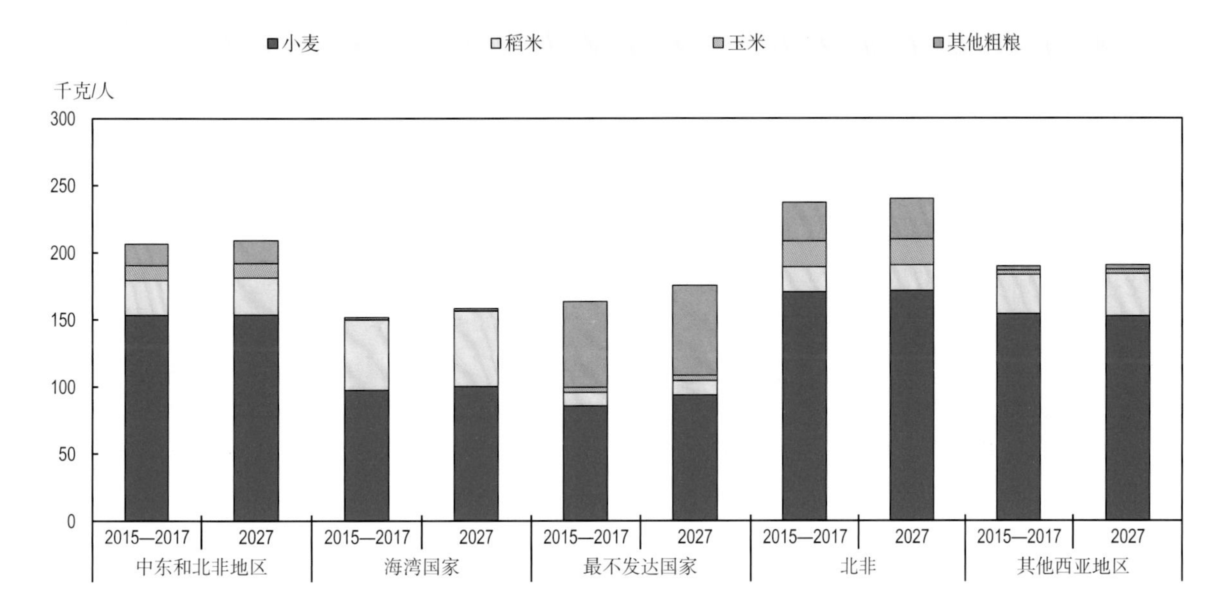

资料来源：经合组织 / 粮农组织（2018 年），《经合组织 – 粮农组织农业展望》，经合组织农业统计数据（数据库），http://dx.doi.org/10.1787/agr-outl-data-en。

12http://dx.doi.org/10.1787/888933742701

食品需求增长源于高价值产品，尤其是植物油和食糖，因此在饮食结构中，谷物所提供热量的比例继续缓慢下降[①]。加工食品和预制食品的消费量将增长，预计到2027年，该地区的人均植物油消费量将从目前的每年19千克增加到22千克。在其他西亚地区，仍将保持25千克的最高消费水平；最不发达国家的消费水平最低，仅为7千克，因为这些国家大部分人口仍是农村人口，并且当地不种植油籽。

中东和北非地区传统饮食中的含食糖量极高，尽管人们越来越担忧健康问题，但预计仍将会保持这种饮食习惯。沙特阿拉伯和突尼斯等国的消费量约为40千克/年。随着生活变得更加富裕，预计到2027年，食糖类的年均消费量将会增长，从32千克/人增长到34千克/人，与发达国家的消费水平持平。

动物蛋白摄取量低

在中东和北非地区的普通饮食中，肉类作为蛋白质摄入来源，在膳食中所占的比例远远低于谷物（图2.15）。该地区的年均肉类消费量目前为人均25千克（零售重量）。受收入增长因素推动，预计中期每年增长0.6%，以家禽肉增长为主。禽肉是至今最重要的肉类消费，目前消费量为18千克，每年在以1%的速度增长。海湾地区的肉类消费量最高，将小幅增长到54千克。最不发达地区的肉类消费在很大程度上由国内绵羊和肉牛养殖业发展推动。在2027年，根据牧民的预期生产力提高水平，预计在2027年将改变近期的下降趋势，恢复到大约17千克/（人·年）。

图2.15　中东和北非地区饮食中动物蛋白比例正在上升

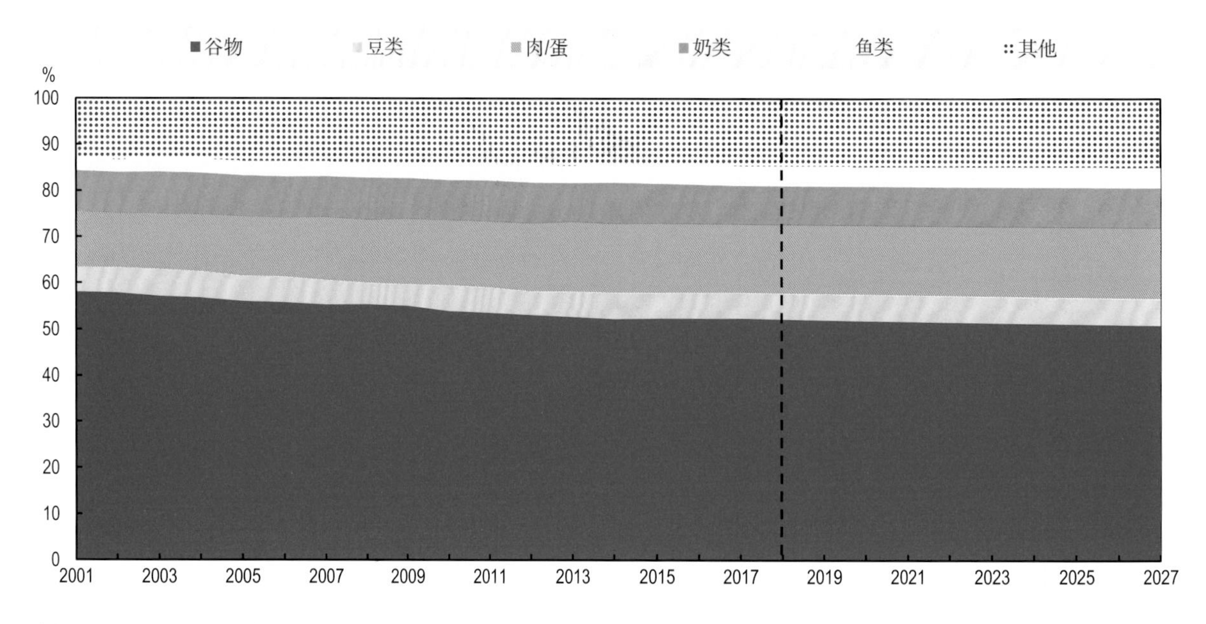

资料来源：粮农组织统计数据库，经合组织/粮农组织（2018年），《经合组织－粮农组织农业展望》，经合组织农业统计数据（数据库），http://dx.doi.org/10.1787/agr-outl-data-en。

12http://dx.doi.org/10.1787/888933742720

① 不包括橄榄油，因为该预测不包括橄榄油。

近年来，中东和北非地区的鱼品消费量迅速增长。在过去10年里增长了4%，成为中东和北非地区饮食中的蛋白质来源，地位仅次于家禽肉。最不发达国家的鱼品消费量较低且停滞不前，其他地区的增长速度仍然超过肉类消费。

乳制品已成为该地区重要的营养源，但在过去10年中，由于生产条件困难，尤其是在其他西亚国家和最不发达国家，人均消费每年减少1.1%。相比之下，海湾地区的消费增长强劲，年增长率达到4.9%，北非则为1.8%。随着生产者向更多市场投放更多种类的产品，中东和北非地区的乳制品消费量继续扩大。新鲜乳制品将继续占据该地区乳制品市场的最大份额，但在更富裕的国家，包括黄油和奶酪在内的加工食品市场也在不断增长。在低收入地区，特别是北非国家，奶粉需求量巨大。奶粉在这些国家被制成加工乳制品。

产量前景

中东和北非地区农业生产的中期发展将受到各种各样的国内和国际因素影响。为了实现可持续发展，农业生产需要应对一系列国内挑战，包括干旱、可耕地有限、水资源稀缺和气候变化的严重影响。另外，几乎所有农产品和鱼类产品的国际市场价格竞争都很激烈，而且按实际价值计算，在这些市场中的价格呈下降趋势。

由于这些因素，以不变的国际价格衡量，该地区的农业和渔业产量在过去的10年里以每年1.3%的速度缓慢增长[①]。增速缓慢是由于实际价格下跌导致的，但也受政策疲软、科技和农业发展投资不足以及冲突的影响，这造成了农业资源贫乏、农业资源利用效率低以及生产率低下。

在经济环境总体改善，部分国家的冲突没有加深，以及其他国家稳定性增加并提高投资及生产力的条件下，可以预计中期产量增长有适度改善。该地区总体的平均年增长率预计为1.5%。对该地区的增长前景至关重要的是其两个主要产油国——埃及和伊朗的表现，这两个国家加起来占中东和北非地区农业和渔业生产总值的一半以上。据预计，这两国的年增长率分别为2.0%和1.0%。

插文2.4　受控环境下粮食生产的未来

许多中东和北非国家面临双重挑战：他们需要保护其微小而脆弱的资源基础，同时对粮食进口的高度依赖在不断增长。气候变化将加剧这些挑战，进一步限制生产能力，并增加进口需求。这些挑战在海湾合作委员会成员国最明显，这些国家的进口依赖度最高超过国内粮食需求的90%，而且肥沃的农田和可再生水资源实际上已经枯竭。事实上，其中的许多成员国都已经在灌溉的沙漠土地上，使用原生水种植粮食，但在开始后不久就被迫停止生产，这也是意料之内的。虽然不利的自然生产环境使这些做法难以为继，但在所谓的“受控环境”中生产，将为重新开始国内粮食生产提供新的、可持续的选择。

① 参见粮农组织统计数据库的“农产品净生产量”，利用2004—2006年期间的国际参考价格，对每一种商品的农业产量进行加权计算得出。产出值不含种子和饲料投入价值。加上鱼品产出价值，才是所需的饲料投入。

“受控环境”是一个常用术语，表示农业生产不依赖自然生产环境。通常情况下，这类环境是指可以完全控制气候的封闭或半封闭温室大棚，使用砾石或珍珠岩等惰性介质代替土壤，在水培法的基础上供水。利用肥料或“天然”植物养分源，如动物或鱼类粪便，来管理养分供应。“受控环境”是结合了各种技术的高科技生产工厂，包括完全自动施肥、病虫害和杂草防治、机器人收获系统、LED 照明、太阳能加热、绝热冷却和节能海水淡化等技术。他们还利用高二氧化碳含量的环境来提高产量，可以使产量提高到极高水平，例如，每平方米番茄产量可以高达 100 千克。与智能手机类似，这些生产工厂也被称为“智慧农场”。

将不同技术结合起来，可以高效利用资源条件，在可以完全控制的条件下进行生产作业，而不受生产地点限制。这些特性使受控环境能够在炎热和干旱的环境中发展，包括亚利桑那州和澳大利亚的沙漠，最近已经发展到海湾合作委员会成员国。

部分水果和许多蔬菜的生产成本低得惊人。太阳能为制冷和 LDE 照明、海水淡化和生产氮肥提供了廉价电力。二氧化碳可作为油气工业和水泥工业的副产品，而外来工则提供了从事收割、地面平整和其他劳动密集型工艺操作的低成本劳动力。在需求方面，超市提供冷链，并提供通过零售消费者或大型酒店行业获得巨大消费群体的渠道。初步计算显示，番茄、茄子、辣椒或微型草药等产品的生产成本比空运产品的价格低 30%~40%。许多的新兴企业和已经成熟的大企业现在都在努力抓住这些新机遇，并且已经明显增加受控环境投资。

然而，受控环境仍然存在风险，并且海湾合作委员会成员国要在受控环境中生产，具有特定的局限性，包括需要技术精湛的经营人员（“种植主管”）来运行这样一个工厂；需要管理一个复杂的供应链，从幼苗到备件的全部供应范围；或者需要与当地合作伙伴建立合资企业，海湾合作委员会的许多成员国都严格限制或者完全禁止外资获得土地所有权。

图 2.16　农业生产净值增长更强劲

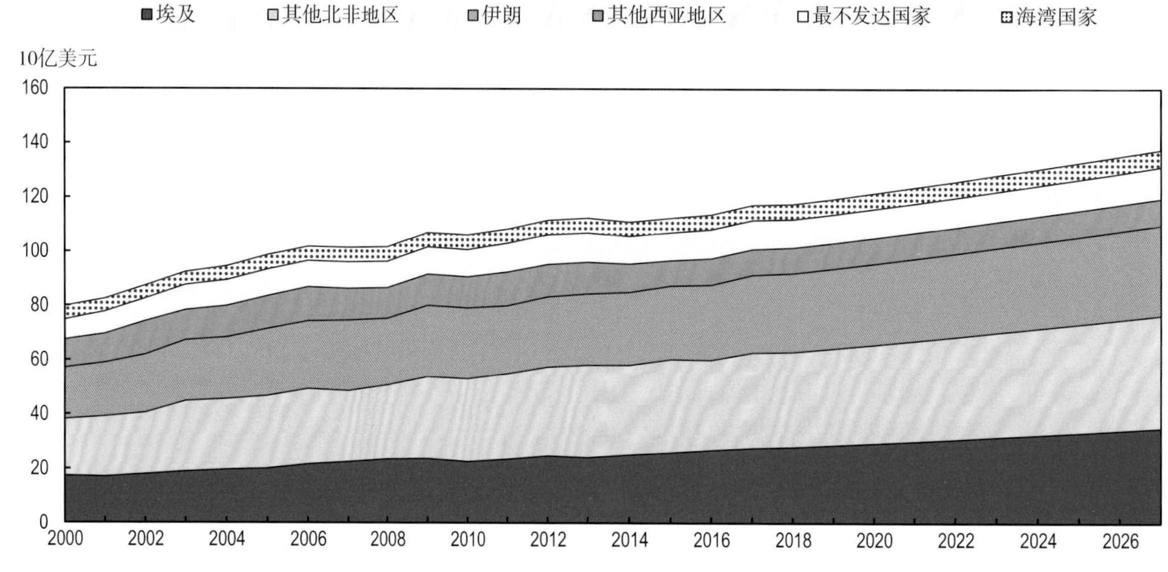

资料来源：粮农组织统计数据库，经合组织 / 粮农组织（2018 年），《经合组织 – 粮农组织农业展望》，经合组织农业统计数据（数据库），http://dx.doi.org/10.1787/agr-outl-data-en.

12http://dx.doi.org/10.1787/888933742739

该地区的农业生产以谷物生产为主。虽然过去的产量增长主要是通过扩大面积实现的，但单产提高仍视为未来增产的主要来源。至 2027 年，耕地面积预计保持不变。主要农作物、小麦、粗粮和大米的单产年增长率预计将达到 1.5%。这与改善种子潜力、增加投入强度和改善管理有关联。2027 年，该地区的主要作物小麦产量预计将达到 4 500 万吨，高于目前的 3 700 万吨。伊朗，是该地区最大的石油生产国，其在该地区的份额将从 32% 增长到 35%，其产量在 2027 年将达到 1 600 万吨。由于伊朗的玉米严重减产，使该地区的玉米产量在最近几年有所下降，但由于单产提高，预计将在中期内恢复生产，并将达到 1 050 万吨。在埃及，大米产量占该地区的 2/3，至 2027 年将达到 760 万吨，但由于耕地面积增速减慢，埃及的稻米年增长速度为 1.5%。

食糖类生产，从甘蔗到越来越多的甜菜产量，一直是该地区增长最快的商品。在过去的 10 年里，甜菜产量以每年 6.4% 的速度快速增长，在埃及的种植面积扩大了 10%。由于食糖价保持不变，而且种植面积将减少，在展望期预计将以每年 3.0% 的速度增长。甘蔗产量增长主要是在单产提高的基础上实现，预计将以每年 0.8% 的增长率缓慢增长。

在过去 10 年里，其他西亚等国家以及最不发达国家的牛奶产量下降，但被其他分区的产量增长抵销，因此该地区的牛奶产量呈现停滞不前的状态。在未来 10 年，本《展望》预测牛奶产量每年将提高 1.6%，牛群数量每年将增长 0.2%。到 2027 年，牛奶产量预计将达到 3 840 万吨。伊朗将继续以大约 20% 增长率使其产量在该地区所占比重最大，其次是埃及，增长率为 18%。和过去一样，大约 50% 的牛奶将作为鲜奶被消费掉，而其余 18% 的牛奶将加工成奶酪，16% 加工成黄油，剩余部分用于生产奶粉。

图 2.17　**中东和北非地区主要生产活动的变化**

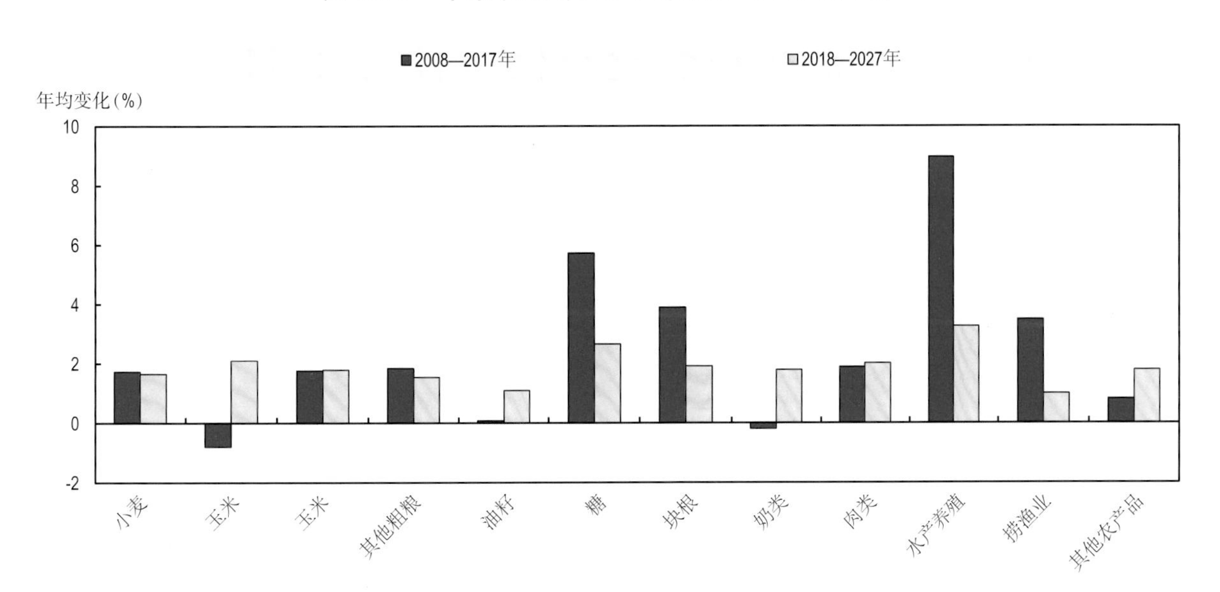

资料来源：经合组织 / 粮农组织（2018 年），《经合组织 – 粮农组织农业展望》，经合组织农业统计数据（数据库），http://dx.doi.org/10.1787/agr-outl-data-en。

12http://dx.doi.org/10.1787/888933742758

目前该地区的肉类产量约为 1 000 万吨（胴体重量），禽肉约占 60%，其次是牛肉和羊肉，各占 20% 左右。投资新的牲畜生产设施，提高胴体重量，预计将使该地区的肉类生产率以年均 2.0% 的速度增长，比前 10 年略高。为了满足快速增长的国内需求，在北非地区的强劲增长拉动下，家禽肉产量预计将以每年 2.8% 的速度增长，埃及的家禽产业在该地区占主导地位。最不发达国家次区域的畜牧业特点是牛的存栏量非常大，目前估计约有 4 500 万头，占中东和北非地区牲畜总数的 60% 以上。但是，由于采用低吸取率的传统放牧方式，该次区域的牛肉产量仅占中东和北非地区的 22%。

捕捞渔业仍然主导着中东和北非地区的渔业生产。目前，每年的捕捞量达到近 400 万吨，其中摩洛哥占了近 40%。由于鱼类资源日益减少，未来 10 年的经济增长率将限制在年均 0.5%。在过去的 10 年里，该地区的水产养殖产量增加了 1 倍多，目前几乎达到了 200 万吨。在未来 10 年内，产量还将再增加 50%，预计所有子区域的增长，特别是北非（埃及）的增长将占总供给量的 75%。

贸易前景

中东和北非地区是世界上最大的粮食净进口地区之一，几乎所有的粮食产品净进口量都很大，贸易一直并将继续是该地区增加粮食供应的最重要因素。目前，约 27% 的谷物、21% 的食糖、20% 的禽肉、39% 的羊肉、20% 的脱脂奶粉和 30% 的全脂奶粉通过国际运输流向中东和北非地区。该地区的国内市场通常与全球农业市场紧密结合，这种相互依存关系肯定会继续下去，并预计小麦和玉米等产品还会加深这种相互依存性。

图 2.18　所有商品和所有地区的净进口量增长情况

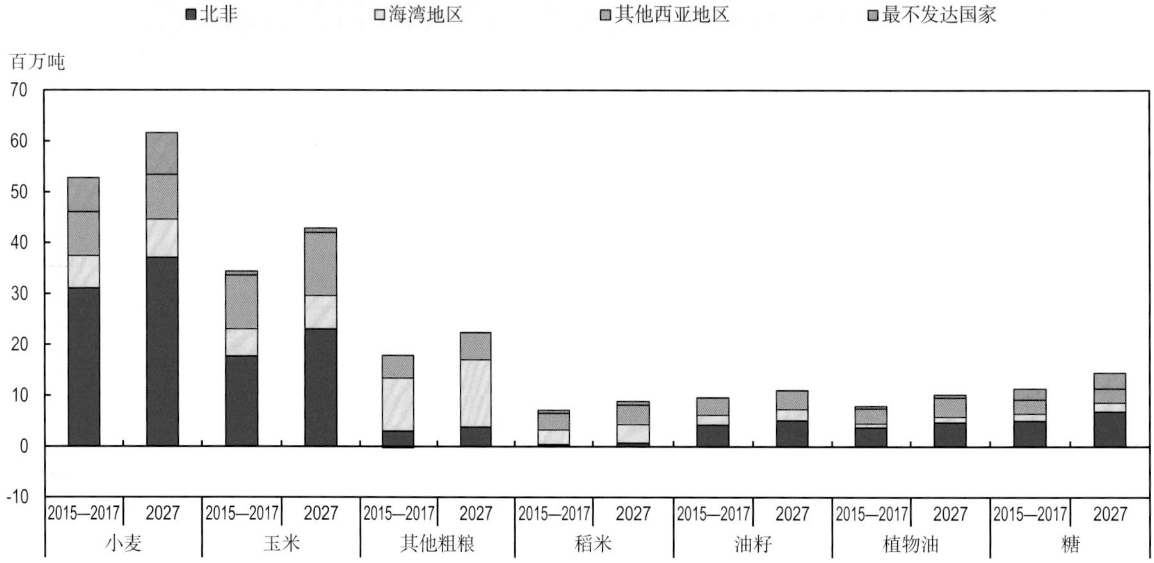

北非　海湾地区　其他西亚地区　最不发达国家

百万吨

70
60
50
40
30
20
10
0
-10

2015—2017　2027　2015—2017　2027　2015—2017　2027　2015—2017　2027　2015—2017　2027　2015—2017　2027　2015—2017　2027

小麦　玉米　其他粗粮　稻米　油籽　植物油　糖

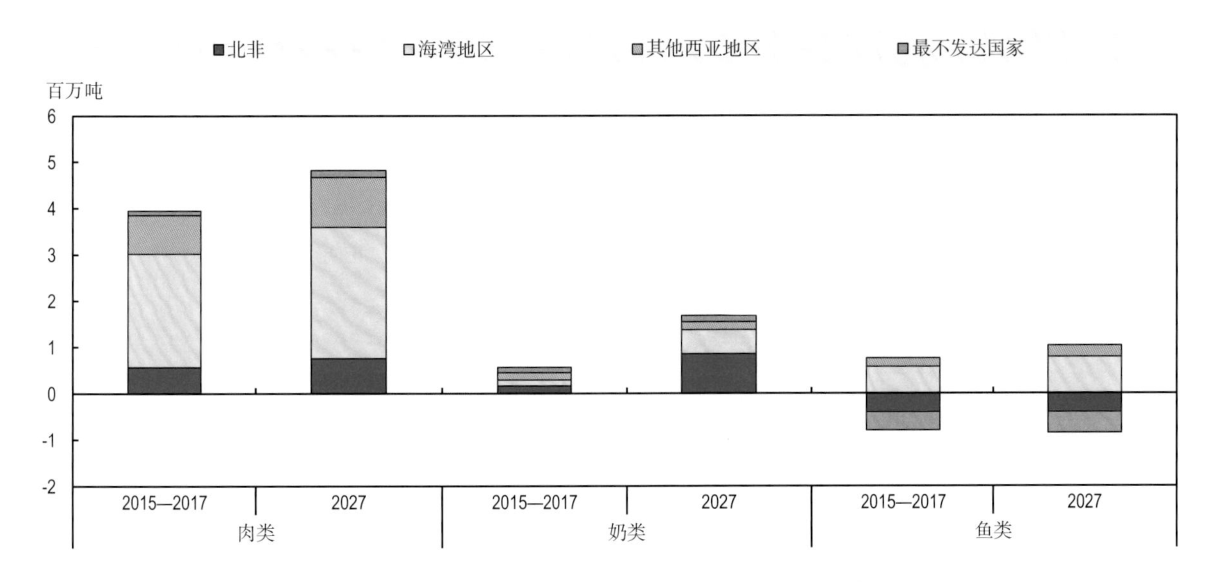

资料来源：经合组织 / 粮农组织（2018 年），《经合组织 – 粮农组织农业展望》，经合组织农业统计数据（数据库），http://dx.doi.org/10.1787/agr-outl-data-en。

12http://dx.doi.org/10.1787/888933742777

净进口量预计将大幅增加，因为大多数基本食品的消费速度将继续超过生产速度。到 2027 年，小麦和粗粮的缺口预计将分别达到 5 800 万吨和 6 500 万吨。对于几乎所有农产品，中东和北非地区进口的最大份额将继续流向北非，其次是其他西亚地区。其他粗粮和大米是例外，这些商品大部分流向海湾地区（图 2.19）。由于产量低，消费水平相对较高，肉类和鱼类的主要进口国在海湾地区。

图 2.19　基本食品对外国市场的高度依赖程度

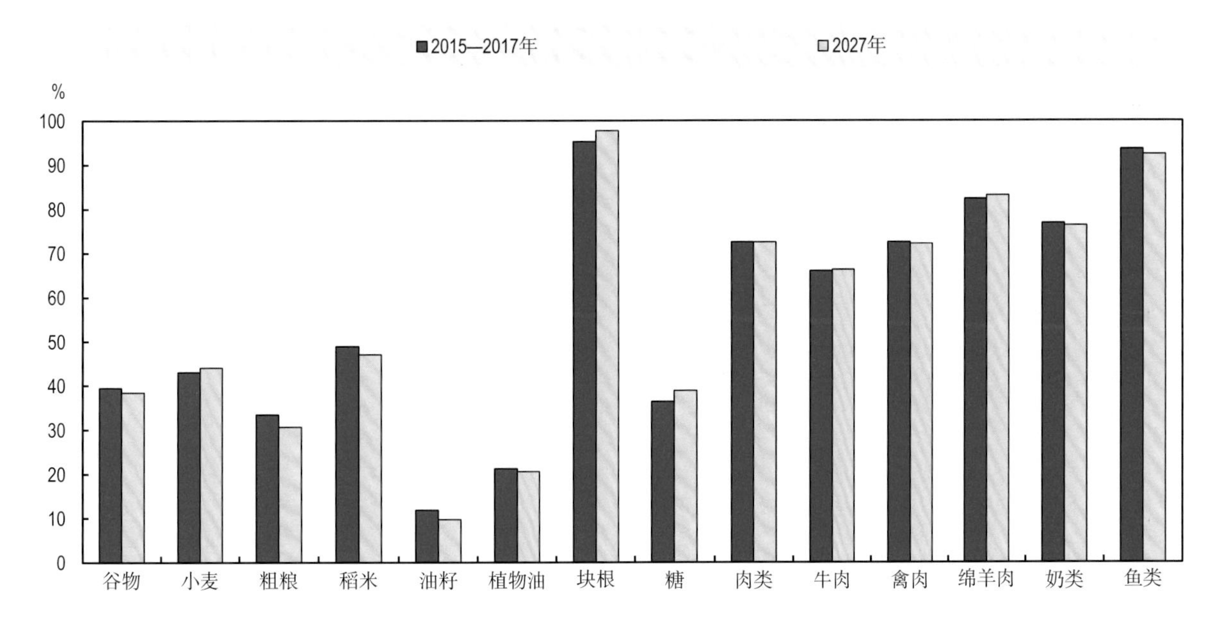

资料来源：经合组织 / 粮农组织（2018 年），《经合组织 – 粮农组织农业展望》，经合组织农业统计数据（数据库），http://dx.doi.org/10.1787/agr-outl-data-en。

12http://dx.doi.org/10.1787/888933742796

风险和不确定性

中东和北非地区的中期展望预测受到与内部和外部问题相关的风险和不确定性的影响。冲突严重影响粮食消费和农业生产。其他不确定因素包括营养问题或原油价格波动等。下文分析了这些问题，说明这些因素对预测的潜在影响。

解决营养问题

中东和北非的部分地区面临着营养不良带来的“三重负担”：营养不足、营养过剩或肥胖以及营养不良（插文 2.5）。营养不足的情况正在减少，尽管这个过程比较缓慢，至少在没有发生冲突的地方正在逐渐消除。但后两种营养问题呈上升趋势，各国政府正在考虑采取通过政策性措施来解决这些问题。

插文 2.5 营养不良给中东和北非地区带来的三重负担

中东和北非地区由 22 个国家组成，这些国家的发展、收入、健康和社会保障水平各不相同[1]。海湾合作委员会成员国的发展程度高，而马什雷克和马格里布国家的发展程度中等，该地区 3 个最不发达国家的发展程度都很低。毫无疑问，营养问题和各国应对营养不良负担的能力在整个地区也有所不同。尽管该地区最不发达国家面临严重的长期饥饿问题或饥荒，相比之下，国家海湾合作委员会成员国与许多中等收入国家都面临着日益严重的过度消费问题，并导致超重和肥胖率不断上升。几乎所有的中东和北非国家都有相当单一的饮食结构，缺乏大量的微量营养素，特别是铁，缺铁可能导致贫血。下表总结了各种形式的营养不良发生率。该表没有反映出如下事实：各种形式的营养不良并不局限于也不会集中发生在一个特定的国家，而是在许多国家同时发生，有时甚至发生在同一个家庭中，在少数情况下，同一个人可能承受多种形式的营养不良。

	中东		北美 *	
	2005	2015	2005	2015
		%		
总人口中营养不足发生率	9.1	9.1	4.6	6.7
成年人口的粮食不安全流行率（>=15）	30.9	8.7	27.9	11.2
儿童消瘦发生率（< 5y）		3.9		7.9
儿童发育迟缓发生率（< 5y）	20.6	15.7	2.6	17.6
儿童超重发生率（< 5y）	7.0	8.0	8.9	0.0
成人肥胖发生率（>=18 y）	20.3	25.8	17.5	22.6
育龄妇女贫血发生率（15~49）	34.1	37.6	36.7	32.6

注：* 包括苏丹。

各种形式的营养不良同时出现称为“营养不良的三重负担”。这对该地区的卫生部门乃至整体经济表现都产生越来越大的不良影响。一方面，贫血和营养不良将会减弱一个人从事体力劳动的能力，从而造成贫困陷阱，这在最不发达国家尤其如此。另一方面，由于非传染性疾病发生率高，超重和肥胖已变得越来越明显，这种情况不仅在海湾合作委员会的成员国非常突出，在马什雷克和马格里布国家也特别突出。

在各种形式的营养不良同时发生的背景下，很难有效解决这 3 个问题。以往实施的计划通常采取“批量”措施，例如降低所有消费者的食品价格，特别是基本食品（面包 / 面粉 / 食糖）的价格。尽管这类措施改善了基本食品购买力，甚至惠及最贫困消费者，但也加剧了日益严重的超重和肥胖问题，以及并非与此举措无关的粮食浪费问题。许多因素使中东和北非地区特别难以作出政策选择。这些因素包括财富和收入的高度不平等，并因此对价格和激励政策作出不同反应；特别是海湾国家委员会的成员国，这些国家具有高比例的移民人口和不同种族人口，因此具有患上非传染性疾病的不同基因型倾向；机构力量薄弱、食品输送系统欠缺，以及基础设施不足，这些问题导致很难对食品补充强化计划进行管理。因此，为了解决三重负担问题，需要出台比以往更有针对性的创新型政策工具。

注：1 在《粮食不安全和营养状况》所提供数据的基础上，该评估对各指标和区域的定义进行了调整（粮农组织，2017f）。

联合国报告《阿拉伯地平线 2030》进行了情景分析，以检验阿拉伯地区（与本文定义的中东和北非地区大致相同，但不包括伊朗）的饮食结构是否发生根本性的变化[①]。解决饮食问题会影响基本食品对外国市场的依赖性。一种所谓的“健康饮食情境”评估了改善饮食对国内和国际市场的影响。这是利用经合组织 – 粮农组织的 Aglink-Cosimo 模型来模拟一种场景，在该场景中，假设饮食习惯符合粮农组织和世卫组织每天 2 200 千卡热量的“健康饮食”建议，通过减少 50% 的谷物食物消费量，增加 1 倍的肉和鸡蛋消费量，3 倍的乳制品消费量，同时减少食糖和植物油的消费量，可以实现“健康饮食”。假设在基线热量供应量估计中隐含 30% 的“浪费”因素，这种饮食习惯改变包括将每天 3 100 大卡的总热量减少到 2 860 大卡。

在假设该地区供应可以无限扩大的条件下模拟对国内生产的影响。在这种情境中，到 2030 年，阿拉伯地区在健康饮食条件下，肉类产量将从 200 万吨增长到 1 300 万吨。乳制品产量（液态奶当量）到 2030 年将从 500 万吨增加到 2 500 万吨。尽管谷物食品消费量在健康饮食情境下将大幅下降，但谷物的总体需求量将会增加。畜牧业的大幅增长以及跟随出现的国内谷物饲料的使用将推动此增长。在健康饮食情境下，谷物饲料需求增长速度将比正常快 6 倍。但阿拉伯地区的饲料产量将无法以这么快的速度增长，因此该地区将需要增加饲料进口量。结果是，谷物自给率在健康饮食结构下将低于基线预测水平。

虽然普通饮食发生这种巨大变化会对阿拉伯地区普通消费者的营养状况产生积极影响，但这不会减少该地区对外国市场的依赖，因为饲用谷物或其他牲畜产品都必须依赖进口。

---

① 依据联合国粮农组织和联合国西亚经济社会委员会 2018 年的《阿拉伯地平线 2030 年》（Beirut，联合国西亚经济社会委员会）。

对替代原油价格预测的分析

原油价格对许多中东北非国家的外汇平衡影响重大。在“回顾”中介绍的一种模拟把原油价格上升至每桶 122 美元，而不是到 2027 年每桶 76 美元的基线值，以表明石油价格对该地区的重要性。图 2.20 显示了在消费和贸易方面的预计影响。油价上涨导致全球谷物参考价格提高了约 10%，这反过来又导致中东和北非地区的零售价格上涨 6% 左右。据估计，埃及的人均国内生产总值将增长 2%，沙特阿拉伯将增长 15%。其结果是，该地区的平均每日卡路里摄入量至 2027 年增加 0.6%，这意味着高油价产生的收入效应超过了食品价格上涨的影响，使该地区的食品消费总量上升。在该地区最不发达的国家中，也门的国内生产总值至 2027 年预计增长 8%，使该国的卡路里摄入量增长 2.5%。预计对谷物贸易产生的影响因国家而异，但对整个地区而言，小麦的净进口量略有增加。

图 2.20 油价上涨对食品消费价格和贸易的影响

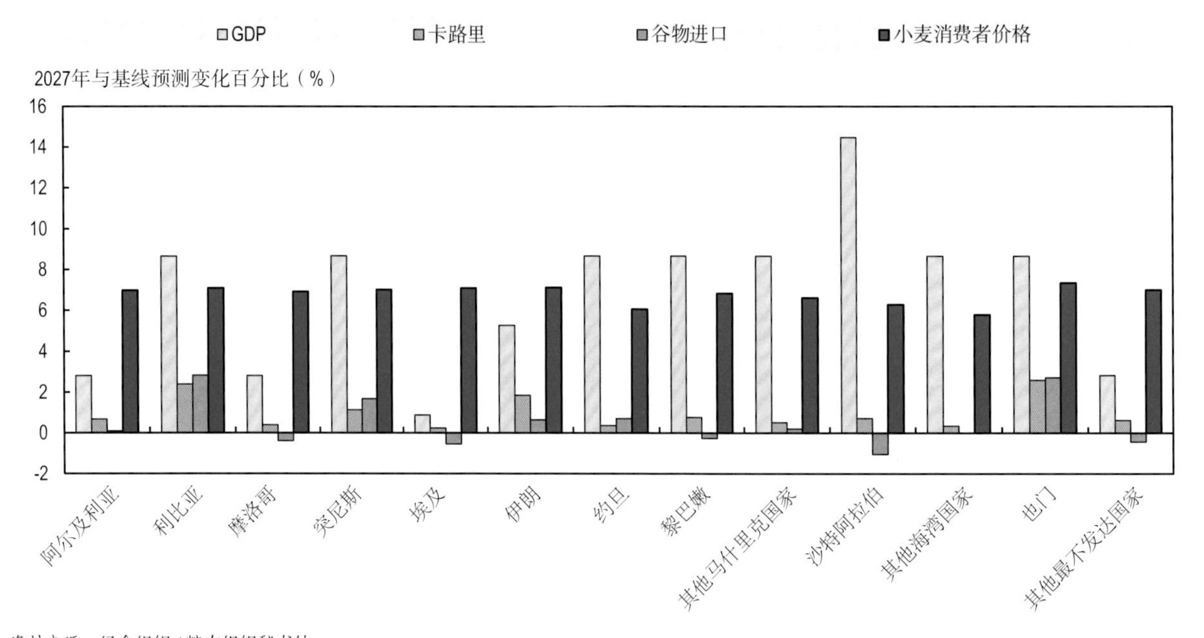

资料来源：经合组织 / 粮农组织秘书处。

12http://dx.doi.org/10.1787/888933742815

对该地区粮食安全前景的影响

根据最新的 2014—2016 年度评估（粮农组织，2017f），该地区营养不良发生率最高，苏丹 25.6%，伊拉克 27.8%，也门 28.8%，叙利亚无可靠数据。在经济稳定发展和收入分配稳定的假设条件下，预测热量和蛋白质的供应量提高意味着营养不良发生率正在逐渐减少，尤其是在最不发达国家更加明显。

结论

中东和北非地区的展望认为该地区的农业、自然资源和经济增长政策几乎没有变化。这种情况对地区产生的影响是粮食需求、供应和贸易额将继续沿着与以往相似的轨迹发展——食品消费缓慢增长，饮食结构逐步改变，增加饮食中的动物产品消费量，继续以不可持续的速度消费水源，继续并增加对世界市场的依赖性。与过去发展趋势的主要区别在于肉类、牛奶、玉米和油籽产量增长与提高动物蛋白消费量有关。在过去 10 年中，玉米和牛奶产量增长表明正在扭转过去 10 年相对糟糕的表现，肉类产量增长是以如下假设为基础：经济环境的改善将带来更多投资，并因此提高该地区的生产率。这些发展可能会限制但无法逆转该地区对进口的依赖性。

该地区目前的农业政策重点强调通过实施进口保护来维护小麦价格（插文 2.1）。这些政策旨在限制谷物进口依赖性。同时，消费政策强调主要食品的补贴价格，并将此视为社会保护措施。从耕种土地分布模式中可以看到这些政策产生的影响，其中 60% 的土地仍然种植用水量大的谷物。

另一种解决粮食安全问题的策略和农业政策将侧重于农村地区的开发，以更强大的技术推广系统为辅，扶持小农场生产高价值的园艺产品。这种举措源于如下理念：一个国家的粮食安全水平更多地取决于消除贫困，而不是小麦的自给自足。水果和蔬菜的用水量更少，但每季产生的经济收入更高，而且该地区的许多国家都具有生产此类作物的相对优势。虽然这些高价值的作物和牲畜产品可能会增加农民收入、改善营养，并且更节约用水，但需要更高水平的农艺技术以及需要提高对出口市场的认知，并产生更高的风险。将粮食安全政策从自给自足转向消除贫困，将使政策制定者集中关注农村发展和提高农民的能力，以最大限度地降低风险，使高价值作物的产量提高。

从营养学的角度来看，中东和北非地区的饮食中将保持非常丰富的谷物，尤其是小麦。植物油和食糖，以及肉类、鱼类和乳制品所占比重将会增长，尽管速度很慢。除非冲突加剧，随着平均食品消费水平提高，营养不足发生率应缓慢下降。然而，饮食习惯的改变也会导致肥胖率增加，并随之产生相关的健康问题。目前，倾向谷物消费的政策支持结构限制了必要的饮食多样化，应改变这种情况，以纠正不断上升的健康问题。

经合组织 – 粮农组织 2018—2027 年农业展望

第三章

谷　物

本章介绍 2018—2027 年 10 年间世界和各国谷物市场最新量化中期预测中包含的市场形势和要点。到 2027 年，全球谷物产量预计将增长 13%，很大程度上归功于较高的单产。在玉米和小麦方面，俄罗斯联邦正在国际市场上扮演重要角色，在 2016 年超过了欧盟，成为最大的小麦出口国。玉米方面，巴西、阿根廷和俄罗斯联邦的市场份额将增加，而美国则将下降。预计泰国、印度和越南仍将是国际稻米市场的主要供应国，而柬埔寨和缅甸预计将在全球出口市场上占据更大份额。在预测期间，名义价格预计略有上升，但实际价格略有下降。

市场形势

近年来，全球主要谷物供应量超过总需求，导致库存大量积压，国际市场价格远低于过去10年。2017年，全球谷物产量创新高，超过了2016年峰值。在若干主要出口国作物产量增加的推动下，玉米产量增幅最大，在2017年创纪录。小麦产量较高，但略低于2016年创下的纪录。2017年，其他粗粮产量下降，主要原因是澳大利亚大麦产量下降以及美国高粱和大麦产量下降。由于亚洲大米产量的持续增长和拉丁美洲大米产量的恢复，大米产量超过了去年的记录。鉴于多年来谷物产量的增长超过了需求的增长，导致供应充足，库存积压，预计国际名义价格在稳定的需求和不断上涨的油籽价格的支持下，短期内仅会温和上涨。然而，实际价格将在未来10年下降。

预测要点

几年前开始的谷物（除了玉米）价格下跌的趋势被扭转，在2017年谷物价格小幅上涨。然而，在高库存的压力下，玉米的价格在2017年下跌。基期（2015—2017年）内统计的所有谷物的低价很可能在近期内被较高的价格所取代，这一价格得到了较高的油籽价格的支持。尽管因为持续的大量库存和对食品和饲料需求与前10年相比增长放缓，预期收益有限。然而，预计在中期谷物名义价格将上涨，但实际价格将略有下降。

在基期和2027年间，全球谷物产量预计将增加13%，主要受单产增长驱动。预计2027年小麦产量将从基期的7.5亿吨增加到8.33亿吨，新增部分主要集中在印度（2 000万吨），其次是欧洲联盟（1 200万吨）、俄罗斯联邦（1 000万吨）、巴基斯坦（600万吨）和土耳其（500万吨）。以中国（3 100万吨）、巴西（2 400万吨）和美国（2 200万吨）为首的玉米产量预计将增长1.61亿吨，达到12亿吨。预计到2027年，其他粗粮产量将增加2900万吨，达到3.27亿吨，其中埃塞俄比亚（500万吨）和欧洲联盟（400万吨）增幅最大。预计稻米产量将增加6 400万吨，达到5.62亿吨，其中增长量的84%来自亚洲国家，以印度（2 000万吨）、印度尼西亚（800万吨）、泰国（700万吨）和越南（400万吨）为首。包括孟加拉国、缅甸和柬埔寨等最不发达国家亚洲区域将在2027年使稻米产量增加700万吨。

预计在基期到2027年之间，全球谷物使用量将增加14%，这主要是由于发展中国家的人类消费和饲用使用量增加。与基期相比，小麦消费量预计将增加13%，并继续主要用于人类消费，粮食使用量约占整个预测期总使用量的2/3。预计饲用小麦使用量将增加，主要是中国、俄罗斯联邦和欧盟28国，而预计在2027年用于生产生物燃料的小麦使用量仅占全球使用量的2%（图3.1）。

图 3.1　**世界谷物价格**

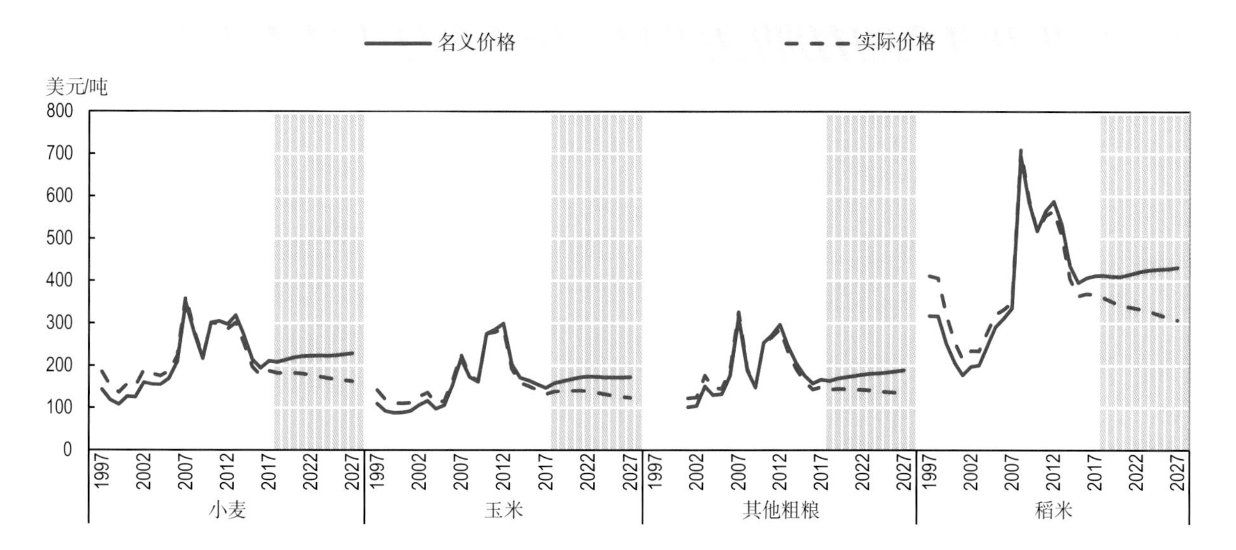

注：小麦：美国 2 号硬质红冬小麦（离岸价）；玉米：美国 2 号黄玉米墨西哥湾（离岸价）；其他粗粮：大麦（饲料）；稻米：泰国，100%B，二级。
资料来源：经合组织 / 粮农组织（2018），《经合组织 – 粮农组织农业展望》，经合组织农业统计数据（数据库），http://dx.doi.org/10.1787/agr-outl-data-en。

预计到 2027 年，玉米的消费量将增加 16%，饲用玉米使用量占总使用量的比例从基期的 56% 增加到 2027 年的 58%，这主要是由于发展中国家禽畜业快速发展。食用玉米使用量将主要在发展中国家增加，特别是在撒哈拉以南非洲，那里的人口增长迅速，白玉米是几个国家的重要主粮。其他粗粮的使用量也将增加 11%，首先是饲用需求（增长 1 700 万吨），其次是食用需求（增长 1 500 万吨）。新增食用量主要在非洲国家，而中国饲用使用量增幅最大。

稻米是亚洲、西非、拉丁美洲和加勒比地区一些国家的重要主粮，直接供人类消费仍然是稻米的主要最终用途。到 2027，总消费量预计将增长 13%。亚洲国家预计将占全球稻米消费量增量的 70% 以上，这主要是由于人口增长而非人均食用量增长。非洲国家占全球稻米消费量增量的 23%，主要是由于收入的增长和城市化驱动的需求。

到 2027 年，世界谷物贸易量预计将较基期增加 5 500 万吨，达到 4.59 亿吨。全球小麦贸易量在产量中所占的份额预计将达到 24%，而玉米和其他粗粮分别为 13% 和 15%。过去几年，俄罗斯联邦已开始在玉米和小麦国际市场上发挥重要作用。从过去 10 年平均值来看，俄罗斯联邦是第五大小麦出口国，在 2016 年超过欧盟成为最大出口国，预计 2027 年将占全球出口量的 20%。巴西、阿根廷、乌克兰和俄罗斯联邦的玉米市场份额将增加，而美国则会下降。发达国家预计仍将继续成为粗粮的主要出口国，而稻米贸易主要在发展中国家之间进行。国际稻米市场上的全球参与者预计将保持不变，主要是泰国、印度和越南，而柬埔寨和缅甸预计将在未来 10 年扩大出口，并占据全球出口市场的更大份额。

与过去 10 年相比，谷物价格持续下跌将影响种植决策，从而影响供给响应。因此，油籽等其他作物的相对价格将成为重要因素。虽然较高的油籽价格将支撑谷物价格，但谷物（相对）价格持续走低可能会导致向其他作物的重新分配。从需求来看，增长最快经济体的发展动向将对贸易产生深远影响。中国需求的变化以及国内供应的总体水平和相关的库存变化是预测期内主要的不确定因素。

价格

以美国 2 号硬质红色冬小麦离岸价为标准的国际小麦价格预计将在 2017 年销售年度上升至 211 美元 / 吨，扭转了 2014 年以来的下降趋势。随着预期油价低位上涨、预期收成达到中等水平以及出口和粮食使用量的温和增长，预计到 2027 年小麦价格将上涨至 229 美元 / 吨。但实际价格预计将在 10 年内下降。

以美国 2 号黄玉米离岸价为标准的国际玉米价格预计在 2017 年销售年度平均为 148 美元 / 吨，延续了从 2013 年开始的下降趋势。尽管库存水平持续高企，但全球饲料粮需求和油籽价格的强势，全球饲料粮的高需求和坚挺的油籽价格将支撑玉米价格上涨和 2027 年之前的温和增长。虽然到 2027 年名义价格预计将达到 173 美元 / 吨，但实际价格将在未来几年内稳定下来，然后在 2022 年下降，直至预测期结束。

世界稻米价格（整米率为 100% 的泰国二级大米曼谷离岸价）在 2017 年销售年度增加到 412 美元 / 吨，是 2014 年以来的最高水平。由于全球供应量巨大，预计稻米价格短期内将保持平稳，但随着亚洲、非洲和中东国家购买量增加，到 2027 年将恢复至 431 美元 / 吨。尽管预期价格增长，但是实际价格预计将在 10 年内适度下降。

以饲料大麦价格（鲁昂离岸价）为标准的其他粗粮世界市场价格预计在 2017 年销售年度将增加到 167 美元 / 吨，扭转 2013 年以来的下降趋势。到 2027 年，由于中国和沙特阿拉伯的进口需求量增加，其他粗粮世界市场价格将增加到 189 美元 /吨。实际价格预计到 2027 年将小幅下降。

生产

全球谷物种植面积预计在基期（2015—2017 年）到 2027 年之间将增加 1 760 万公顷，这意味着增长幅度低于总收获面积增长幅度。预计发达国家的种植面积略有下降（减少 40 万公顷），因为小麦种植面积的增加被玉米和其他粗粮面积减少抵消。相反，发展中国家种植面积预计将增加 1800 万公顷。全球种植面积扩张缓慢，主要是由于谷物相对价格低，单产较高，从而促进了总产量和需求的增长。由于将森林或牧场转化为可耕地的可能性有限，同时许多国家持续进行城市化，与过去 10 年相比，土地供给预计更加有限，从而限制了种植面积的增长。到 2027 年，全球小麦和玉米面积预计将增加 1.4% 和 3.2%，而其他粗粮预计将增加 2.4%。稻米面积将保持稳定，主要原因是中国的面积减少与亚洲其他地区的面积增长抵消。尽管谷物的总面积将增加，但单产的增长预期会对新增产量作出更多的贡献（图 3.2），尤其是在技术和栽培方法进行改进的发展中国家。2027 年，全球小麦、玉米和水稻单产预计分别将比基期高 9%、10% 和 12%。

图 3.2　全球收获面积和谷物单产的增长率

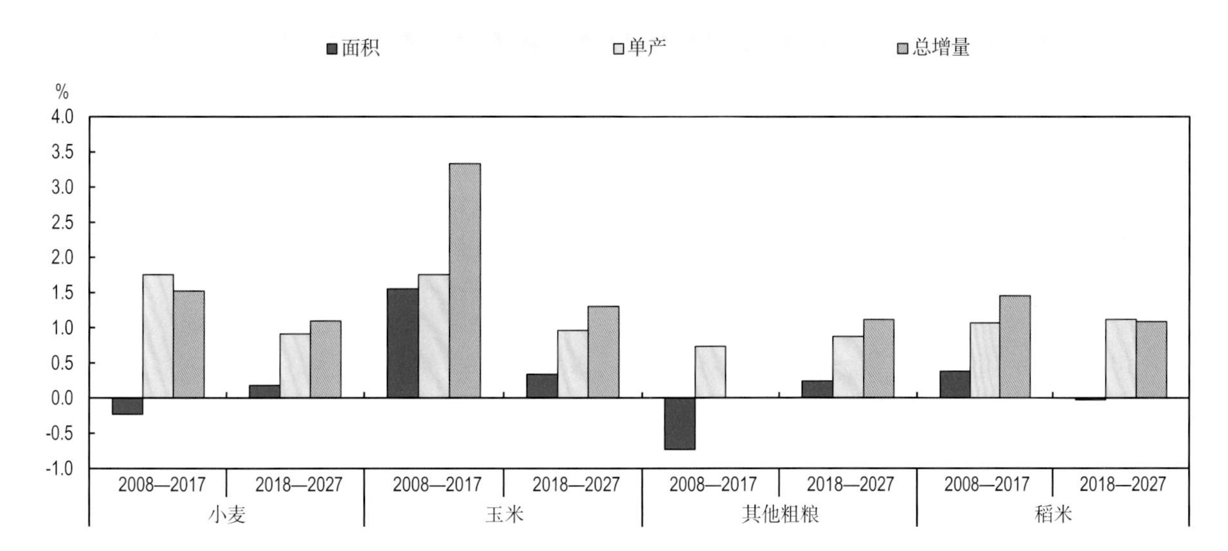

资料来源：经合组织 / 粮农组织（2018）,《经合组织－粮农组织农业展望》，经合组织农业统计数据（数据库），http://dx.doi.org/10.1787/agr-outl-data-en。

到 2027 年，全球小麦产量预计将增加 8 200 万吨，达到 8.33 亿吨，与过去 10 年相比，增长速度更为温和。虽然发达国家预计到 2027 年产量将增加 3400 万吨，但预计发展中国家将增加 4 800 万吨，从而增加其在全球产量中的份额（图 3.3）。印度是世界第三大小麦生产国，预计将占全球新增小麦量的最大比重，到 2027 年小麦产量将增加 2 000 万吨，这主要是由于种植面积的扩大和国家加强小麦自给自足政策的影响。继印度之后，新增产量将来自欧盟（1 200 万吨）、俄罗斯联邦（1 000 万吨）、巴基斯坦（600 万吨）、土耳其（500 万吨）、乌克兰（400 万吨）、中国（400 万吨）和阿根廷（300 万吨）。在阿根廷，由于国家出口政策有利于小麦生产，未来 10 年小麦种植面积将比前 10 年平均增加 100 万公顷。

在一些发展中国家，特别是印度和巴基斯坦，种植面积的增加将推动小麦产量增长。在其他发展中国家，如埃及和乌克兰，单产的提高将成为小麦产量增长的主因，因为提高了高产率、增加了耐旱品种并加大了对新技术的投资。发达国家往往有较为完善的农产品产后处理技术，如发展中国家对产后处理技术进行改善，可能会提高小麦品质，并可能对农产品价格的提升发挥重大作用，这对于中国减少政府定价尤为重要。

未来 10 年，全球玉米产量预计将增加 1.61 亿吨，达到 120 亿吨。其中中国增幅最大（3 100 万吨）、其次是巴西（2 400 万吨）、美国（2 200 万吨）、欧盟（1 100 万吨）和阿根廷（1 000 万吨）。巴西产量增加的主要原因是大豆种植期结束后开始了二季玉米的种植。至于美国，由于国内需求，特别是乙醇需求增长放缓，以及出口竞争加剧，预计未来 10 年的产量增长率将放缓，低至 1% 以下，而前 10 年为 2.4%。由于玉米的种植面积预计会随着大豆面积增加和小麦面积略微增加而下降，美国玉米产量的缓慢增长主要得益于单产提升。由于 2016 年取消出口税，阿根廷的产量预计也会增加。

图 3.3 发达国家和发展中国家的谷物供应、需求和库存

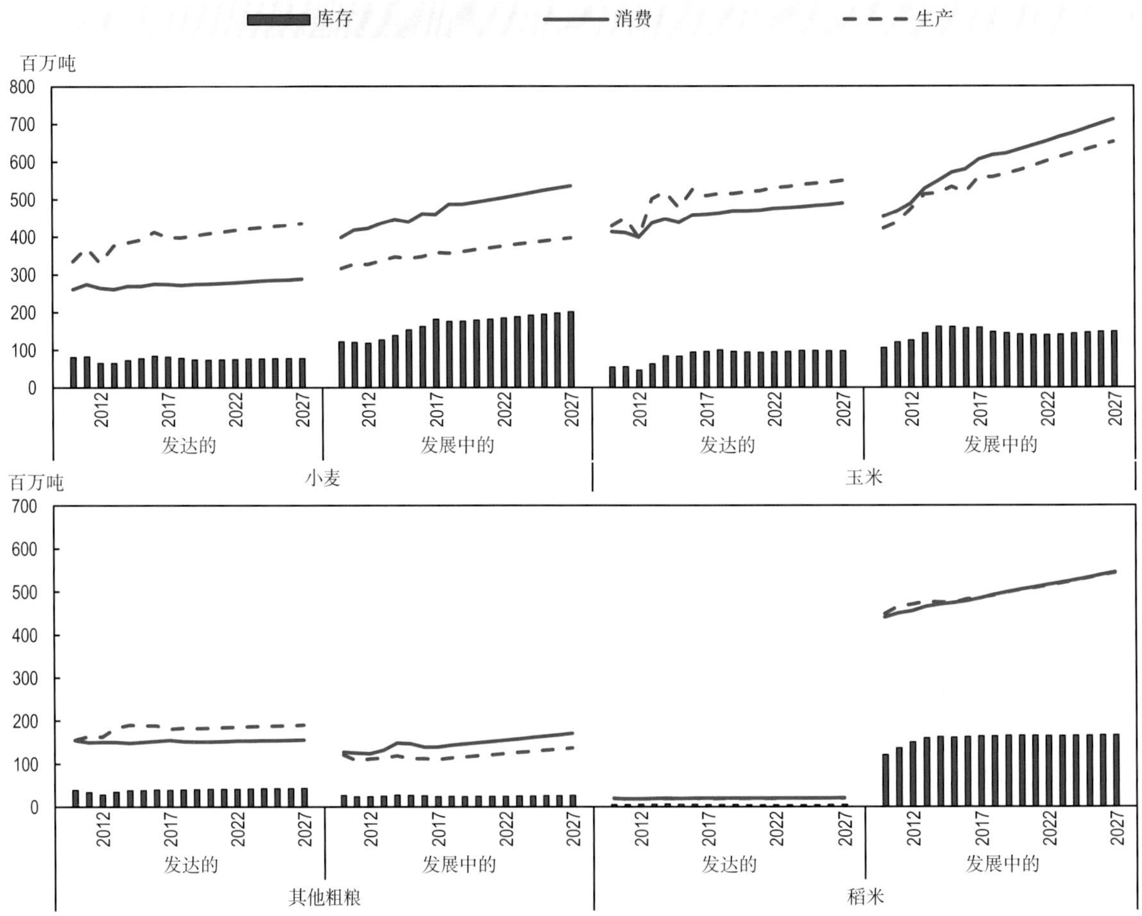

资料来源：经合组织 / 粮农组织（2018），《经合组织 – 粮农组织农业展望》，经合组织农业统计数据（数据库），http://dx.doi.org/10.1787/agr-outl-data-en。

由于饲料需求推动玉米的生产，预计大部分增产来自黄玉米，但撒哈拉以南非洲除外，那里的玉米总产量预计将增加 2 400 万吨，其中当地主食白玉米的增产占比最大。尽管玉米产量的增加预计将主要源于单产的提高，种植面积的扩大也将是撒哈拉以南非洲国家白玉米产量提高的重要推动力，但南非除外，为提高黄玉米和大豆产量，南非将缩小白玉米的种植面积。预计撒哈拉以南非洲大部分地区的白玉米产量将增加 1% 以上。由于努力将本国生产的饲料作为其日益增长的肉类和乳制品行业的主要食物来源，俄罗斯联邦的玉米产量预计也将增加约 300 万吨。

尽管中国将对全球玉米总产量的增加作出最大贡献，但预计中国玉米产量的增长将比过去 10 年（每年 3.7%）慢得多。因为 2016 年中国的政策发生改变，价格补贴下降，以期结束储备计划，取而代之的是以市场为导向的采购和农民直接补贴相结合的计划。尽管很少有农民支持，但由于饲料需求量每年增加 1.9%，因此面积将略有增加（每年增加 0.3%），在接下来的 10 年中，依旧要鼓励农民保持玉米生产面积。因此，随着饲料行业的发展，消费增长量将超过产量增长，导致预测期内累积库存的释放。

中国的库存预计将从基期的近 1 亿吨下降到 2027 年的 7 100 万吨。由于中国在 2015—2017 年期间持有约 70% 的全球库存，随着产量增长放缓和中国玉米库存的释放，全球的库存使用率将从基期的 24% 下降到 2027 年的 21%（图 3.4）。

图 3.4　发达国家和发展中国家谷物使用量

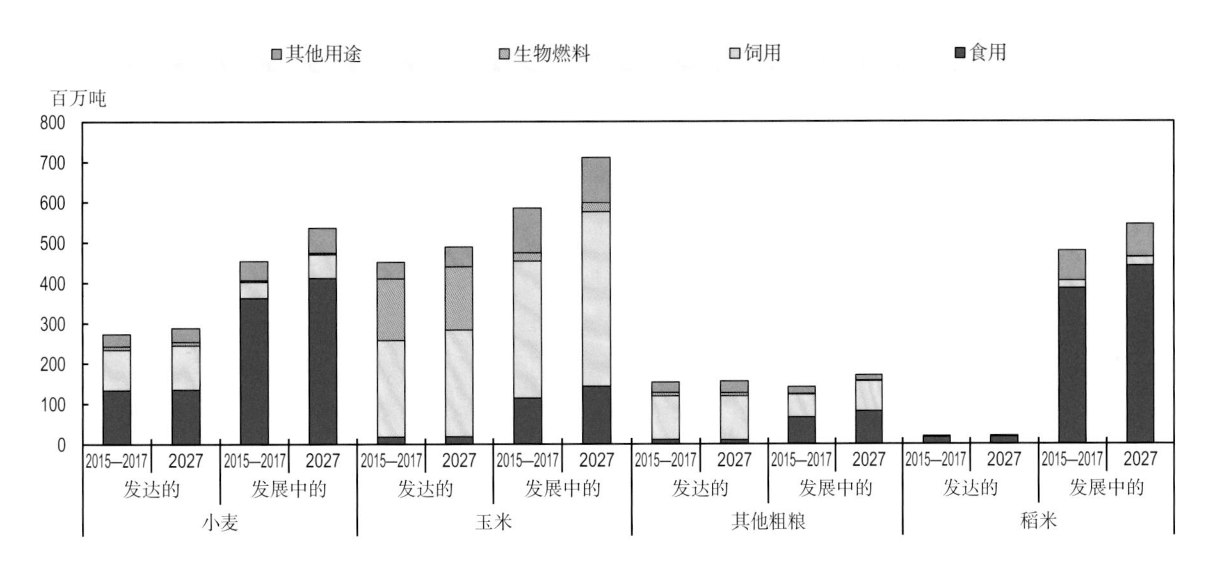

资料来源：经合组织 / 粮农组织（2018），《经合组织 – 粮农组织农业展望》，经合组织农业统计数据（数据库），http://dx.doi.org/10.1787/agr-outl-data-en。

到 2027 年，其他粗粮（如高粱和大麦）全球产量预计将达到 3.27 亿吨，比基期高 2 900 万吨。发展中国家贡献最大，其全球产出份额从 37% 增加到 42%。非洲一些人口快速增长和禽畜业快速发展的国家依赖其他粗粮，如将小米作为食品和饲料使用，预计其他粗粮的全球产量增量将近一半来自这些国家，其中埃塞俄比亚贡献最大，到 2027 年将增加 500 万吨，达到 1 800 万吨。与发展中国家不同，由于饲料需求增长放缓，大多数发达国家的产量将停滞不前。例如，美国的产量将略有增加，但未达到 2016 年的产量水平。另一方面，欧盟将扭转 2014 年开始的产量下降趋势，产量预计将增加 400 万吨，到 2027 年将达到 9 700 万吨。拉丁美洲和加勒比海地区的产量将增加 1/5，增长主要来自阿根廷和墨西哥（分别增加 300 万吨）。

2027 年全球稻米产量预计将增加 6 400 万吨，达到 5.62 亿吨。发达国家的产量预计略有增加，从基期的 1 800 万吨增加到 2027 年的 1 900 万吨。发展中国家的产量增幅预计相对较大，到 2027 年将增加 6 200 万吨，达到 5.43 亿吨。亚洲的新增供给量在全球占比最大，在展望期内将增加 5 400 万吨。预计世界第二大稻米生产国印度增幅最大（增加 20 万吨），其次是印度尼西亚（增加 800 万吨）、泰国（增加 700 万吨）、亚洲地区最不发达国家（增加 700 万吨）和越南（增加 400 万吨）。印度仍将是籼稻的主要生产国，也是芳香品种的主要生产国。越南预计主要通过提高单产来增加产量，随着政府逐步推动大米种植者转种其他作物，预计种植面积将下降。中国是世界上最大的稻米生产国，到 2027 年，中国稻米产量预计将增加 200 万吨，较过去 10 年增速放缓。尽管政府通过最低购买价格维持生产，但预计中国大米播种面积将下降。韩国、日本和欧盟等发达国家的产量预计将停滞或略低于基期的产量水平。美国和澳大利亚的产量分别将增长约 1% 和 3%，但不超过 2010 年美国和 2001 年澳大利亚的峰值。

消费

全球谷物消费量预计将从基期的 26 亿吨增加到 2027 年的 29 亿吨，主要原因是饲用需求量增加（增加 1.67 亿吨），其次是食用需求量增加（增加 1.51 亿吨）。发展中国家预计将占消费总增长量的 84%，但与全球展望相反，发展中国家食用消费量的绝对增长量（增加 1.48 亿吨）将超过饲用消费增长量（增加 1.32 亿吨）。相反，对于发达国家而言，饲用消费增长量（增加 3 600 万吨）将超过食用消费增长量（增加 300 万吨）。

预计未来 10 年全球谷物饲用消费量增幅以玉米最多（每年增加 1.6%），其次是小麦（每年增加 1.5%）和其他粗粮（每年增加 1.0%）（图 3.4）。与前 10 年相比，预计人均食用谷物消费量将以更快的速度增长，因为人均玉米、大米和其他粗粮的使用量增量仅有部分被小麦增长放缓所抵消。

预计到 2027 年，小麦消费量将增加 13%。中国（增加 2 300 万吨）、印度（增加 1 200 万吨）、巴基斯坦（增加 600 万吨）和埃及（增加 400 万吨）4 个国家的食用量增幅将近占总消费量增幅的一半。全球食用消费量预计将增加 5 100 万吨，并保持稳定在总消费量的 2/3 左右，但随着世界人口以温和的速度增长，食用消费量的增量将比前 10 年缓慢。饲用用量预计将以更缓慢的速度增长，比基期增加 2 700 万吨（图 3.5）。

在发达国家，小麦的饲用量增幅大约是食用量增幅的 5 倍；而在发展中国家，食用量增幅是饲用量增幅的两倍以上。预计亚洲的食用量将会增加，因为对糕点和面条等副食品的需求不断增加。这些产品需要高品质和高蛋白的小麦，这种小麦在美国、加拿大、澳大利亚生产，欧盟和俄罗斯联邦也有少量产出。此外，中东国家，如埃及、阿尔及利亚和伊朗伊斯兰共和国，仍将是人均消费水平较高的主要消费国。小麦基乙醇全球产量预计不会显著增加，因为推测欧盟（使用小麦加工乙醇的主要国家）生物燃料政策不会再支持增加第一代生物燃料生产。

预测期内，全球玉米消费量预计以每年 1.3% 的速度增加，增速低于过去 10 年的每年 3.3%。增长主要由饲用需求量增加所致，饲用需求量是总需求量里占比最大的部分，从基期的 56% 上升到 2027 年的 58% 左右。由于禽畜业的迅速发展，发展中国家饲用量占饲用总用量的 3/4 以上。饲用量预计将增加 1.2 亿吨，达到 6.99 亿吨，新增部分主要集中在中国（3 200 万吨）、美国（2 000 万吨）、阿根廷（500 万吨）、印度尼西亚（500 万吨）和越南（500 万吨）。特别是越南和泰国，新增量主要受快速发展的家禽业所驱动。

图 3.5　主要出口国库存和供需

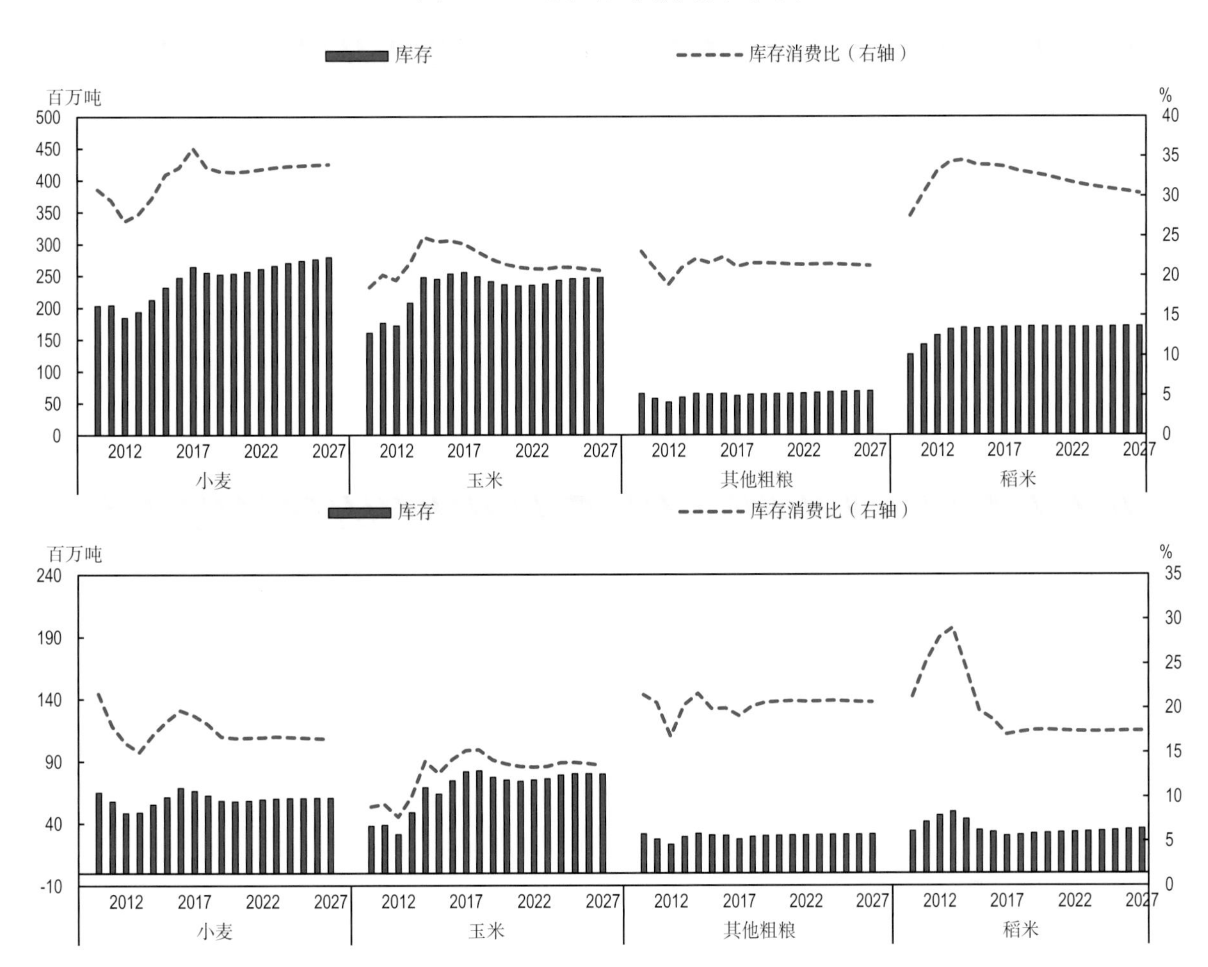

注：1. 前五大小麦出口国（2015—2017）：澳大利亚、加拿大、欧盟、俄罗斯联邦、美国。

2. 前五大玉米出口国（2015—2017）：阿根廷、巴西、俄罗斯联邦、美国、乌克兰。

3. 前五大其他粗粮出口国（2015—2017）：澳大利亚、加拿大、欧盟、乌克兰、美国。

4. 前五大大米出口国（2015—2017）：印度、巴基斯坦、泰国、美国、越南。

资料来源：经合组织 / 粮农组织（2018），《经合组织 – 粮农组织农业展望》，经合组织农业统计数据（数据库），http://dx.doi.org/10.1787/agr-outl-data-en。

发展中国家的玉米食用消费量增速很快，因为玉米尤其是白玉米在膳食中正变得越来越重要，且人口不断增加。玉米仍将是撒哈拉以南非洲地区的重要主粮，在那里，白玉米的食用消费量正在增加，玉米约占总热量摄入量的 1/4。总体而言，非洲国家在所有发展中国家中玉米食用消费量增幅最大，约为每年 3%。

玉米生产生物燃料的使用量在 2007—2017 年间增加了 1 倍以上。然而，在展望期内，由于国际乙醇市场受到当前生物燃料政策限制，增长预计将十分有限（图 3.4）。较低的生物燃料消费量是由于美国汽油使用量下降所致，但由于巴西玉米基乙醇产业发展的不确定性，消费量可能增加。

大米主要用于人类直接食用，并一直是亚洲、非洲、拉丁美洲和加勒比地区的主要主粮。未来 10 年世界稻米消费量预计将每年增加 1.1%，而过去 10 年每年增加

1.5%。亚洲稻米消费量预计占全球新增总消费量的 70% 以上。这种增长主要是由于人口的增长而不是人均摄入量的增长，该地区许多国家的人均消费量预计将保持不变或减少，因为随着收入的增加，饮食更加多样化（表 3.1）。印度是一个例外，人均消费量低于区域平均水平。中东和西非的稻米消费量也将增加，因为大米作为主要的主食和卡路里来源越来越重要。由于人均收入的差异，中东的需求受到大米质量和价格的驱动，而价格在西非则起着更大的作用。在世界范围内，人均大米消费量预计将与基期保持相似水平，每年约为 55 千克。

表 3.1　**人均大米消费量**

千克 /（人 · 年）

	2014—2016 年	2026 年	年增长率（%）
非洲	24.7	28.2	1.22
亚太地区	77.8	78.9	0.08
北美	13.1	14.0	0.49
拉丁美洲和加勒比海	28.5	28.7	0.24
欧洲	5.5	5.9	0.63

资料来源：经合组织 / 粮农组织（2018），《经合组织 – 粮农组织农业展望》，经合组织农业统计数据（数据库），http://dx.doi.org/10.1787/agr-outl-data-en。

贸易

在整个预测期内，小麦、玉米和其他粗粮贸易约占全球消费量的 17%，是进口国食用和饲料的重要来源（图 3.6）。传统上，由发达国家向发展中国家供应谷物，因为发展中国家人口增长带来的粮食需求增加以及畜牧业发展带来的饲料需求增加意味着国内需求增长快于国内供应。该趋势预计将在未来 10 年加剧，因为到 2027 年，谷物出口总量将增加 13%。

图 3.6　**贸易占消费量的百分比**

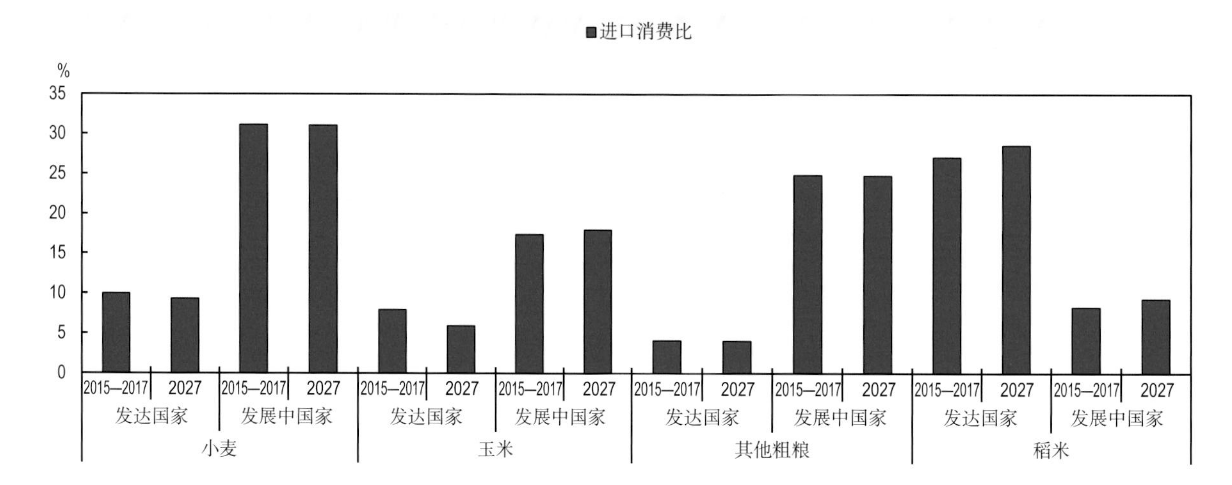

资料来源：经合组织 / 粮农组织（2018），《经合组织 – 粮农组织农业展望》，经合组织农业统计数据（数据库），http://dx.doi.org/10.1787/agr-outl-data-en。

到 2027 年，小麦出口预计将增长 2 400 万吨，达到 1.99 亿吨。俄罗斯联邦在 2016 年超过欧盟成为最大出口国，并将保持这一地位，其小麦出口量到 2027 年预计占全球小麦出口量的 20%。过去 10 年，主要由于单产波动，独立国家联合体（独联体）的主要小麦生产国俄罗斯联邦、哈萨克斯坦和乌克兰供给随之波动。尽管如此，近期，平均产量增长超过消费量增长，因此预计小麦产量和出口量将进一步增加。过去几年俄罗斯联邦在小麦出口市场上的增长对国际价格产生了较大影响，其市场份额的进一步增长将继续影响未来 10 年的价格。

全区其他粗粮使用量预计将增加 3 200 万吨或在接下来的 10 年中每年增加 1.1%，增速明显大于过去 10 年每年的 0.2%。增速加快由发展中国家（2 900 万吨）推动，因为发达国家其他粗粮消费量预计将保持稳定。总消费量中食用消费量的比例预计将从基期的约 26% 增加到 2027 年的 28%，主要驱动力是非洲食用消费量增加（每年增加 2.7%），其次是拉丁美洲和加勒比地区（每年 0.9%）和亚洲（每年 0.5%）。埃塞俄比亚和其余的撒哈拉以南非洲地区严重依赖小米作为能量来源。随着饲料行业的蓬勃发展，沙特阿拉伯将继续为全球需求作出贡献。由于其他粗粮使用量的增长快于供应，预计到 2027 年全球库存量与食用量之比将下降至 21%，而基期则为 22%。

到 2027 年，第二大小麦出口来源地欧盟将占全球贸易的 18%，其次是美国（13%）、加拿大（11%）、澳大利亚（10%）和乌克兰（10%）。俄罗斯联邦、乌克兰、阿根廷、哈萨克斯坦和土耳其将增加出口市场份额，而发达国家出口国（主要是美国、加拿大和澳大利亚）可能会失去整体出口份额，但预计将保持在高质量和高蛋白的小麦市场的份额，特别是在亚洲。俄罗斯联邦和乌克兰也可能在更高质量的市场中发挥作用，但由于靠近中东和中亚等这些地区的软小麦市场，因此将更具竞争力。前五大进口国（埃及、印度尼西亚、阿尔及利亚、巴西和日本）的小麦进口量在未来 10 年内份额将稳定在 25%~27%。

2027 年，玉米出口量预计将增长 1 900 万吨，达到 1.57 亿吨。前五大出口国（美国、巴西、乌克兰、阿根廷和俄罗斯联邦）的出口份额在预测期占总贸易的近 90%。预计美国仍将是最大的玉米出口国，出口量与基期相比持平，到 2027 年为 5 300 万吨，但由于巴西、阿根廷、乌克兰和俄罗斯联邦的出口份额增加，美国出口份额将下降（从 38% 降至 34%）。随着大豆产量增加，第二季玉米产量增加，巴西的出口市场份额将从基期的 19% 增加到 2027 年的 23%。由于受到 2016 年终止出口税的激励，第二大出口国阿根廷的出口量将继续增加。乌克兰和俄罗斯联邦也预计将增加出口量，因为供应量的增长快于国内消费，导致盈余进入全球市场。撒哈拉以南非洲最不发达国家将继续成为该地区白玉米的主要供应国。南非也将继续作为区域供应商，但由于其生产的转基因品种在周边国家面临障碍，因此发展受到限制。

前五大玉米进口国（日本、欧盟、墨西哥、韩国和埃及）合计份额在基期内占世界进口量的 45%；该比例预计将下降至 41%，主要原因是欧盟和日本的进口量下降，其中欧盟是因为国内玉米产量的增加带动了饲料需求的增长，而日本则是人口下降限制了消费量的增长。自 2012 年以来玉米进口大幅增加，需求量的增加来自畜牧业的增长，预计到 2027 年越南将成为第三大玉米进口国。马来西亚还将增加进口以维持畜牧业的发展，从基期的 360 万吨增加到 2027 年的 470 万吨。

其他粗粮（如大麦和高粱）的国际贸易量远低于玉米或小麦。其他粗粮出口预计将在 2027 年增加 300 万吨，达到 4 900 万吨。前五大出口国（欧盟、澳大利亚、美国、乌克兰和加拿大）在基期内的出口份额占全球贸易量的 75%，由于阿根廷和俄罗斯联邦出口的增加抵消了澳大利亚和加拿大出口的下降，预计到 2027 年该份额将下降至 71%（图 3.7）。与玉米和小麦市场相比，其他粗粮的进口在各国之间的分散程度要低得多。2027 年，五大进口国（中国、沙特阿拉伯、日本、伊朗伊斯兰共和国和美国）占了近 70% 的全球贸易，仅中国就占全球贸易的 30%。

图 3.7 **谷物贸易集中度**

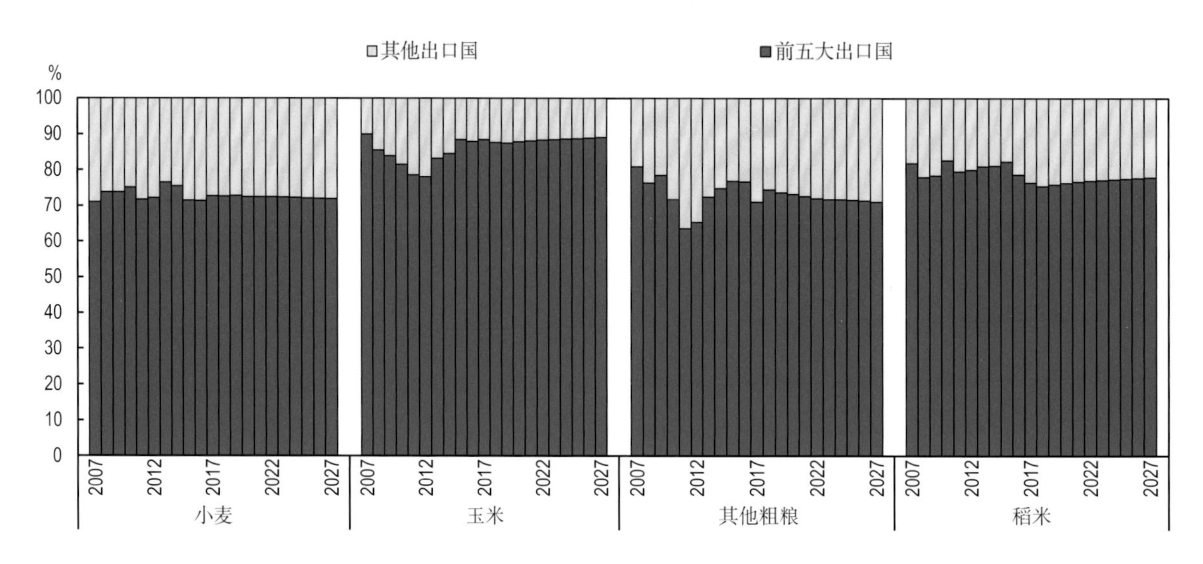

注：对于顶级出口商，请参见图 3.5。

资料来源：经合组织 / 粮农组织（2018），《经合组织 – 粮农组织农业展望》，经合组织农业统计数据（数据库），http://dx.doi.org/10.1787/agr-outl-data-en。

12 http://dx.doi.org/10.1787/888933742948

鉴于中国的政策变化旨在降低创纪录的库存水平，本《展望》预计玉米和其他粗粮进口将限制粗粮总库存水平的下降趋势，预计到 2027 年，直至中国玉米库存使用比达到可持续水平，降低至 28%。随着中国玉米产量增速预期放缓，到 2027 年中国玉米进口量预计将达到 670 万吨。中国大麦和高粱的进口量从 2012 年的约 300 万吨增加到 2014 年的 1 800 多万吨。此后，其他粗粮进口量已经下降，但从 2018 年开始这一趋势预计将逆转，因为玉米和其他国产粗粮的价格降低了。

在过去 10 年中，大米贸易增长迅速，年增速接近 6%。预计这种增速将放缓至约每年 2%，到 2027 年，出口量将增加 900 万吨，达到 5 400 万吨。五大主要大米出口国（印度、泰国、越南、巴基斯坦和美国）的出口份额预计将保持在 75% 以上，泰国取代印度成为全球最大大米出口国（图 3.8）。鉴于基础设施和供应链的改善以及生产多样化，越南可以进入非洲和中东市场，从而减少对中国市场的依赖。泰国可能会继续专注于出口优质大米，但可能面临来自印度和越南的更多竞争。

图 3.8 亚洲大米出口国出口和库存情况

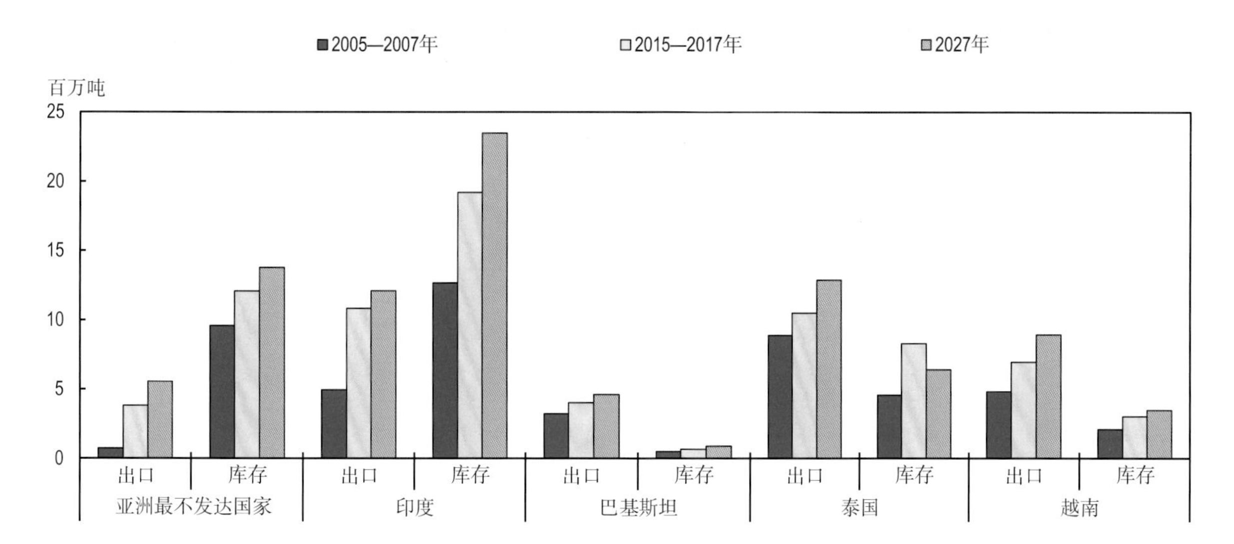

资料来源：经合组织 / 粮农组织（2018），《经合组织 – 粮农组织农业展望》，经合组织农业统计数据（数据库），http://dx.doi.org/10.1787/agr-outl-data-en。

12 http://dx.doi.org/10.1787/888933742967

随着该地区在国际上变得更具竞争力，主要出口国的份额将被亚洲最不发达国家抢占，尤其是柬埔寨和缅甸。亚洲地区最不发达国家的出货量将从基期的 400 万吨增加到 2027 年的 600 万吨，因为市场预期充足的出口供应将使这些国家能够占据中国和其他亚洲市场的更大份额。从历史上看，大米贸易主要依赖于籼稻的供应、需求量和价格，籼稻是世界市场上交易量最大的大米类型；然而，鉴于其对其他品种的需求量不断增加，特别是中东，这种情况可能会在未来 10 年内发生变化（插文 3.1）。

插文 3.1 全球和国内市场粳米价格

栽培稻有许多品种，可分为以下水稻类型：籼稻，粳稻，糯米和香米。另一种常见的分类是长粒米，中粒米，短粒米和碎米（CBI，2017）。粳稻主要产自温带气候，占全球大米贸易量的 8% 左右。籼稻和香米分别占 75% 和 15% 左右，其余为糯米（USDA ERS，2016）。考虑到某些类型（例如粳稻）具有价格溢价，反映了不同气候条件下的生产情况，加上消费者偏好不同，将稻米类型市场分开可能是有用的。无论这种价格差异如何，国内各个粮食市场主要在需求侧还存在一些可替代性。

主要的粳稻生产国是中国、日本、韩国、美国、欧盟、澳大利亚、埃及和土耳其。其中，中国、美国和欧盟也生产了大量的籼稻（Calpe 2006；Rakotoarisoa 2006；Hansen 等，2002；Wailes 和 Chavez，2016）。根据《经合组织 – 粮农组织农业展望》数据库，按类别（粳稻和其他）分类，其中包括以下附加材料：美国（加利福尼亚州）、欧盟和中国可获得的生产数据；将海关数据的双边贸易流量与生产统计数据联系起来获得的按类别划分的消费和贸易数据。

生产量和消费量

2010—2016 年期间，粳稻占全球稻米产量的 12%~13%。在中国，粳稻产量在 10 年内增加了 1 200 万吨，到 2016 年达到 4 890 万吨。粳米在中国稻米总面积中的比例从 2006 年的 24.9% 增加到 2016 年的 30.5%，而粳稻在稻米总产量中的比例从 29.0% 增加至同期的 34.5%。欧盟的粳稻产量从 2011 年的 110 万吨增加到 2016 年的 140 万吨，粳稻的产量份额在此期间从 63% 增加到 77%。在美国，粳稻分为中粒米和短粒米，生产主要集中在加利福尼亚。2016 年美国产量为 21.5 万吨，占稻米总产量的 21%。2016 年日本、埃及、韩国、土耳其和澳大利亚的水稻产量分别为 780 万吨、430 万吨、420 万吨、60 万吨和 60 万吨，这些水稻产量几乎全部由粳稻组成。

中国是最大的粳稻消费国，2016 年的消费量达到 4 640 万吨。然而，日本、韩国和埃及的粳稻在大米消费总量中的比例要高得多（图 3.9）。

图 3.9 粳稻消费量及其在选定国家的总稻米份额

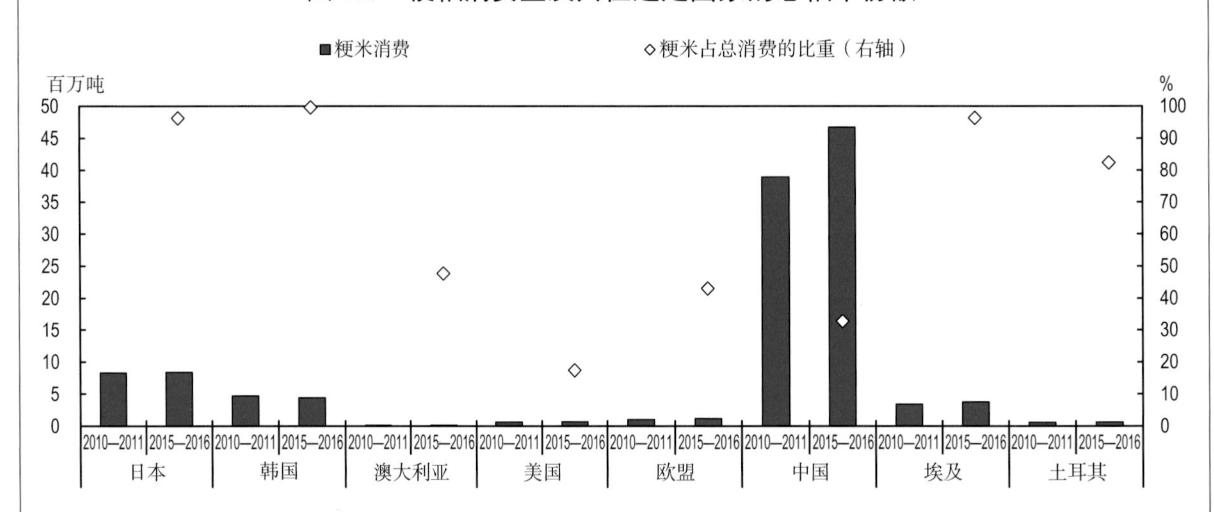

注：消费简单计算为“消费 = 生产 + 进口 – 出口 – 库存变化”。

资料来源：根据国内统计数据，双边贸易流量和经合组织 / 粮农组织（2018）自行计算。

12 http://dx.doi.org/10.1787/888933742986

贸易量

据估计，在中国，粳稻在 2010—2016 年期间在全球大米贸易中的份额为 6%~7%。根据加利福尼亚港口的数据，2016 年美国出口了 84.6 万吨。由于出口限制，2016 年埃及的出口量减少至 21.5 万吨，并且仍低于 2010—2016 年的平均水平。中国的粳米出口量稳定在 20 万吨左右，主要出口到日本和韩国。澳大利亚出口量随稻米收成而波动，可达 50 万吨。欧盟的贸易流量因类型而异。2016 年进口大米中只有 10%，即大约 12 万吨是粳稻，出口大米中 90%，即大约 26.4 万吨是粳稻。在中东国家，例如黎巴嫩、约旦和沙特阿拉伯，粳稻进口增加，并从欧盟、埃及、澳大利亚和美国进口。中东国家的粳稻市场还在不断发展。

讨论

全球稻米参考价格是泰国长粒籼稻的出口价格。美国加州的中粒米出口价格是粳米的最佳国际参考价格。在全球市场上，两种价格总体上长期同时波动，自 2008 年以来粳米的价格溢价已经减弱（Chen 和 Saghaian，2016）。然而，籼稻和粳稻的价格变动在短期内可能会相互独立，因为不同类型和品质的消费可替代性有限，而且贸易流量也不同（John，2014; Rastegari-Henneberry，1985; Jayne，1993）。

大米贸易量占世界产量的不到10%，与其他农产品相比较低。就粳米而言，贸易份额更低，甚至低于世界产量的5%。因此，包括中国、日本和韩国在内的大多数粳稻市场都受到国内生产的支配，市场价格支持（MPS）导致国内稻米价格高于参考价格。因此，潜在的不确定性可能会引发全球较小的粳米市场的需求、供应和价格的短期波动。粳稻生产国的这些不确定性包括政府政策的变动。

尽管进口量在基期减少了16%（100万吨），但中国仍将是未来10年最大的大米进口国。最大的进口增长量将来自非洲国家，预计需求量将超过产量。虽然非洲国家的产量正在扩大，但它受到了气候条件、投入物的有限使用和基础设施发展的限制。特别是尼日利亚，进口量增加200万吨，预计将继续保持其作为仅次于中国的第二大进口国的地位，到2027年进口量占国内消费量的55%。总体而言，非洲的进口量预计将从基期的1 500万吨增加到2027年的2 500万吨，非洲在世界进口中的份额将从34%提高到44%。除中国和尼日利亚外，五大进口国还包括伊朗伊斯兰共和国、沙特阿拉伯和菲律宾。总的来说，到2027年，预计这5个国家的进口量将占全球大米进口量的1/3，而基期则为28%。到2027年，按地区划分，撒哈拉以南非洲的最不发达国家的大米进口量将占总进口量的28%左右。

主要问题和不确定性

预计天气正常使得粮食主产区的生产前景良好，但气候变化带来的极端天气可能导致作物产量波动加剧，从而影响全球供应和价格。从以往作物单产偏离预测值的情况来看，小麦的波动概率高于其他谷物；澳大利亚、哈萨克斯坦、俄罗斯联邦和乌克兰的小麦单产尤其具有不确定性。南美洲国家（如阿根廷、巴西、巴拉圭和乌拉圭）的作物单产也在合理范围内呈现出较大差异。特别是对发展中国家而言，谷物进口量占全球消费量的16%，是食品和饲料的重要来源。在过去10年中，新加入的国家更多地参与全球贸易，减少了主要出口国作物短缺的一些风险，例如所依赖的进口国的作物价格飙升。未来10年出口参与的持续增长可能进一步减轻某些地区产量波动的风险。

谷物价格可能会受到以下因素的影响：中国等快速发展经济体增速可能进一步放缓以及新能源和新的提取技术导致能源价格下跌。此外，生物燃料政策的制定与改革对食品安全的强化以及可持续性标准（即欧盟、巴西或美国在这方面的努力）也可能对谷物需求量造成影响。中国影响谷物进口需求量的政策对谷物市场未来发展同样至关重要。此外，出口国（尤其是乌克兰）或进口国（特别是北非和中东）政治动荡可能会引发一些无法预测的市场反应。

由于出口国实际汇率升值或贬值可能刺激或阻碍生产，全球小麦市场的未来发展仍然不明朗。小麦需求集中在北非和中东，但这些地区的政局进一步动荡可能会减少需求量并抑制国际小麦价格。

阿根廷的前景也不确定，因为最近关于取消出口税的政策调整可能会提升其在国际谷物市场上的竞争力，甚至可能超过预期。

撒哈拉以南非洲的玉米生产严重依赖雨水灌溉系统，因此对天气波动很敏感。此外，最近暴发的秋季黏虫是新的不确定性的来源。虽然昆虫喜欢玉米，但它可以其他谷物为食，包括大米、高粱和小米，如果处理不当，可能会破坏该地区的粮食安全。

参考文献

Calpe, C., (2006), Rice international commodity profile, FAO.

CBI (2017), "Exporting specialty rice varieties to Europe", CBI-the Centre for the Promotion of Imports from developing countries.

Chen, B. and S. Saghaian (2016), "Market Integration and Price Transmission in the World Rice Export Markets", Journal of Agricultural and Resource Economics, Vol. 41 pp.444–457.

FAO, FAO Rice Market Monitor,

Hansen, J., et al. (2002), "China's Japonica Rice Market: Growth and Competitiveness", Rice Situation and Outlook Yearbook, USDA ERS.

Jayne, T.S. (1993), "Sources and Effects of Instability in the World Rice Market", MSU International Development Paper, No.13, Michigan State University.

John, A. (2014), "Price relations between international rice markets", *Agricultural and Food Economics*, Vol.2, pp.1–16.

Rakotoarisoa, M.A. (2006), Policy distortions in the segmented rice market, No.94, IFPRI.

Rastegari-Henneberry, S. (1985), "The World Rice Market", Giannini Foundation Information Series, No. 85-2, University of California.

USDA ERS (2016), "Rice", https://www.ers.usda.gov/topics/crops/rice/background/

Wailes, E.J. and E. Chavez (2011), "Updated Arkansas Global Rice Model", University of Arkansas.

Wailes, E.J. and E. Chavez (2016), "International Rice Outlook 2015-2025", University of Arkansas.

经合组织－粮农组织 2018—2027 年农业展望

第四章

油籽和油籽产品

本章重点介绍了 2018—2027 年 10 年间世界和各国油籽市场的最新量化中期预测中包含的市场形势和要点。全球油籽产量预计将增长 1.5% 左右，远低于过去 10 年的增长率。巴西和美国产量相近，将成为最大的大豆生产国。由于畜牧生产增长放缓以及中国饲料中蛋白粉比例达到稳定水平，蛋白粉的消费量预计将缓慢增长。由于发展中国家人均粮食使用量增长放缓以及作为生物柴油原料的需求停滞，预计对植物油需求的增长将更加缓慢。植物油出口将继续以印度尼西亚和马来西亚为主，而大豆、其他油籽和蛋白粉的出口主要由美洲主导。预计在展望期内，名义价格将略有上涨，实际价格略有下降。

市场形势

2017年销售年度（2017年10月至2018年9月）全球大豆产量略有下降，因为南美洲（2018年头几个月）的收成低于去年。由于大豆的需求量比其他作物大，中国和加拿大的大豆产量大幅增加。相比之下，印度的产量下降。2017年其他油籽（油菜籽、葵花籽和花生）的世界总产量几乎没有变化。

蛋白粉需求量的不断增加，尤其是在中国，已经成为全球油籽产量增加的主要推动力。然而，2017年销售年度中国大豆进口增长幅度不大，部分原因是玉米的去库存化。

与2016年相比，2017年植物油产量继续增加，但2015年厄尔尼诺现象后棕榈油产量恢复缓慢，增长幅度小于往年。全球进口需求量明显增加，并导致包括进口国在内的库存增加。在发达国家和发展中国家，人均食用植物油消费量也持续增长，但发展中国家的增速要快得多。

总体而言，在2016年和2017年的销售年度中，油籽和油籽产品市场保持稳定，没有出现重大波动。

预测要点

展望期内，所有油籽和油籽产品名义价格预计将略有上涨。由于人均粮食需求量饱和、生物柴油行业停滞不前以及许多新兴经济体持续的集约化牲畜生产，展望期内，植物油实际价格下跌速度比蛋白粉快。预计大豆和其他油籽的实际价格也将下跌。然而，由于市场的不确定性，波动也在预料之中。

在展望期内，全球大豆产量预计将继续增加，但增速为每年1.5%，远低于过去10年每年4.8%的增速。增速放缓主要是由于新增种植面积较少。在整个预测期内，巴西和美国预计将成为最大的竞争生产国，到2027年，其产量分别达到1.29亿吨和1.31亿吨。其他油籽的产量每年将增加1.6%，低于过去10年每年3.1%的增速。将大豆和其他油籽加工成饼粕、饲料或者食用油是主要用途，这方面需求的增速快于其他用途，特别是直接食用大豆，花生和葵花籽以及大豆直接饲喂动物。总之，2027年，预计世界大豆产量的90%和世界其他油籽产量的86%将用于压榨。

植物油包括从大豆、其他油籽压榨生产的油（约占世界植物油产量的55%）、棕榈油（35%）以及棕榈仁、椰子油和棉籽油。尽管成熟油棕新增种植面积放缓，但预计印度尼西亚（每年增长1.8%，相对于前10年的每年6.9%）和马来西亚（每年增长1.4%，相对于前10年的每年1.3%）的产量将大幅增加。由于发展中国家人均粮食用量增长减少（每年1.2%，而前10年为每年3.2%），消费水平接近饱和。预计用于生产生物柴油的植物油需求稳定，未来10年植物油需求增长将放缓。

蛋白粉的生产和消费将以大豆粉为主。与过去10年相比，蛋白粉的消费量增长

（每年 1.6%，相对于过去 10 年每年 4.2%）将受到全球畜牧生产增长放缓以及中国饲料配方中蛋白粉比例达到高位的限制。中国蛋白粉消费量预计每年将增长 1.7%，过去 10 年为每年 7.2%，这一增速仍超过畜产品的产量增速。

所有农产品中，植物油是贸易量占产量比例最高的商品之一（41%）。在整个展望期内，该比例预计将保持稳定，到 2027 年，全球植物油出口量将达到 9 600 万吨。植物油出口将继续以印度尼西亚和马来西亚为主（图 4.1），两者均为主要出口型国家：印度尼西亚近 70% 和马来西亚超过 80% 的植物油产量供出口。这两个国家的出口比例预计将略有下降，因为更多的植物油将被用作生物燃料原料，食用植物油的消费将变得越来越重要。印度尼西亚出口每年将增长 1.6%，过去 10 年为每年 5.8%。

图 4.1　各区域油籽和油籽产品出口量

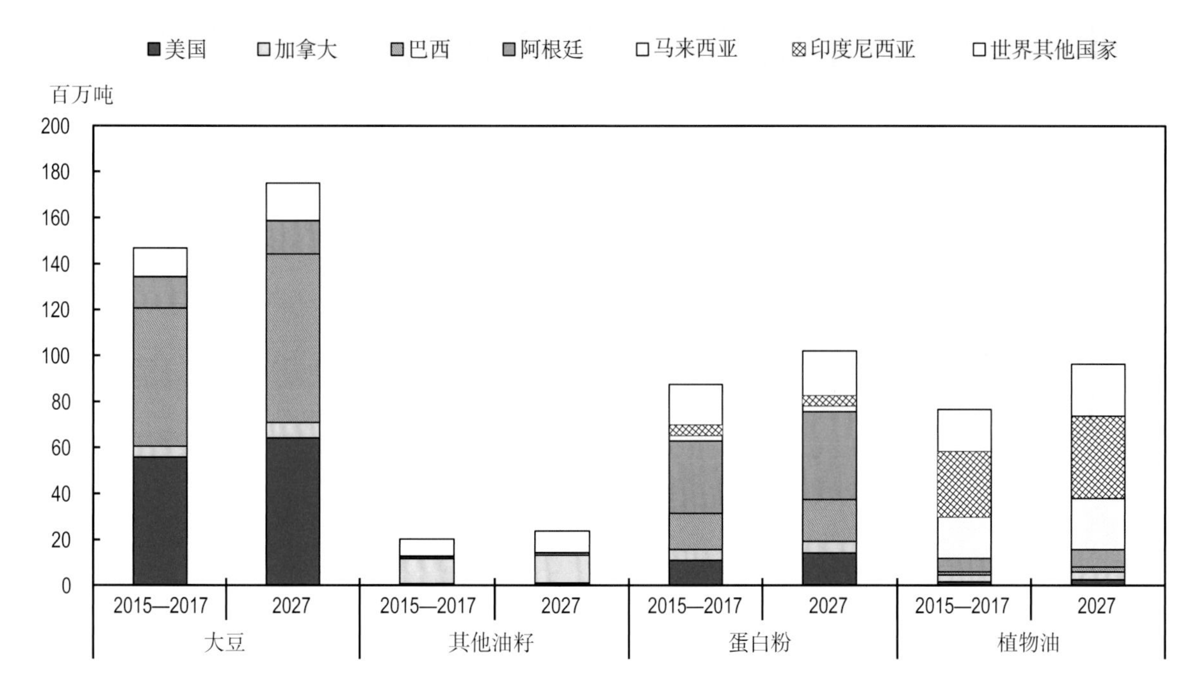

资料来源：经合组织 / 粮农组织（2018），《经合组织 – 粮农组织农业展望》，经合组织农业统计数据（数据库），http://dx.doi.org/10.1787/agr-outl-data-en.12 http://dx.doi.org/10.1787/888933743005

大豆、其他油籽和蛋白粉出口主要由美洲主导。预计未来 10 年世界大豆贸易增长将大幅放缓，这一动向直接导致中国大豆压榨产业的预期增长放缓。与此同时，到 2027 年，巴西将超过北美成为世界上最大的大豆出口国，其在全球大豆出口中的比例上升至 41.8%，而到 2027 年，加拿大和美国的大豆出口总量将下降至 40.6%。

为了维持产量增长，必须提高生产力。大豆和棕榈油产量能否增加将取决于开展再植活动和增加土地供应量。鉴于该行业的盈利能力较低（特别是在马来西亚，劳动力成本上升导致盈利能力降低），重新种植棕榈种植园一直处于低迷状态。预测期内，可以看到重新种植延误导致植物油产量增长缓慢。寻求保护环境的新立法可能会限制种植面积的扩张。进口国提出的新的可持续棕榈油认证计划可能会超越主要出口国的现有认证。美国、欧盟和印度尼西亚的生物燃料政策也是不确定因素的主要来源，因为这些国家植物油需求量的较大比重受这些政策左右。此外，多数大宗商品的共性问题和不确定性（例如宏观经济环境、原油价格和天气条件）对全部油籽产生相当大的影响。

价格

由于对植物油和蛋白粉的需求增加，油籽和油籽产品的名义价格预计将在中期内恢复，尽管预计不会达到此前高位。植物油消费主要是受发展中国家人口和收入增长引起的食用需求增加所驱动。此外，预计原油价格处于低位，且新增政策支持有限，用于生产生物柴油的植物油使用量增幅将十分有限。蛋白粉需求量增加主要受非反刍牲畜和牛奶产量增加且新兴市场饲料配给中蛋白质添加比例增加的推动。预计在预测期内油籽和油籽产品实际价格会略有下降（图 4.2），但由于市场的不确定性，预计会出现波动。

图 4.2　**世界油籽价格演变**

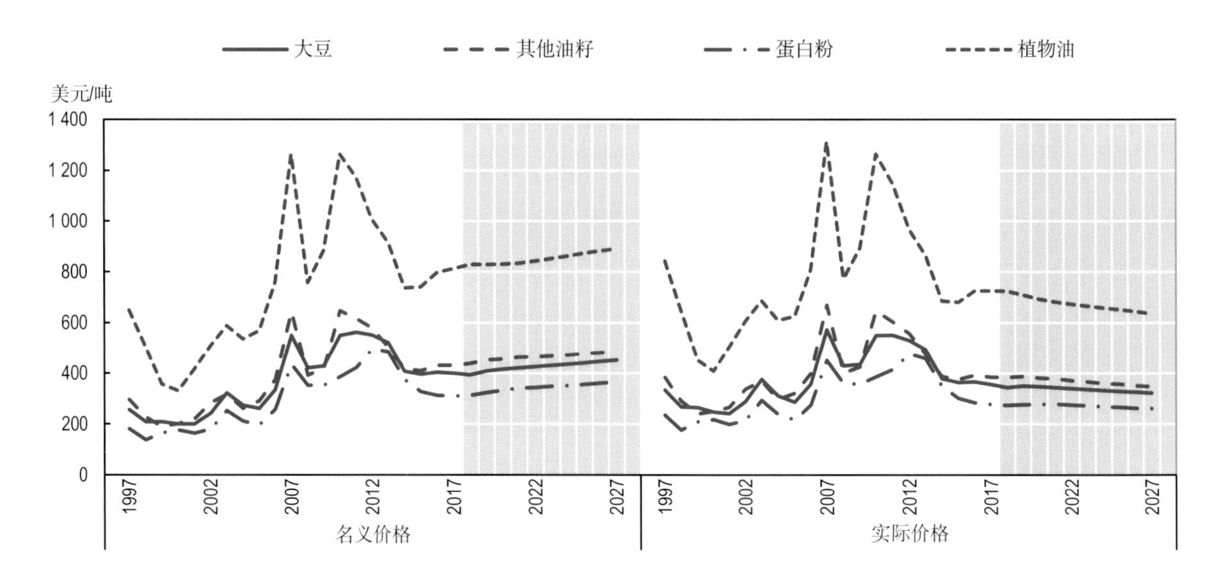

注：大豆，美国，到岸价，鹿特丹；其他油籽，油菜籽，欧洲，到岸价，汉堡；蛋白粉，大豆粉，葵花籽粉和油菜籽粉按产量加权后的平均价格，欧洲口岸；植物油，棕榈油，大豆油，葵花籽油和油菜籽油按产量加权后的平均价格，欧洲口岸。实际价格是美国 GDP 平减指数调减后的世界名义价格（2010 年 = 1）。

资料来源：经合组织 / 粮农组织（2018），《经合组织 – 粮农组织农业展望》，经合组织农业统计数据（数据库），http://dx.doi.org/10.1787/agr-outl-data-en。

12 http://dx.doi.org/10.1787/888933743024

油籽产量

大豆产量预计每年将增长 1.5%，过去 10 年增速为每年 4.8%。其他油籽（油菜籽，葵花籽和花生）产量增速略快于大豆，为每年 1.6%。而过去 10 年为每年

3.1%。其他油籽产量增长主要受单产提升所驱动，单产提升对产量增长的贡献率为60%，而大豆单产提升对总产量增长的贡献率为55%。

预计巴西和美国在未来10年内的大豆产量达到类似水平，到2027年预计将达到约1.3亿吨。美国的年增长率为1.2%，巴西的年增长率为1.3%。总之，拉丁美洲的大豆产量将继续强劲增长，到2027年，阿根廷和巴拉圭的产量将达到6 600万吨和1 200万吨（图4.3）。在中国，由于减少了对谷物种植的政策支持，预计大豆产量在经过过去10年产量下滑后将恢复增长。预计俄罗斯联邦、乌克兰和撒哈拉以南非洲一些国家的大豆产量也将增长。

图 4.3　**各区域油籽产量**

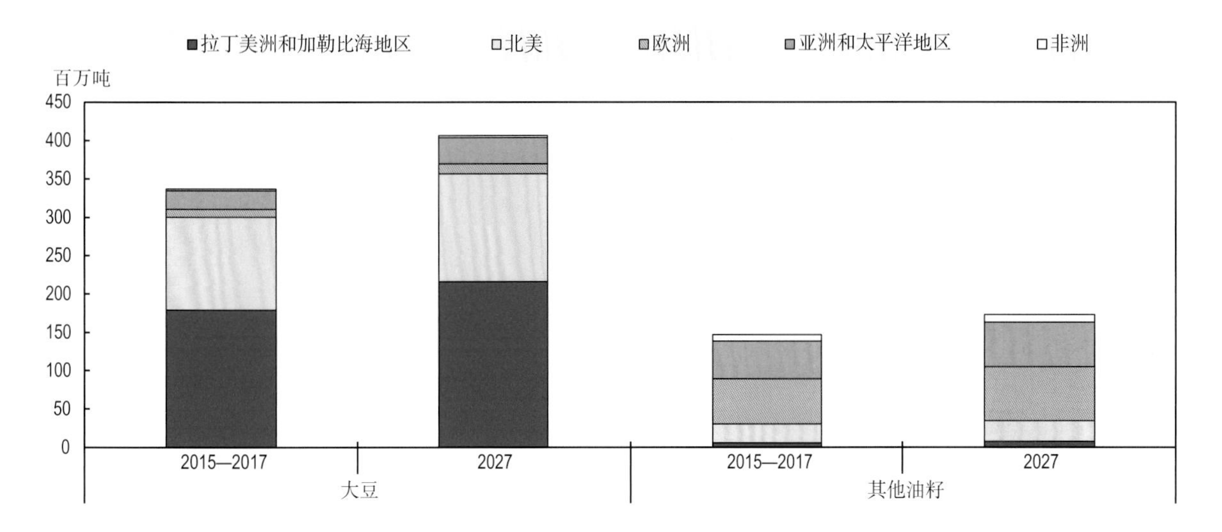

资料来源：经合组织 / 粮农组织（2018），《经合组织 – 粮农组织农业展望》，经合组织农业统计数据（数据库），http://dx.doi.org/10.1787/agr-outl-data-en.

12 http://dx.doi.org/10.1787/888933743043

中国（主要生产油菜籽和花生）和欧盟（主要生产油菜籽和葵花籽）是其他油籽最重要的生产地区，预计2027年产量达3 200万吨和3 000万吨。但预计这两个地区的产量增长幅度有限，中国产量预计每年将小幅增长1.0%，欧盟产量仅增长0.3%。另一个油菜籽主要生产国加拿大预计将每年增长0.7%。预计乌克兰、俄罗斯联邦和印度的其他油籽产量增长将更快。世界葵花籽生产大国乌克兰、俄罗斯联邦预计将继续扩大其他油籽产量，产量将高于世界平均水平，每年增速分别为4.3%和2.2%。印度的油籽产量每年也将增长2.6%。通过进一步提高单产以及增加大豆面积和恢复种植其他油籽。这种增长应该能够满足国内日益增长的植物油消费需求。

大豆库存预计基本保持不变，这意味着世界库存使用比将从2015—2017年的11.6%下降至2027年的10.6%左右。鉴于油籽生产逐步向少数主要生产国集中的全球趋势，库存使用比下降可能导致价格波动加剧。

油籽压榨及植物油和蛋白粉生产

从全球来看，大豆和其他油籽压制粗粉（粉饼）及榨油仍是油籽的主要用途。压榨需求量增速仍将快于其他用途，特别是大豆、花生和葵花籽食用消费以及大豆直接饲喂动物。总体而言，2027 年，世界大豆产量的 90% 和世界其他油籽产量的 86% 将用于压榨生产。压榨区域的分布取决于许多因素，包括运输成本、贸易政策、对转基因作物的接受度、加工成本（如劳动力和能源）以及基础设施（如港口和道路）。

鉴于预计全球大豆产量增长缓慢，2018—2027 年世界大豆压榨量年平均增长率预期将达到 1.5%，而过去 10 年为 5.0%。从绝对值看，大豆压榨量在展望期内将增加 7 000 万吨，远低于过去 10 年增加的 1.09 亿吨。中国的大豆压榨量将有望增加 2 600 万吨，约占全球大豆压榨量增长额的 37%，其中大部分将使用进口大豆。其他油籽压榨量的增速预计比过去 10 年低，与 2015—2017 年相比，年均增长率将达到 1.6%，相当于到 2027 年增加 2 400 万吨，增量主要来自乌克兰（6 900 万吨）、中国（6 800 万吨）和印度（3 300 万吨）等 3 个国家。

随着油籽进口量和产量的大幅增加，中国的压榨量将继续增长。到 2027 年，中国在全球油籽压榨总量中的占比将达到 28.8%（图 4.4），美国预计略微下降至 12.6%，阿根廷和巴西分别为 10.8% 和 9.8%。由于欧盟对蛋白粕和植物油的需求的增长速度低于世界其他地区，因此其占世界压榨量的比例将下降。其他发展中国家使用的部分油籽依靠进口，其压榨量增速在未来 10 年将快于图中所显示的主要国家。

图 4.4　主要区域在全球油籽压榨量中所占份额

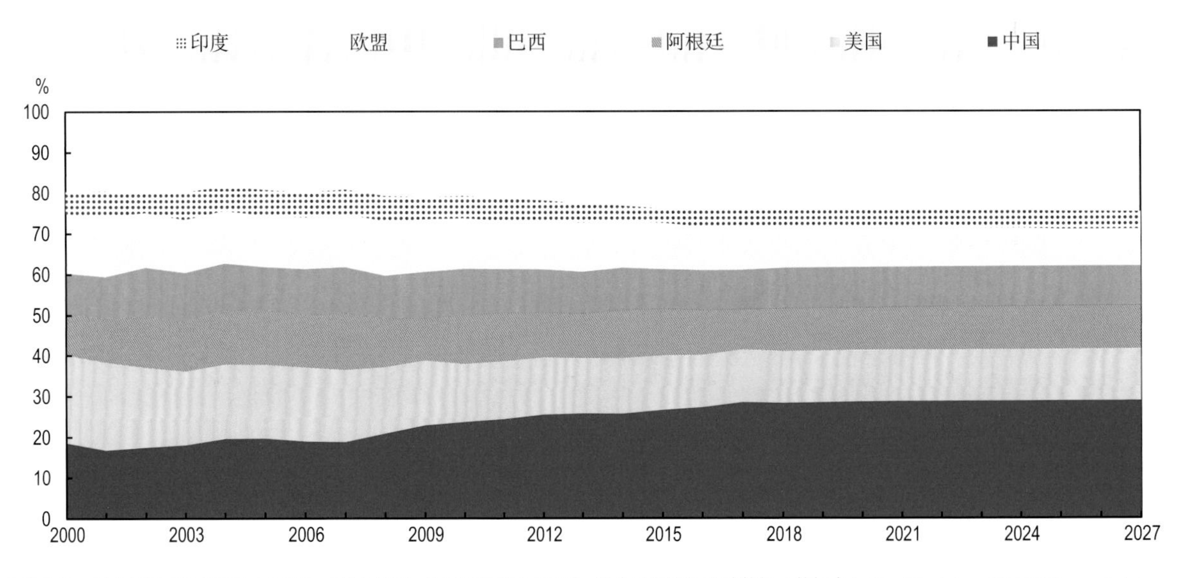

资料来源：经合组织 / 粮农组织（2018），《经合组织 – 粮农组织农业展望》，经合组织农业统计数据（数据库），http://dx.doi.org/10.1787/agr-outl-data-en。

12 http://dx.doi.org/10.1787/888933743062

全球植物油的产量取决于油籽压榨量和多年生热带油料作物特别是油棕的产量。在过去10年中，全球棕榈油产量超过了其他植物油的产量；然而棕榈油的地位在预测期内略有减弱。棕榈油的生产地主要集中在印度尼西亚和马来西亚，两国的植物油产量合计占世界的1/3以上。

预测期内，印度尼西亚的棕榈油产量有望以每年1.8%的速度增长，而过去10年增速为6.9%。随着《2030年可持续发展议程》的制定，棕榈油主要进口国的环境政策愈发严格，全球可持续农业规范逐渐主流化，马来西亚和印度尼西亚油棕地区种植面积的扩张速度预计将有所减缓。与此同时，由于马来西亚劳动力短缺，棕榈种植园迟迟未重新种植，预计会限制预测期内的产量，因此产量的增加将依赖于生产力的提高。其他国家的棕榈油产量基数低，增长更快，主要面向国内和区域市场。其中，泰国、哥伦比亚和尼日利亚3个国家的产量到2027年将分别达到290万吨、200万吨和120万吨。在全球范围内，棕榈油供应量将以每年1.8%的速度增长。

除了棕榈油和此前分析的油籽压榨油之外，植物油还包括棕榈仁油、椰子油和棉籽油。棕榈仁油与棕榈油同时生产，产量增长的趋势也很类似。椰子油主要产自菲律宾、印度尼西亚和大洋洲岛屿。2018—2027年，印度尼西亚的产量每年将增长2.2%，而菲律宾和大洋群岛每年将分别增长1.8%和1.7%。棉籽油是棉花的一种副产品，全球生产主要集中在印度、美国、巴基斯坦和中国。展望期内，印度和巴基斯坦的棉籽油产量每年将分别增加2.4%和1.4%，美国预计有每年0.8%的适度涨幅，中国每年将增加0.6%。总体而言，全球植物油产量预估每年增加1.7%。

全球蛋白粉产量预计将以每年1.6%的速度增长，到2027年将达到4亿吨。世界蛋白粉生产集中于少数国家，大豆粉占蛋白粉总产量的2/3以上。预测显示，到2027年，阿根廷、巴西、中国、欧盟、印度和美国产量将占全球产量增量的75%。未来10年内，中国蛋白粉产量预计将增加2 380万吨，原料主要是源自巴西和美国的进口大豆。

植物油消费

随着发展中国家人均收入水平提高，食用植物油人均消费量预计将以每年1.0%的速度增加，远低于2008—2017年每年2.7%的增速。这表明，许多新兴经济体人均摄入量将达到饱和状态。比如，2027年中国人均摄入量为28千克，每年增加0.8%；巴西人均摄入量不变，为23千克；南非人均摄入量将达到25千克，每年增加0.6%。

在大多数新兴市场，人均植物油供应量将达到与发达国家相当的水平，其中植物油人均消费量将稳定在27.7千克，增长率为每年0.4%。

印度是仅次于中国的世界第二大消费国，也是世界上最大的植物油进口国，人均消费量每年预计将保持 3.1% 的高增长率，到 2027 年达到 24 千克。与此同时，印度的植物油消费量将达到 3 700 万吨，高于 2015—2017 年的 2 400 万吨。增长的原因有两点：一是油籽种植面积的增加导致产量增加，二是主要向印度尼西亚和马来西亚进口的棕榈油进一步增加。2027 年，中东、北非国家和最不发达国家的植物油人均可获得量将大幅增加，分别将达到 22 千克和 12 千克。

图 4.5　选定国家的人均植物油供应量

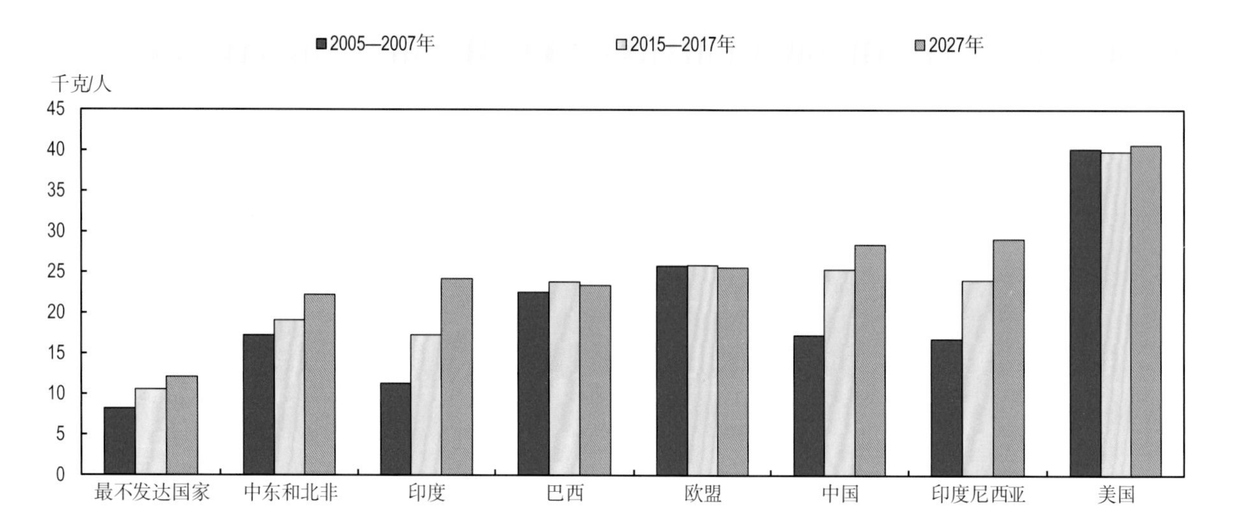

资料来源：经合组织 / 粮农组织（2018），《经合组织 – 粮农组织农业展望》，经合组织农业统计数据（数据库），http://dx.doi.org/10.1787/agr-outl-data-en。

12 http://dx.doi.org/10.1787/888933743081

未来 10 年，预计作为生物柴油生产原料的植物油消费量仍将维持不变（每年增加 0.3%），而过去 10 年生物燃料扶持政策生效时，增速为每年 8.5%。总体而言，国家强制性生物柴油消费目标增速预计将低于往年，原油价格走低可能会拉低生物柴油产量的任意增长。此外，受具体政策影响，二手油、动物油脂和其他原料在生物柴油生产原料中所占比重正在大幅增加。到 2027 年，鉴于欧盟原料多样化，甚至包括废料和牛油，用于生产生物柴油的植物油消费量占欧盟内部植物油总消费量的比例预计将从目前的 41% 左右下降到 39%。预计欧盟和美国股市下跌的份额将被新兴市场经济体的更多消费量所抵消。预计阿根廷将保持以出口为导向的生物柴油产业（超过 40% 的生物柴油用于出口）。到 2027 年，阿根廷生物柴油工业对植物油的消费量预计为 290 万吨，相当于国内植物油消费量的 75%（图 4.6）。印度尼西亚、巴西和泰国在过去 10 年中生物柴油产量涨势强劲，但预计未来 10 年将逐渐减少。然而，就印度尼西亚和巴西而言，预计未来 10 年生物柴油产量的增长将超过植物油的食用消费需求增长。

图 4.6　用于生物柴油生产的植物油的比例

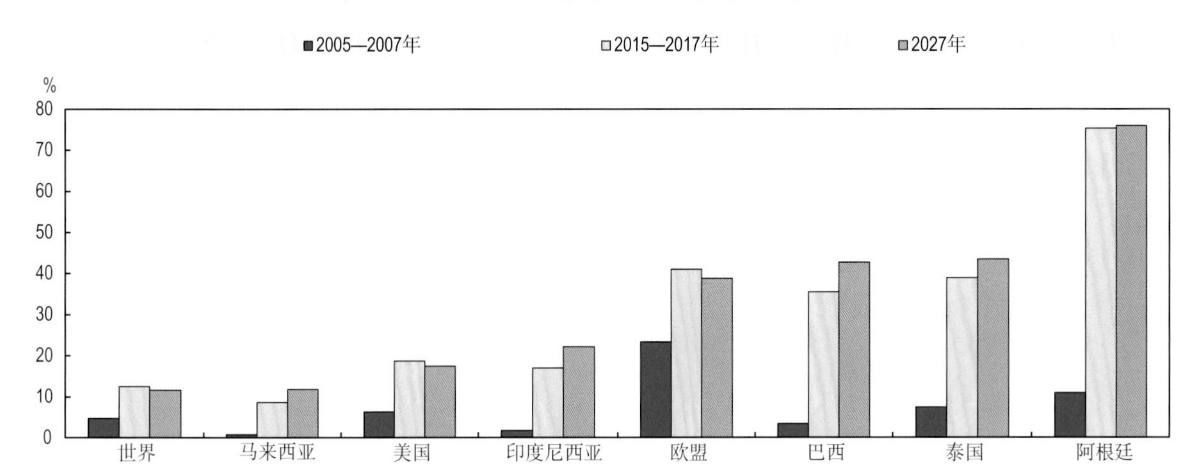

资料来源：经合组织 / 粮农组织（2018），《经合组织 – 粮农组织农业展望》，经合组织农业统计数据（数据库），http://dx.doi.org/10.1787/agr-outl-data-en。

12 http://dx.doi.org/10.1787/888933743100

蛋白粉消费量

蛋白粉消费量预计将继续以每年 1.6% 的速度增加，远低于过去 10 年的 4.2%。蛋白粉消费量的增加与饲料需求量增加密切相关，因为蛋白粉仅用作饲料。动物生产与蛋白粉消费之间的联系与一个国家的经济发展程度有关（图 4.7）。由于发展中国家更多地转向饲料密集型生产系统，蛋白粉消费量的增速往往超过畜牧业。最不发达国家的蛋白粉消费量仍然很低，预计随着商业饲料的广泛使用，畜牧业生产的集约化将继续进行。单位畜牧业生产需要的蛋白粉消费量应会大大增加，从而导致这些国家的总需求快速增长。在发达国家，大多数畜牧业生产都以复合饲料为主，蛋白粉消费量增速与畜牧业产量增速相当。

图 4.7　蛋白粉消费和动物产量增加情况

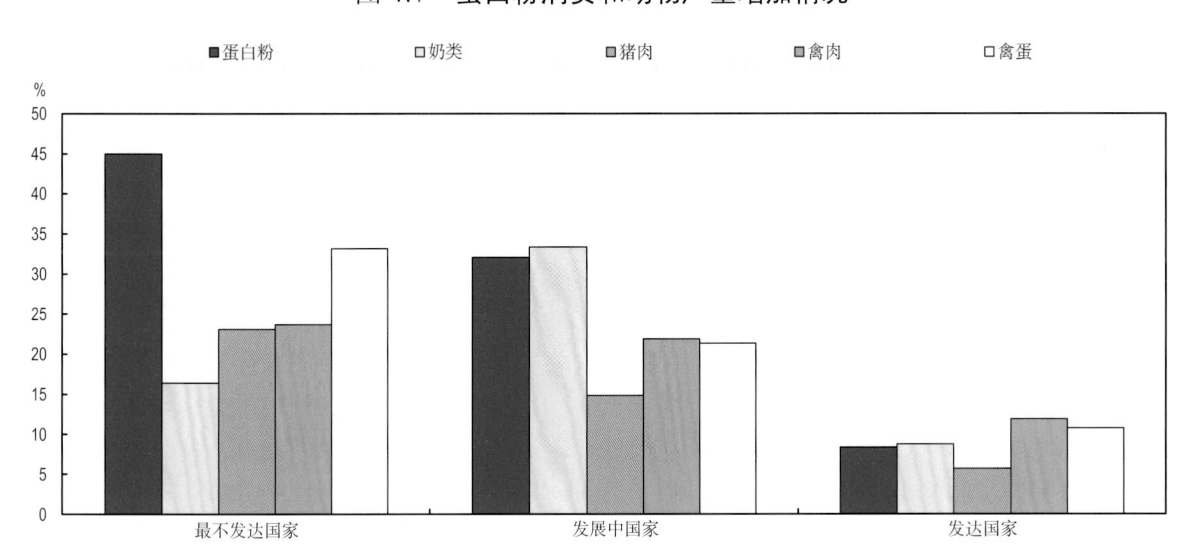

资料来源：经合组织 / 粮农组织（2018），《经合组织 – 粮农组织农业展望》，经合组织农业统计数据（数据库），http://dx.doi.org/10.1787/agr-outl-data-en。

12 http://dx.doi.org/10.1787/888933743119

在新兴经济体中，预测期内，越南、印度尼西亚和印度蛋白粉消费量预计将增加，越南增长率为每年 3.8%，印度尼西亚为 2.8%，印度为 2.6%。仅对越南而言，这种消费量的增加与蛋白质进口的相应增加有关。

中国蛋白粉消费量增速预计将从过去 10 年的每年 7.2% 下降至每年 1.7%，每年增加约 220 万吨。由于畜牧生产增速放缓以及目前复合饲料为基础的生产占很大份额，因此中国复合饲料需求量增速预计将会放缓。此外，过去 10 年，蛋白粉在中国总体饲料使用量中所占份额激增，目前已明显超过美国和欧盟的份额。

贸易

全球大豆贸易量占全球大豆产量的 40% 以上。与过去 10 年相比，展望期内世界大豆贸易增长预计将大幅减速。该动向与中国大豆压榨量预计增速放缓直接相关。中国大豆进口量预计仅以每年 1.5% 的速度增加，到 2027 年约为 1.1 亿吨，约占世界大豆进口量的 2/3。大豆出口主要来自美洲；2027 年，美国、巴西和阿根廷将占世界大豆出口总量的 87%。尽管历史上美国是全球最大的大豆出口国，但巴西的出口量却稳步增长，现已取代美国成为全球最大的大豆出口国。到 2027 年，巴西将占全球大豆出口总量的 42%。

其他油籽贸易量占产量的比例远远低于大豆，贸易量约占世界产量的 14%。到 2027 年，重要出口国加拿大、澳大利亚和乌克兰将占世界出口量的 75% 以上。加拿大和澳大利亚一半以上其他油籽（油菜籽）用于出口（图 4.8）。

图 4.8 前三大出口国油籽和油籽产品出口量占总产量的份额

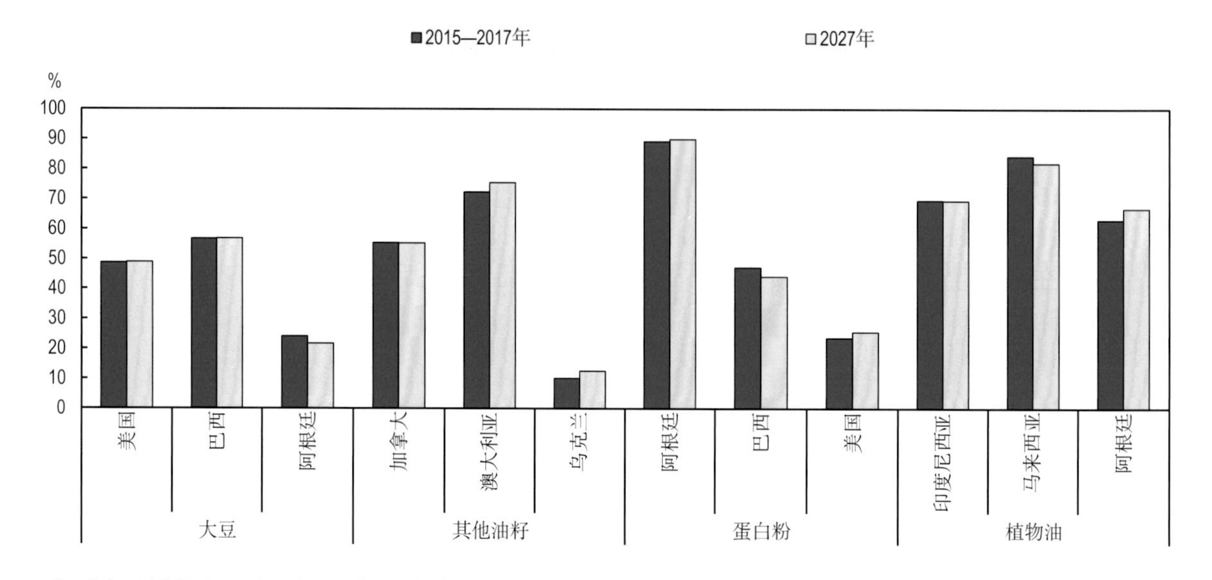

注：前三大出口国是美国、巴西和阿根廷（大豆），加拿大、澳大利亚和乌克兰（其他油籽），阿根廷、巴西及美国（蛋白粉）及印度尼西亚、马来西亚和阿根廷（植物油）；该数字仅显示直接出口份额，不包括加工产品出口，计算加工产品后出口份额将会扩大。

资料来源：经合组织 / 粮农组织（2018），《经合组织 – 粮农组织农业展望》，经合组织农业统计数据（数据库），http://dx.doi.org/10.1787/agr-outl-data-en。

12 http://dx.doi.org/10.1787/888933743138

占全球植物油产量41%的植物油出口仍由少数国家主导。未来10年，印度尼西亚和马来西亚将继续占植物油总出口量的近2/3。阿根廷是第三大出口国，到2027年将达到世界植物油出口量的7.9%。在这3个国家中，植物油出口占国内植物油产量的2/3以上。然而，印度尼西亚和马来西亚该比例预计将略有减少，因为国内食用消费量、生物燃料和油脂化学品生产消费量增速预计将超过出口增速。印度进口量预计将持续强劲增长，每年增加4.7%，到2027年达到2 600万吨，占世界植物油进口量的27%左右。

由于全球肉类新增产量预计将集中于主要油籽加工国，因此未来10年内，国内蛋白粉使用量将会增加，而贸易量将仅小幅扩大，因此贸易在世界产量中所占比重下滑。预测期内，世界贸易量预计将以每年1.5%的速度增长，过去10年增速为3.6%。迄今为止，阿根廷仍将是最大的粗粉出口国，因为它是主要蛋白粉生产国中唯一确定出口导向型蛋白粉生产的国家。然而，预测期内，阿根廷的出口量预计每年增加1.9%。此前增速为每年4.3%。在巴西和美国，出口增长预计也将显著放缓。最大的进口地区是欧盟，2027年其进口量几乎保持不变，为2 590万吨。全球1 700万吨蛋白粉新增进口量的一半将来自亚洲；从2015—2017年再到2027年，越南、巴基斯坦和泰国进口量将分别增加340万吨、180万吨和110万吨。

主要问题和不确定性

多数商品共有的不确定性（例如宏观经济环境、原油价格和天气条件）也适用于油籽。由于生产集中于世界少许区域，天气变化对油籽和棕榈油产量的影响比其他主要作物更为显著。

为满足不断增长的人口的消费需求，印度国内油籽生产的集约化将依赖于该部门种植面积和生产力方面的重要提升。这些结果将取决于油籽价格的变化和采用可持续激励国内农业生产的新政策。

阿根廷出口税的逐步减少为该国的大豆和向日葵及其产品创造了新的机会。该国可能重新配置土地，将更多土地用于种植同样从出口自由化中受益的竞争性粮食作物，尤其是玉米。消费者对大豆和棕榈油生产的担忧来自两个方面，一是转基因种子在大豆生产中所占份额很高，二是油棕种植园扩大后会侵占雨林。认证计划、标签和环境立法可能会抑制棕榈油主要生产国扩大种植园面积和主要进口国的采购，这将最终影响供应增长。这些担忧对油棕种植园的进一步扩大及其对马来西亚和印度尼西亚的出口产生了特定的限制。

受一些国家的国内政策驱动，自2000年以来，植物油作为生物柴油原料的需求正在稳步增长。事实上，鉴于大约12%的植物油要用于生产生物柴油，美国、欧盟和印度尼西亚的生物燃料政策以及矿物油价格的走向，仍然是植物油产业的主要不确定性因素。植物油和原油价格之间的联系在于植物油是生产生物柴油的主要原料，并可能导致价格波动。由于新兴市场动物制品产量的加剧，对蛋白粉的需求急剧增长。目前动物制品产量的增长步伐正在放缓（特别是在中国），因此未来10年蛋白粉和油籽产品的发展势头减弱。

蛋白粉与配合饲料中的其他成分直接竞争，因此谷物价格的任何变化都会对其产生影响。此外，饲养习惯的改变，特别是养牛业，可能改变蛋白粉的需求量。例如，中国国内谷物价格的持续调整将影响其配合饲料的成分，目前中国配合饲料中蛋白粉的比例高于发达国家和其他主要新兴经济体。

经合组织－粮农组织 2018—2027 年农业展望

第五章

糖　类

市场形势

全球食糖产量在经历连续两季供应短缺后于2017销售年度（2017年10月至2018年9月）出现反弹，增幅接近5年前水平。刺激这一增长的主要原因包括印度和泰国天气条件良好、中国产量增加、欧盟生产配额终止。但最大生产国巴西糖类产量下降，因为将甘蔗加工成乙醇比食糖生产更加有利可图。

2016年全球食糖进口量下降了10%，尽管2017年价格走低，进口量继续下降，主要由于中国进口量下降。在需求方面，高消费国家人均消费量没有增长，因为食糖消费量高引发健康关切，消费者对食糖的态度发生转变。在2016销售年度的头几个月价格上涨，但在2017年第一季度开始下跌。

因此，2017销售年度年均价格预计将低于2016年，但仍略高于过去25年平均价格。

预测要点

原糖美元价格从相对较低的水平起步；在下一个销售年度（2018年），名义和实际价格预计将会上涨。在中期其余时间内，名义价格将伴随每年2.3%的通胀率呈温和上升趋势，但实际价格呈下降趋势。白糖价格预计将遵循相似模式。预测初期相对较紧的白糖溢价（62美元/吨）（白糖和原糖价格之差）预计将在几年内小幅增加到81美元/吨，但将保持在低于过去10年平均价格（93美元/吨）的水平。

甘蔗和甜菜生产国预计将继续扩大产量，因为与替代作物相比，甘蔗和甜菜回报更高。甘蔗（约86%）仍将是主要产糖作物且主要在非洲、亚洲、拉丁美洲及加勒比热带和亚热带国家种植。甜菜是次要产糖作物，主要在欧洲等偏温带区域种植。展望期内，与甘蔗糖相比，甜菜糖占比仍将较为稳定，在14%左右。

未来10年，新增食糖产量的83%预计将来自发展中国家。从绝对值看，全球产量的重要变化将会是各国共同作用的结果：印度（增长20%）、中国（增长11%）、巴西（增长11%）、泰国（增长9%）和欧盟（增长5%）。虽然巴西国内的食糖产业因为大量甘蔗被用于乙醇生产而面临着愈发激烈的竞争，但据预测，巴西仍将是主产国，其食糖产量占世界食糖总产量的1/5以上。与过去10年相比，亚洲（印度、巴基斯坦和泰国）和欧洲产量增速预计将会放缓，这解释了与过去10年相比（年均增长2.0%），展望期内全球食糖产量年度增速放缓（年均增长1.5%）的原因。

热量甜味剂（食糖和高果糖浆）需求量预计将在展望期内增加3 300万吨，到2027年达到2.13亿吨（图5.1）。预测期内1.5%的年增长率略低于过去10年的年增长率1.6%。

图 5.1　全球热量甜味剂消费量

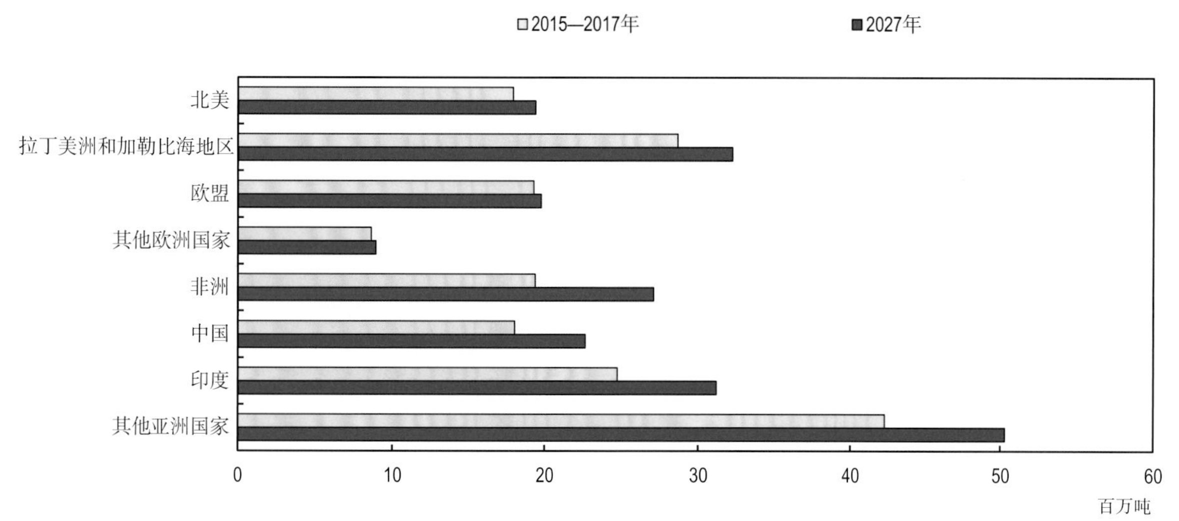

注：甜味剂包括食糖和高果糖浆。

资料来源：经合组织 / 粮农组织（2018 年），《经合组织 – 粮农组织农业展望》，经合组织农业统计数据（数据库），http://dx.doi.org/10.1787/agr-outl-data-en。

12 http://dx.doi.org/10.1787/888933743157

增长率下降是由于全球人口增速放缓以及发达国家和某些发展中国家（巴西、埃及、墨西哥、巴拉圭、南非、土耳其）人均消费量增长停滞；上述国家人均消费量已达到引发健康关切的水平（肥胖、糖尿病和其他相关健康问题）。在消费水平较低的国家，鉴于甜味饮料和预制食品消费量的不断增长，人口增长和城镇化预计将进一步推动食糖消费量持续上升，在亚洲和非洲尤其如此。

预测期内，全球贸易分布将处于相当稳定的状态，巴西将继续保持其主要食糖出口国地位（占全球贸易的 45%）。

展望期内，白糖出口量将占全球贸易量的近 34%，而在基准期，该比例为 31%。生产配额终止后短期内，欧盟白糖出口量预计将会增加，在建立食糖精炼厂的国家（中东国家和阿尔及利亚）也是如此。白糖进口仍将呈现多元化的态势，主要受非洲和亚洲需求驱动。

食糖市场前景取决于供给侧若干因素。其中包括气候条件、其他竞争作物或产品价格、投入品价格和汇率变化、国内政策和进口关税（中国提高了进口关税）。需求方面则较为稳定：对于消费量仍然相对较低的国家，前景较好；对于人均消费已达到较高水平的国家，前景则不甚乐观。包括墨西哥、智利、泰国、沙特阿拉伯在内的许多发达国家和一些发展中国家已经对软饮料征收了食糖税，力图减少食糖过度消费。这些税收政策已经促使了相关的食品业和制造商调整策略，企业的策略调整包括重新配制产品成分或使用替代甜味剂。进行这一系列预测时，未签署的政策可能带来的不确定因素未列入考虑范围之内。

价格

由于预计本销售年度全球食糖产量将出现过剩，展望初期，国际食糖价格很低，扭转了过去两个作物年里其价格的上升趋势。中期，由于某些国家食糖需求量增加，价格预计将会回升，这些国家人均消费量普遍低于世界平均水平。然而，价格上涨将较为温和，因为近年来价格居高不下，预计供给仍然充足。

名义食糖价格预计将高于过去 25 年平均值，但实际价格将低于过去 25 年平均值。到 2027 年，世界原糖名义价格预计将达到 392 美元 / 吨（17.8 美分 / 磅），世界白糖名义价格将达到 472 美元 / 吨（21.4 美分 / 磅）（图 5.2）。目前白糖溢价较低，因为欧盟白糖交付量较高且中东国家和阿尔及利亚的食糖精炼能力有所提升。展望期内，溢价预计将稳定在平均水准 79 美元 / 吨左右。

图 5.2　**世界食糖价格演变趋势**

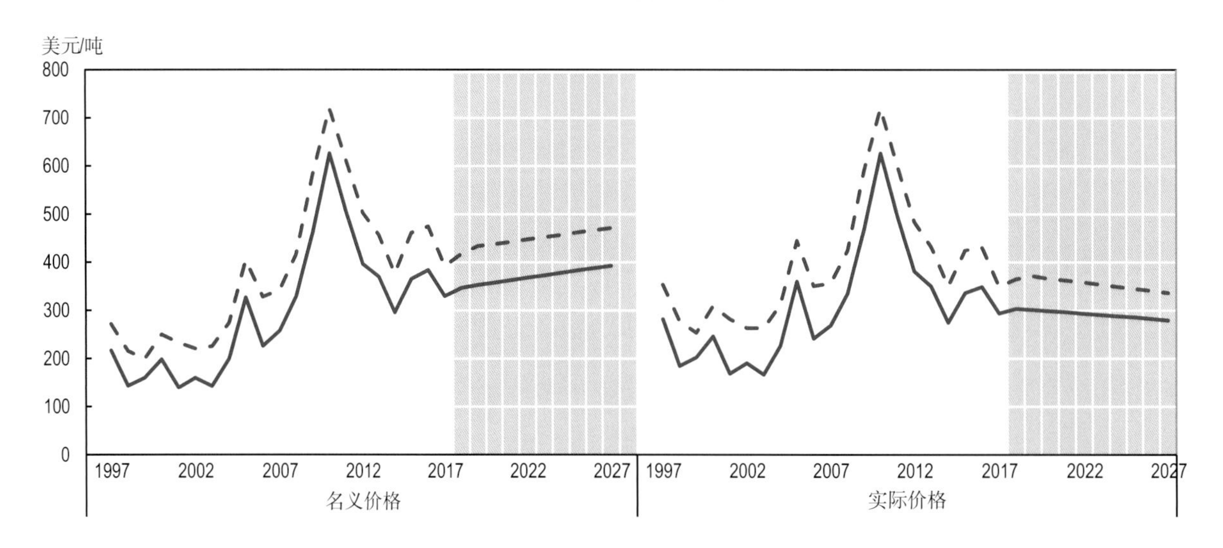

注：世界原糖价格，洲际交易所，第 11 号合约，近期期货价格；精制糖价格，泛欧交易所，伦敦国际金融期货交易所，第 407 号期货合约，伦敦。实际食糖价格是指经美国国内生产总值平减指数调减后的世界名义价格（2010 年 =1）。

资料来源：经合组织 / 粮农组织（2018 年），《经合组织 – 粮农组织农业展望》，经合组织农业统计数据（数据库），http://dx.doi.org/10.1787/agr-outl-data-en。

12 http://dx.doi.org/10.1787/888933743176

由于一些主要食糖市场逐步取消了扭曲贸易的食糖支持政策，年际食糖价格变化势头将会被抑制。近期供给方面政策变化包括：2017 年 10 月欧盟取消了食糖配额制度；2017 年底泰国取消了生产配额和价格支持。印度已于 2013 年出台政策以抵消经常性生产周期的影响，结果仍有待评估。在某些国家（例如马来西亚和埃及）面对预算压力开始实施削减食糖消费补贴计划的同时，需求侧改革措施预计也将实施。此外，若干国家针对含糖饮料征收食糖税，预计将会影响食糖需求量。

生产

鉴于与竞争作物相比，糖料作物每公顷回报可观，预计世界许多地区糖料作物产量将会增加。主要糖料作物甘蔗产量预计将以每年 1.1% 的速度增加；而过去 10 年增速是每年 2.1%。增产预计将受单产增加和面积扩张所驱动。甜菜的市场前景并不那么稳健：与过去 10 年（年增长 2.5%）相比，甜菜产量几乎没有增长（每年增长 0.1%）（图 5.3）。埃及、中国、乌克兰、东欧和土耳其产量预计将略有增加。由于生产配额取消，2017 年，欧盟甜菜产量达到最高水平，但其占全球甜菜产量的比例预计将从 2017 年的 45% 下降到 2027 年的 40%。

图 5.3 **世界糖料作物**

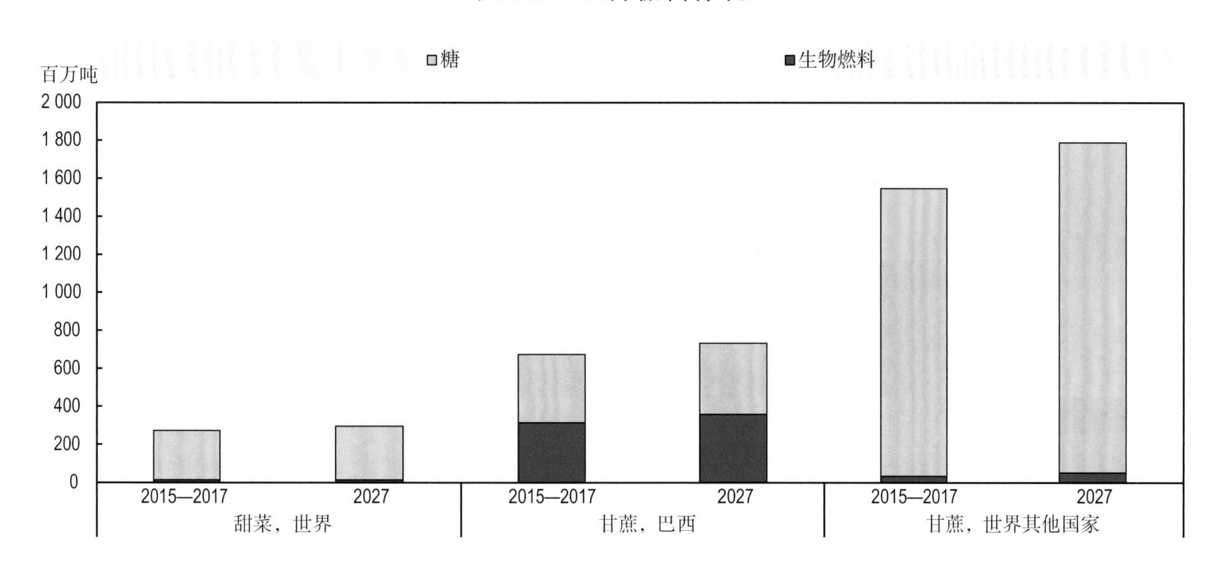

资料来源：经合组织 / 粮农组织（2018 年），《经合组织 – 粮农组织农业展望》，经合组织农业统计数据（数据库），http://dx.doi.org/10.1787/agr-outl-data-en。

12 http://dx.doi.org/10.1787/888933743195

从全球来看，展望期内，用于食糖生产的糖料作物比例预计将保持不变（甘蔗为 81%，甜菜为 95%），这意味着用于乙醇生产的糖料作物比例预计不会发生太大变化。但巴西将继续成为糖和甘蔗乙醇主产国；到 2027 年，巴西甘蔗产量将占全球的 34%；巴西产甘蔗将用于生产全球 20% 的食糖和 88% 的甘蔗乙醇（基期分别为 22% 和 90%）。

预测期内，世界食糖产量增速预计将减缓至每年 1.5%，而此前 10 年为每年 2.0%。新增产量预计将主要来自发展中国家；到 2027 年，发展中国家产量将占全球食糖产量的 77%（基期为 76%）。主要的生产区域为亚洲、拉丁美洲及加勒比。

亚洲占全球食糖产量的份额预计将从基期的 36% 增加到 2027 年的 38%。此外，拉丁美洲及加勒比在全球生产中的作用预计将会减小，占全球产量的比例将从基期的 35% 下降到 2027 年的 33%。拉丁美洲及加勒比产量下滑主要是由于最大供应国巴西增速放缓。展望期内，巴西将保持其作为世界最大生产国和出口国的主导地位，但其产量将继续受到国内乙醇生产（甘蔗乙醇）的挑战。

若干年内，巴西的甘蔗将继续受作物更新不足的困扰。预测期末，巴西食糖产量预计将达到 4 200 万吨（较基期增加 400 万吨，较印度预计新增产量少 300 万吨）。

世界第二大主产国印度的食糖产量预计将会稳步增加，因为近期的食糖政策改革进一步稳定了农民出售甘蔗的价格。在国内食糖需求持续增加的推动下，印度未来 10 年的产量预计将增加 700 万吨，到 2027 年将达到 3 100 万吨。

泰国将保持其作为世界第四大生产国的市场地位（欧盟是第三大生产方），但与近些年相比，其甘蔗产量的增速预计将会放缓，这主要由于自 2018 年 1 月起，价格支持被取消且新增的甘蔗种植面积不太适宜生产。到 2027 年，泰国的食糖产量预计将达到 1 350 万吨，大约和中国的产量持平。

在 2015—2020 年国家计划支持下，在预测期头几年内，中国甘蔗和甜菜产量预计将加速增长。到 2027 年，中国的食糖产量预计将达到 1 340 万吨，主要通过单产和种植面积的增加实现。

巴基斯坦增产前景预计将较为强劲，巴基斯坦政府将继续通过农民保障价格和出口补贴支持食糖生产。

非洲产量增加将得益于食糖内需强劲且贸易机会充足。在农场和糖厂投资的支撑下，到 2027 年年底，撒哈拉以南非洲国家的食糖产量预计将较基期增加 36%，增产 400 万吨。尽管产量增长，但非洲大陆仍将仅占世界市场的一小部分（2027 年占比 7%）。

发达国家占全球食糖产量的份额不到 1/4（图 5.4）。与发展中国家相比，预测期内，发达国家的食糖产量增幅远低于发展中国家（每年 0.4% 相对于每年 1.9%）。

图 5.4　**各类作物食糖产量**

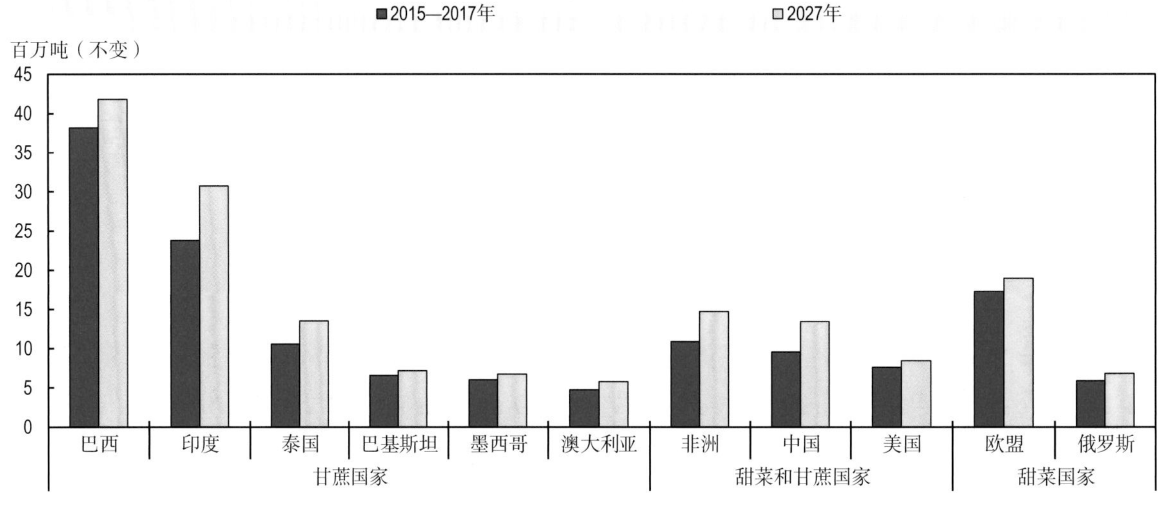

资料来源：经合组织 / 粮农组织（2018 年），《经合组织 – 粮农组织农业展望》，经合组织农业统计数据（数据库），http://dx.doi.org/10.1787/agr-outl-data-en。

12 http://dx.doi.org/10.1787/888933743214

与基期相比，发达国家的新增产量预计将主要来自世界第三大主产区欧盟（增长170万吨），其次是澳大利亚和俄罗斯联邦（均增加近100万吨）和美国（增长90万吨）。美国食糖业仍然极易受政府政策影响，这些政策包括：通过食糖贷款计划、食糖营销配额和原料灵活性计划提供的国内支持，以及通过技术性贸易壁垒、区域协定和针对墨西哥的出口限制实施的贸易壁垒。此外，欧盟在2017年10月因取消食糖配额而导致基期内食糖产量激增，因此，其产量增速预计将会下降（每年下降0.85%）。

世界食糖存量预计将温和下降，部分是由于中国部分库存上市。2027年，全球库存使用比预计将下降到43%，而基期为47%。

消费

全球食糖消费量预计将以每年1.48%的速度增加，增速略低于过去10年；2027年，消费量将达到1.98亿吨。全球食糖消费量将受到人口增长略微放缓和全球经济增长乏力的影响。展望期内，尽管区域和国家之间存在重大差异，但世界人均消费量预计将从22.4千克增加到23.8千克（图5.5）。

图 5.5　主要国家和区域人均食糖需求量

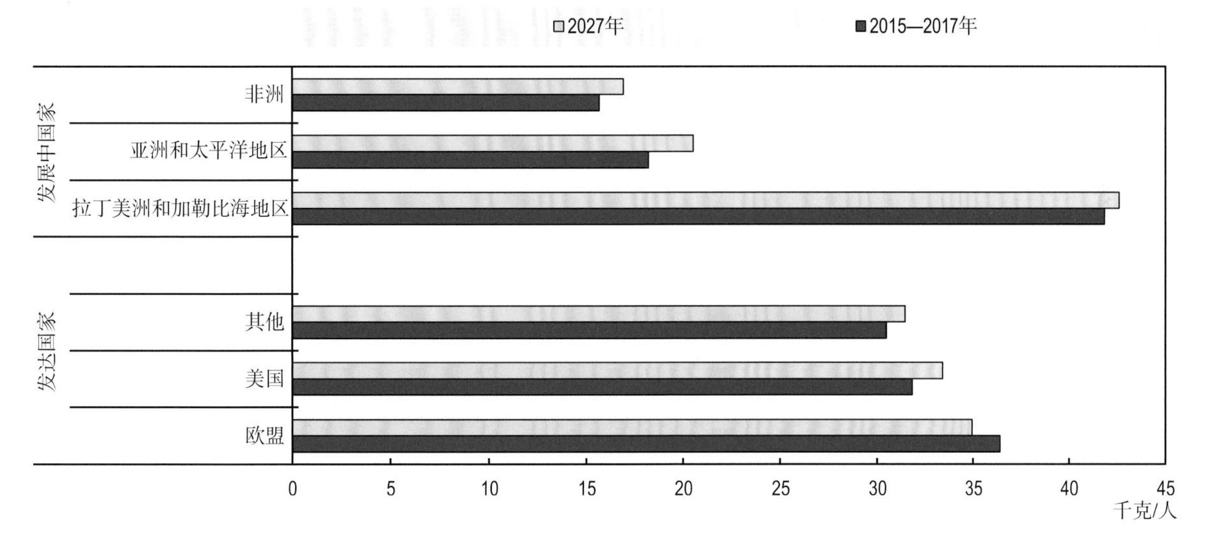

资料来源：经合组织/粮农组织（2018年），《经合组织－粮农组织农业展望》，经合组织农业统计数据（数据库），http://dx.doi.org/10.1787/agr-outl-data-en。

12 http://dx.doi.org/10.1787/888933743233

未来10年，全球新增食糖消费量预计将主要来自发展中国家，发展中国家将占新增需求量的94%。亚洲（60%）和非洲（25%）将对新增需求量作出最大贡献，而这两个地区都存在食糖短缺现象。随着对加工产品、富含糖的糖果，以及软饮料的需求增加，亚洲和非洲国家城镇地区增长前景看好；亚洲和非洲消费水平低于其他区域，相反，拉丁美洲及加勒比目前食糖消费水平较高，因此，预计其消费量增幅不大。

在亚洲，预计印度的食糖消费量增幅最大，中国、印度尼西亚和巴基斯坦紧随其后。中国和亚洲最不发达国家的人均消费量很低，基期不足 12 千克，但与过去 10 年相比，年增长率预计变化不大。在非洲，预计埃及和若干撒哈拉以南非洲国家的总消费量增幅最大，但撒哈拉以南非洲最不发达国家的人均年消费量预计将低于 10 千克。

相比之下，许多发达国家人均食糖摄入量预计将会下降，这与其成熟或饱和的食糖市场状况一致。人口增长放缓，健康意识增强带来的饮食习惯变化，以及跨国企业作出的营养承诺等因素将继续对市场造成影响。其中欧盟食糖市场下滑幅度最大；此外，2017 年取消食糖配额后，欧盟食糖市场还将面临来自糖类代用品（高果糖浆）日益激烈的竞争。然而，美国情况恰恰相反，即使甜味剂消费量预计将保持稳定，食糖在甜味剂消费中所占份额预计也将会增加，而高果糖浆所占份额将相应减少。俄罗斯联邦和乌克兰食糖需求量预计将继续快速增加；因为只要经济增长疲软的状态持续，人们就会继续将食糖视为主食。

由于高果糖浆在生产含糖软饮料方面具有竞争力，到 2027 年，高果糖浆消费量（干重）预计将增加 16%（200 万吨）。欧盟将成为这一增长的主要驱动力，因为 2017 年取消高果糖浆配额这一举措将导致该区域食糖短缺国的高果糖浆供给量激增。中国和墨西哥的食糖消费量预计将增加，但墨西哥增幅相对较小。展望期内，墨西哥对高果糖浆的需求量在甜味剂需求量中所占份额预计将保持稳定，因为美国实施出口限制政策，限制墨西哥对美出口食糖。但在高果糖浆主产国美国，高果糖浆需求量在甜味剂总消费量中所占比例预计将继续下降：从基期的 38% 下降到 2027 年的 36%。需求量下降的直接原因是碳酸软饮料市场萎缩和一些消费者希望避使用免该甜味剂。

贸易

未来 10 年，食糖出口（图 5.6）预计仍将高度集中，巴西将保持其世界主要出口国地位（占世界贸易总量的 45%）。预测期内，巴西货币相对于美元贬值，这将利好巴西食糖产业，但巴西将受到亚洲成熟竞争对手泰国的挑战。预计巴西和泰国出口量均将较基期增加 250 万吨。世界第二大出口国泰国将从产量的稳定增长中受益，并将因此继续扩大市场份额；泰国在世界出口中所占份额预计将从基期的 13% 增加到 2027 年的 16%。在澳大利亚，随着灌溉投资不断增加、甘蔗种植面积扩大和加工能力不断增强，产量预计将会提高，并在中期内刺激出口。

欧盟取消食糖和糖类代用品配额后，食糖和高果糖浆产量将会提高，这将使其久负盛名的优质白糖出口量增加（2027 年较基期增加 +38%），尽管白糖存在溢价。出口目的地将是中东及北非和近东区域主要缺糖国，但欧盟也将面临来自中东及北非区域传统甘蔗精炼厂的竞争。

图 5.6　主要国家和区域食糖出口量

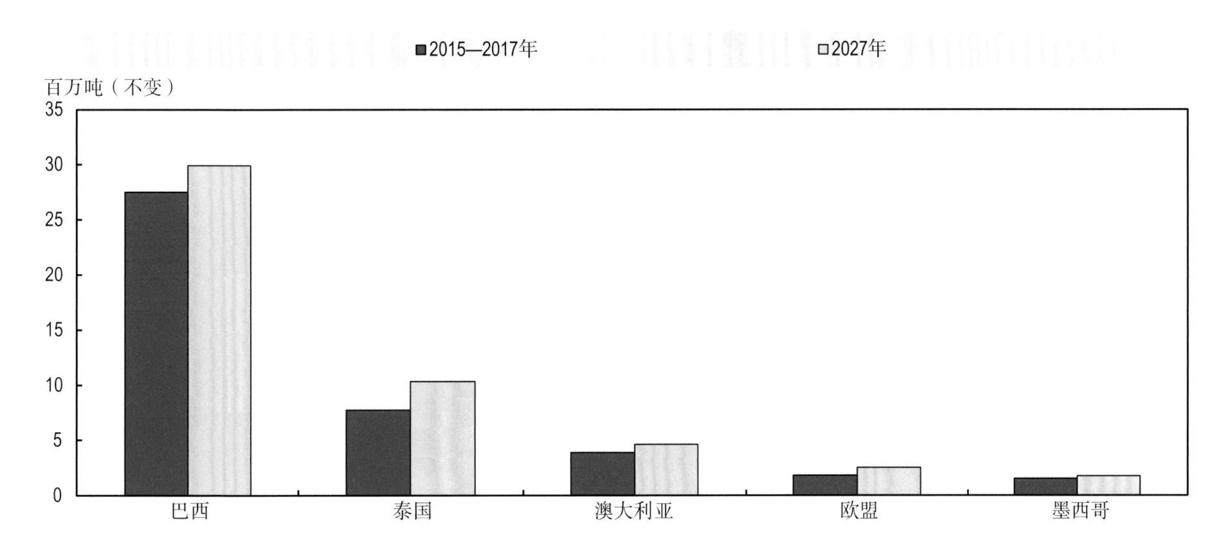

资料来源：经合组织 / 粮农组织（2018 年），《经合组织 – 粮农组织农业展望》，经合组织农业统计数据（数据库），http://dx.doi.org/10.1787/agr-outl-data-en。

12 http://dx.doi.org/10.1787/888933743252

世界食糖进口与出口相比，较为分散（图 5.7）。根据展望预测，亚洲和非洲食糖需求量增长将最为强劲，这将影响这些区域的进口增长。在 2015—2017 年基期，中国和印度尼西亚是主要进口国，其次是美国和欧盟；但预测期内，中国预计将成为主要食糖进口国，其次是印度尼西亚和美国（进口量分别为 680 万吨、590 万吨和 320 万吨）。未来 10 年，由于食糖配额取消，欧盟食糖进口量预计将下降 34%。欧盟高果糖浆贸易量将不会出现显著变化，因为 2017 年后的新增产量将主要用于满足内部需求。

图 5.7　主要国家和区域食糖进口量

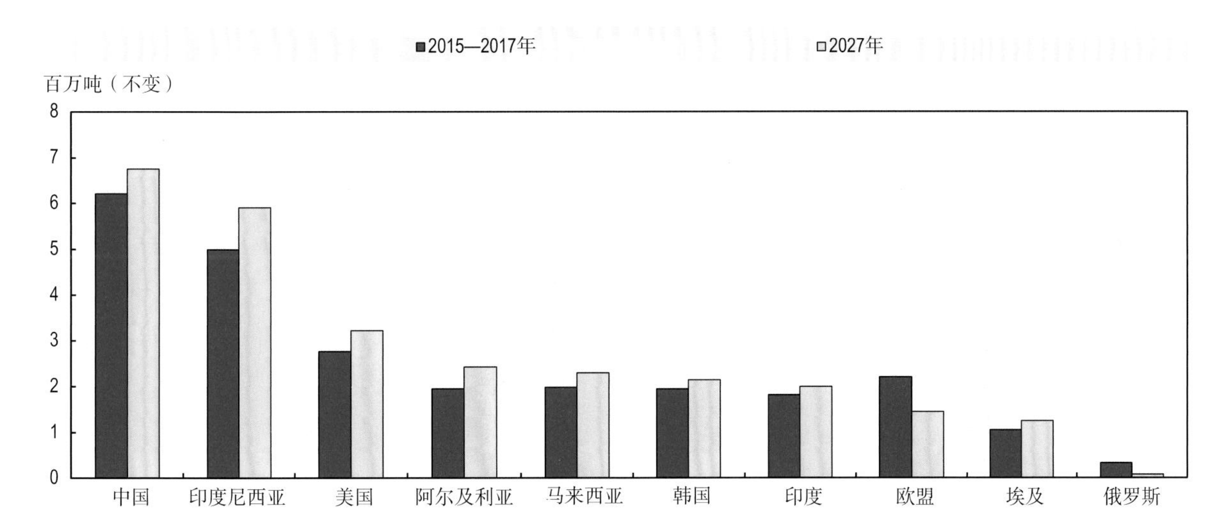

资料来源：经合组织 / 粮农组织（2018 年），《经合组织 – 粮农组织农业展望》，经合组织农业统计数据（数据库），http://dx.doi.org/10.1787/agr-outl-data-en。

12 http://dx.doi.org/10.1787/888933743271

传统食糖短缺国美国将继续受国内政策影响，政策倾向于刺激国内生产并限制进口。展望期内预计低迷的食糖价格对扩大食糖生产的刺激有限。因此，进口将继续受世界贸易组织和自贸区协定的免关税配额以及美国商务部针对墨西哥对美市场准入出台的出口限制政策的影响。鉴于美国食糖价格相对较高，墨西哥将继续主要对美出口食糖，但分配给世界市场的份额预计将从基期的 25% 增加到 2027 年的 29%。因此，墨西哥将通过进口美国高果糖浆（到 2027 年增加 19% 或增加 17.6 万吨）满足其对甜味剂的需求。

主要问题和不确定性

本《展望》预测预计宏观经济和天气条件稳定并对原油价格作出具体预测。

任何相关变量的冲击都可能造成市场重大变化，因为主要生产者集中于少数国家。

对巴西的预测存在不确定性，因为金融整合持续进行且食糖业投资可能复苏。巴西还受到生物燃料政策和价格变化的挑战，这些因素可能间接影响食糖市场。此外，一年前获得商业化生产批准的转基因甘蔗也可能在未来几年对甘蔗单产造成影响，从而改变甘蔗生产水平。

泰国前景相当乐观，但其食糖业竞争力取决于食糖生产者可在多大程度上适应政策支持逐渐减少的新现状。由于泰国对食糖出口贡献很大，这也可能给世界市场带来一定不稳定因素。

国际食糖市场贸易扭曲将持续存在，这将带来更多不确定性。即使世界某些食糖市场经历了一系列改革和结构调整（欧盟和泰国近期取消食糖配额，印度自 2013 年起为农民支付公平价格），国际食糖价格变化并未完全传递给国内食糖生产者和消费者。许多国家使用贸易政策工具来保护国内市场，例如：高配额外关税（中国）；整世贸组织关税配额和针对墨西哥的贸易限制（美国）；通过出口补贴保护国内食糖价格（巴基斯坦、印度）；征收高额进口关税（欧盟、俄罗斯、美国）；区域协定（北美自贸区协定、欧洲经济伙伴关系协议和“除武器外一切都行”倡议）。

食糖的需求前景尚不明确。食糖消费过量对人类健康造成破坏性影响的证据日益增多，未来食糖需求量可能下降。政府政策（如税收）和食品业采取的积极行动（如调整产品配方或使用替代甜味剂）也可能使食糖需求量进一步下降。

经合组织－粮农组织 2018—2027 年农业展望

第六章

肉　类

市场形势

2017 年世界肉类总产量增长 1.25%，达到 3.23 亿吨，牛肉和禽肉产量小幅增长，猪肉和羊肉产量增长相对缓慢。世界肉类产量增长主要来自于美国，其他主要贡献国家包括阿根廷、印度、墨西哥、俄罗斯和土耳其。世界最大肉类生产国中国的肉类产量增长不大，主要是由于数次禽流感暴发导致禽肉产量增长缓慢。然而，中国仍是 2017 年全球肉类生产增长的第二大贡献国家。

根据粮农组织肉类价格指数，2017 年月平均值整体较 2016 年高 9%，但比前三年的平均值低 2.3%。2017 年上半年，国际肉类价格上涨的主要原因是牛肉和猪肉进口需求大幅增加。羊肉出口供应短缺也推高了肉类价格。截至 7 月，随着出口供应增加和进口需求减弱，价格开始趋于平稳并小幅下降。2017 年 1—12 月，四大主要肉类产品中，羊肉价格上涨 35%，牛肉、禽肉和猪肉价格分别上涨 7.7%、3.2% 和 2.9%。

2017 年世界肉类贸易量增加至 3 100 万吨，比 2016 年增长 1.5%，但增速低于 2016 年的 5%。各肉类产品中，全球牛肉贸易量上升了 4.7%，禽肉上升 1%，而猪肉出货量下降 0.7%，羊肉下降 3%。与 2016 年相比，2017 年肉类贸易增长缓慢，主要由于中国、欧盟、埃及、沙特阿拉伯、土耳其和美国等地国内肉类产品供应量增加和需求量下降导致的进口放缓，但一些国家肉类进口量有所增加，特别是安哥拉、智利、古巴、日本、墨西哥、韩国、印度尼西亚、伊拉克、阿拉伯联合酋长国、乌克兰和越南。2017 年，世界肉类贸易出口的增长主要由阿根廷、加拿大、印度、泰国、美国和乌克兰主导，而欧盟和新西兰出口量则有所下降。

预测要点

本年度展望报告预计肉类供应量将增加，这将导致肉类价格相对于 2017 年出现短期下降。一些调查地区的牧群重建周期即将结束，预计展望期前期将有额外肉类供应进入市场。展望期前期内，饲料粮价格预计也将保持低位，美洲、澳大利亚和欧洲等肉类生产中使用饲料粮更广泛的地区将会因此受益。中期内，随着主要发展中国家，特别是拉丁美洲和亚洲的人均肉类消费量的增加，价格将会出现上涨。展望报告表明，与基期（2015—2017 年平均值）相比，发达国家人均消费将增加 2.8 千克零售重量当量，发展中国家将增加 1.4 千克零售重量当量。最不发达国家的收入预计将有所增加，导致这些国家人均肉类消费量略有上升。全球人均肉类消费量预计将小幅增长 1 千克零售重量当量以上。

与基期相比，2027 年，全球肉类产量预计将增加 15%。发展中国家将占总增长的绝大部分，生产过程中谷物密集型饲喂系统的广泛应用将导致家畜胴体重增加。禽肉仍然是肉类总产量增长的主要动力，但未来 10 年，这种增长将比过去 10 年大幅减缓。未来 10 年，全球动物蛋白需求增长中，对禽肉和猪肉需求增速将会放缓，但牛肉和羊肉的需求增幅将会增加。较低的产品价格是禽肉和猪肉成为首选肉类的原因之一，尤其对发展中国家而言。展望期内，随着收入的增长，消费量将增加并趋于多样化，消费者将偏爱更昂贵的肉类蛋白质，如牛肉和羊肉。

在牛肉行业中，北美牛群的重建速度比预期要快，所以未来几年肉牛屠宰数量将会增加，世界市场肉类供应充足。其他几个国家，如澳大利亚和巴西，也处于牛群重建阶段，在展望初期提供额外的肉类供应，肉类产量将进一步增长。在日益严格的环境法规及动物福利政策对猪肉行业的影响使猪群规模缩减之后，中国猪群规模将稳步扩张，中国猪肉产量预计将增加。

2017 年，全球范围内多次禽流感暴发，导致世界肉类产量增长放缓。中国是仅次于美国的第二大肉类生产国，近年来受到的影响尤其明显，本年度展望预计中国禽肉生产从 2018 年起恢复历史增长趋势。展望预计羊肉产量也将增加，全球增长率预计为每年 1.8%，高于过去 10 年，产量增长主要由中国推动，印度、尼日利亚、大洋洲、巴基斯坦、土耳其和也门产量也有所增长。

全球范围内，预计展望期内肉类贸易量占总产量的比例将保持基本稳定，约为 10%，多数增量来自禽肉。发展中国家肉类产量的增长仍不足以满足需求增长，特别是在亚洲和非洲地区。因此，整个展望期内，肉类进口需求量预计将保持强劲。菲律宾和越南肉类进口需求量增长最为强劲。到 2027 年，发达国家在全球肉类出口中所占比重仍将高于 50%，但相对于其基期略有下滑。两个最大的肉类出口国巴西和美国，在全球肉类出口中的合计份额预计将增加到 47% 左右，几乎占展望期内全球肉类出口预计增长的 2/3。

展望初期，由于肉类产品供应量增加并对价格施加下行压力，肉类名义价格预计将略有下滑。相对于展望期前几年，肉类名义价格预计将逐渐增加，直到 2027 年。到 2027 年，牛肉和羊肉价格预计将分别上涨至 4 000 美元 / 吨（胴体重当量）和 3 900 美元 / 吨（胴体重当量），世界猪肉和禽肉价格预计将分别上涨至 1 600 美元 / 吨（胴体重当量）和 1 700 美元 / 吨（胴体重当量）。虽然肉类与饲料差价将基本维持历史水平，但各肉类实际价格预计将会下降（图 6.1）。

到 2027 年，全球人均肉类消费量预计将增加到 35.4 千克（零售重量当量），较基期增加 1.1 千克（零售重量当量）。尽管许多发展中国家人口增长率很高，但总消费量将增加 1.4 千克（零售重量当量），预计将占发达国家增长量的一半。全球人均消费量增长将主要来自禽肉，0.8 千克（零售重量当量），而牛肉、羊肉和猪肉预计将小幅变化。从人均消费量看，拉丁美洲的增长最快，增加 3.7 千克（零售重量当量）。从绝对值看，在展望期内，发达国家总消费增长预计约为发展中国家的 1/4，发展中国家的人口快速增长和城市化仍然是核心驱动力。在非洲尤其如此，展望期内，非洲的总消费量增速高于其他任何地区，且进口需求增长也最快。

全球范围内，动物疾病暴发（例如猪瘟）、卫生限制和贸易政策，仍是引起世界肉类市场演变和动态变化的主要因素。本《展望》反映了 2018 年 1 月 1 日之前宣布或实施的各类贸易协定、国内政策和卫生与植物检疫限制的实施情况。展望期内，

图 6.1　**世界肉类价格**

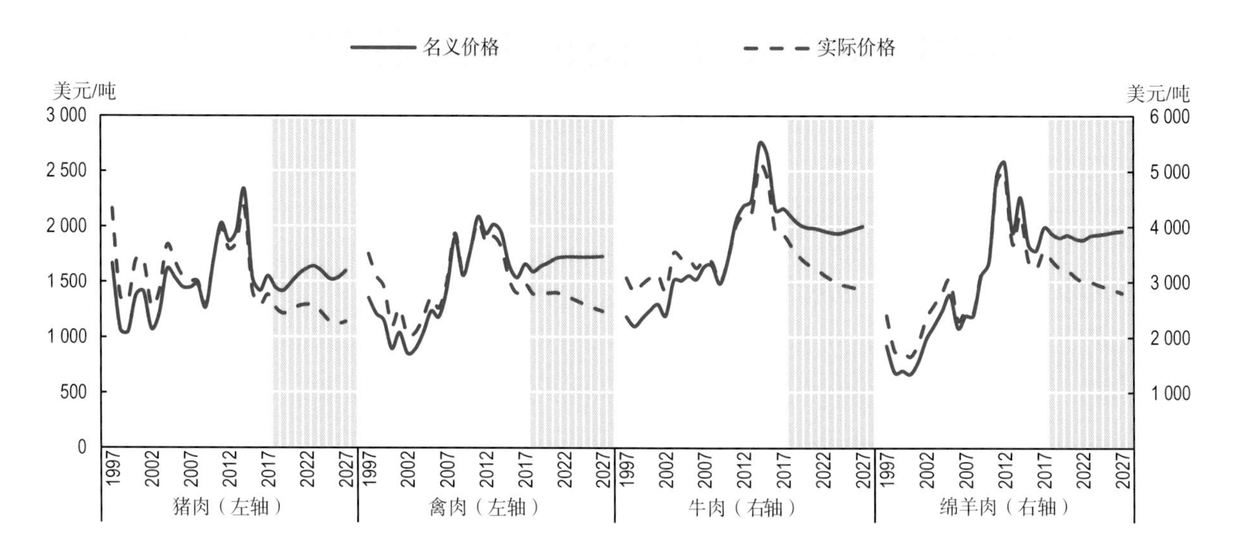

注：美国精选肉用公牛，1 100~1 300 磅分割胴体重，内布拉斯加州。新西兰小羊肉，计划价格，分割胴体重，各等级平均值。美国去势公猪和小母猪，第 1-3 号，230~250 磅，分割胴体重，艾奥瓦州 / 南明尼苏达州。巴西：鸡肉出口单位价格（离岸价）产品重量。

资料来源：经合组织 / 粮农组织（2018），《经合组织 – 粮农组织农业展望》，经合组织农业统计数据（数据库），http://dx.doi.org/10.1787/agr-outl-data-en。

12 http://dx.doi.org/10.1787/888933743290

当前或未来贸易协定的不确定性可能影响并丰富肉类贸易模式。国内政策也将影响肉类行业，例如 2018 年美国《农场法案》的审查。可能影响肉类前景的其他因素包括消费者偏好和肉类消费态度。消费者偏爱散养的肉类和无抗生素的肉类，但他们在多大程度上愿意并且能够为上述肉类支付溢价尚不明确。

价格

尽管 2017 年上半年肉类价格上升，但肉类名义价格和实际价格均从近期峰值下降。展望期内，由于发展中国家经济持续增长，肉类名义价格将小幅上升。肉类实际价格在达到近期价格峰值后将持续下降。发展趋势随着肉类种类不同而存在差异。

短期来看，由于牛群重建速度较快，北美牛肉供应充足，牛肉价格预计将下降。随着世界牛肉主产区产量增加，牛肉名义价格将持续下降，直至 2024 年。然而，由于肉牛存栏量下降以及产量增长速度放缓，牛肉价格将开始上升，直至展望末期。

猪肉名义价格将从 2017 年开始下滑，展望期内预计将出现典型周期性波动，导致实际价格下降。全球猪肉产业形成这一趋势的显著特点是，巴西、中国、美国和越南的猪肉供应增加，墨西哥和菲律宾进口量增加。

禽肉产量的增长（预计禽流感传播自 2018 年起能够得到有效控制）加之饲料成本的缓慢上涨（图 6.2），将导致展望中期禽肉价格有所上涨。展望期内，收入增加也将进一步刺激需求增长，尤其是亚洲、拉丁美洲和非洲地区。而展望期内的实际价格将出现持续下滑。

由于中国和中东的进口需求量增长疲软，阿尔及利亚、澳大利亚、中国、埃塞俄比亚、印度、新西兰、尼日利亚、巴基斯坦和土耳其等国羊肉产量逐年增加，羊肉名义价格预计将小幅上涨。经过几年的衰退期后，欧盟羊肉产量在 2015 年有所回升，且随着罗马尼亚和塞浦路斯的牧场收益率提升，以及主要羊肉生产成员国实施自愿挂钩支持政策，有望实现相对于当前水平的小幅上涨。

展望中期，有利的肉类饲料价格比（图 6.2）将刺激生产，从而推动主要产区羊群和鸡群规模的扩大。生产力的提高也将增加市场供给，并将导致展望期早期肉类价格的下降。然而，随着人均肉类消费量的增长，预计展望后期肉类价格将有所上涨。禽肉和猪肉因产品价格较低成为发展中国家消费者的首选，但收入水平的提高使消费者对肉类的消费更加多元化，逐步倾向于消费价格更高的肉类产品，如牛肉和羊肉。尽管如此，禽肉仍是肉类总产量增长的主力军。生产成本低、饲料转化率高、产品价格低等优势，使禽肉成为生产者和消费者的首选。

图 6.2　饲料成本指数和肉类饲料价格比

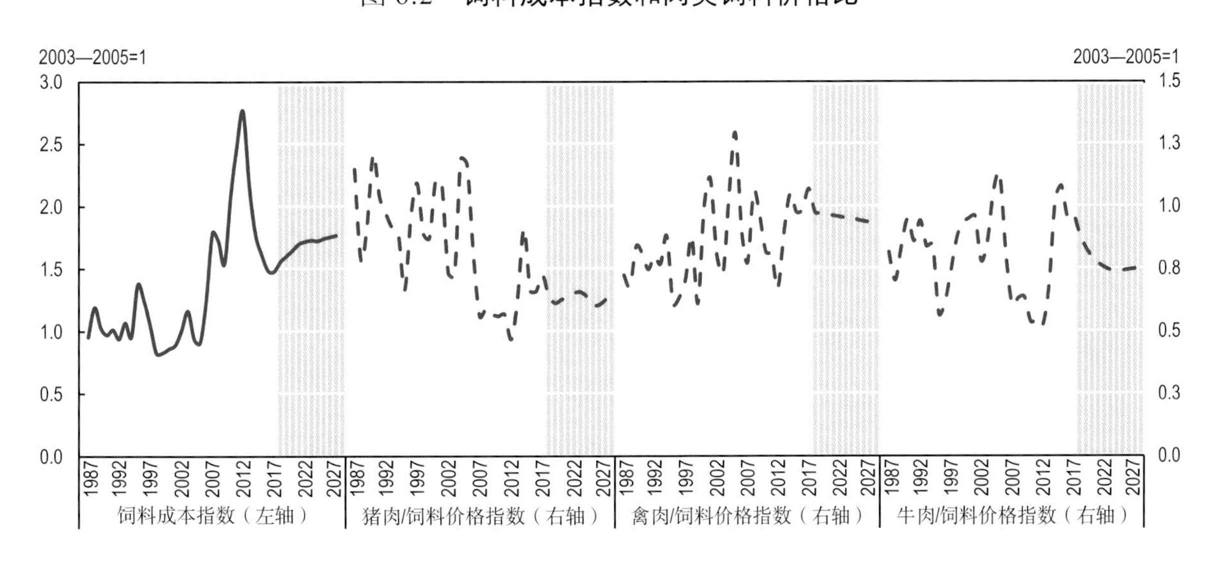

资料来源：经合组织 / 粮农组织（2018），《经合组织 – 粮农组织农业展望》，经合组织农业统计数据（数据库），http://dx.doi.org/10.1787/agr-outl-data-en。

生产

畜牧供给对市场信号的响应主要受是否有可利用的自然资源及是否能够提高生产率两大因素影响。然而，这两个因素越来越多地受到环境立法的限制，例如《巴黎气候协定》和食品安全法规（插文 6.1）。因此，拥有生产饲料粮所需要的充足天然草场和农业土地的许多发展中国家具备增产潜力，如南美洲国家。

到 2027 年，肉类总产量预计将增加 4 800 多万吨，达到近 3.67 亿吨。自 2018 年起，肉类总产量年增长率预计将保持相对稳定（图 6.3）。这一增长主要在发展中国家，其产量将占生产总增量的 76%（图 6.4）。

插文 6.1 畜牧业生产中的抗菌素耐药性经济效益

动物食品生产中抗生素的使用日益受到全球关注。由于细菌突变并对常用抗生素产生抗药性的特性导致抗生素与抗菌药物耐药性密切相关。目前对此问题的关注不仅在家畜生产和生产力影响方面，在不同物种之间抗性基因和细菌传播方面也受到关注。频繁且过量地在对动物和人类身上使用抗生素药物的问题加速了抗性病原体产生和传播。实际上，许多在畜牧行业中使用的抗生素也用于人类医学，因此增加了染色体交叉和多抗性病原体产生的风险。相关研究预计，到 2050 年，抗生素使用问题可能导致多达 1000 万人死亡，全球国内生产总值减少 2%~3.8%（世卫组织，2015；世界银行，2016）。研究表明，到 2050 年，AMR 对家畜生产的潜在影响可能使全球家畜生产量减少 2.6%~7.5%，其中对低收入国家的影响可能最为严重，估计将下降至 11%（世界银行，2016）。

过去 30~40 年间，抗生素被广泛用于家畜生产中的疾病的预防、治疗和控制，以及用于提高家畜的生长速度和生产力。由于可靠数据不足，动物生产中抗生素的使用较为复杂且很难在工业和物种水平上进行评估。在农场层面上，抗生素的最佳使用量是农民的经济决策，前提是保证动物的健康和福利。在过去 30 年里，由于大型集约化家畜生产行业的发展，特别是新兴经济体，导致全球兽用抗生素需求量急剧增加。许多国家在动物生产中使用的抗生素远远高于人类医学。

经合组织和巴西、俄罗斯、印度、印度尼西亚、中国和南非新兴经济体约占全球肉类产量的 4/5，其中禽肉、猪肉和牛肉占总产量的 70% 以上。抗生素的使用与农场家畜规模，生产系统的强度以及管理方式密切相关。据估计，中国、美国、印度和巴西占全球家畜生产抗生素使用量的 3/5 以上。抗生素在饲料或水中的使用对生产率影响的研究结论表明，由于动物管理、营养、育种和生物安全措施的改进，大多数国家的收益正在下降。例如，虽然最近一些研究表明，在猪和家禽生产中使用抗生素能够分别获得 1% 和 3% 的收益，但由于管理和生物安全标准的起点较低，新兴经济体的生产者普遍会获得更高的收益。

目前，抗生素与抗菌药物耐药性的关注重点主要是公共卫生部门的潜在成本负担，以及畜牧生产的效益和成本。丹麦、荷兰、比利时、法国和瑞典近期研究的结果表明，猪和家禽生产中抗生素的使用量可减少 50% 以上，如果实施良好的管理和生物安全措施，动物生产力、动物健康或农场的收益率就不会受到不利影响。目前在审核中的抗生素替代物包括疫苗接种，益生菌、噬菌体和重金属的使用，以及更好的管理和卫生措施。

在国际层面，抗生素与抗菌药物耐药性是联合国大会（2016 年）和二十国集团国家的高度优先事项。为了遏制抗菌素耐药性的增长，世界卫生组织 2016 年全球行动计划对于抗菌素耐药性提出了几项广泛建议，该行动计划由三方组织（世卫组织 / 世界动物卫生组织 / 粮农组织）共同实施，目的是提高认识、完善教育和培训以及制定监测标准和监测系统。三方组织与经合组织和世界银行进行密切合作，后两者专门评估抗菌剂耐药性对人类健康和食用牲畜生产的潜在经济影响。因为抗生素与抗菌药物耐药性是全球性问题，大部分国家都采用“一个健康框架”来解决问题。多数世卫组织成员国制定了具体的国家行动计划，希望通过减少抗生素的使用，从而达到减少人类医学和动物食品生产中的抗菌药物耐药性的目的。

材料来源：经合组织（2018, 即将出版），畜牧业生产中抗菌素耐药性经济学，经合组织出版发行，巴黎。

世界银行（2016），《耐药性感染：对我们经济未来的威胁》第 6 部分：动物和抗生素与抗菌药物使用，pp 65~78，世界银行，华盛顿。

世界卫生组织（2015），抗菌素耐药性全球行动计划，世界卫生组织，日内瓦。

另见畜牧业抗菌药物使用和抗药性经济研讨会网站 http://www.oecd.org/tad/events/workshop-economics-antimicrobial-use-resistance-livestock-sector-october-2015.htm.

图 6.3 各类肉品产量年增长情况

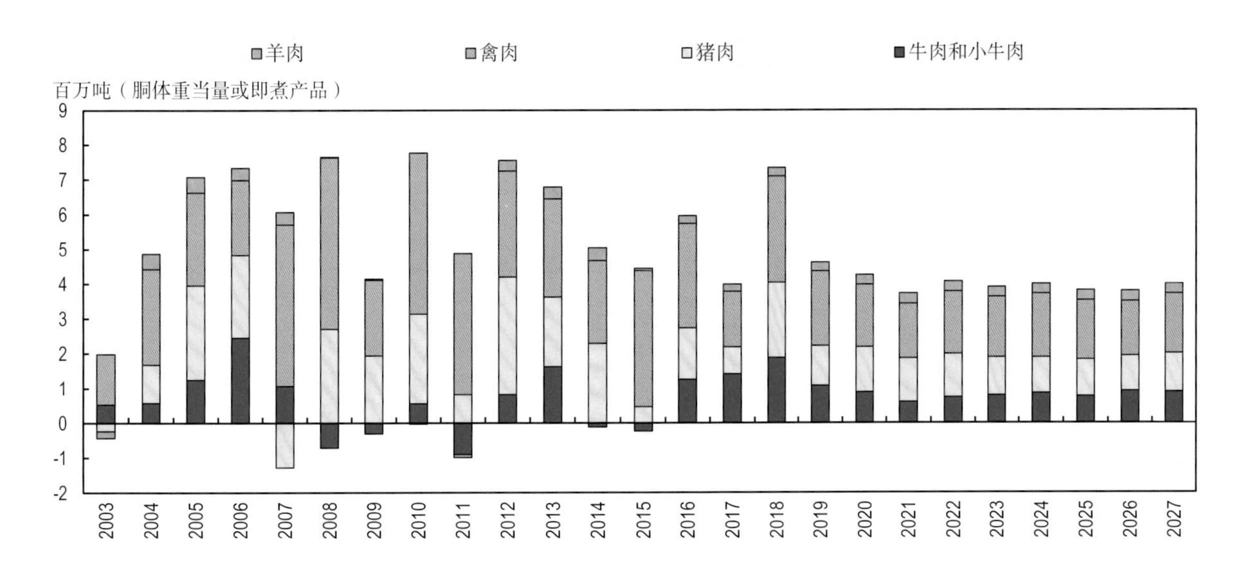

资料来源：经合组织 / 粮农组织（2018），《经合组织 – 粮农组织农业展望》，经合组织农业统计数据（数据库），http://dx.doi.org/10.1787/agr-outl-data-en。

12 http://dx.doi.org/10.1787/888933743328

图 6.4 各区域及各类肉品增产情况

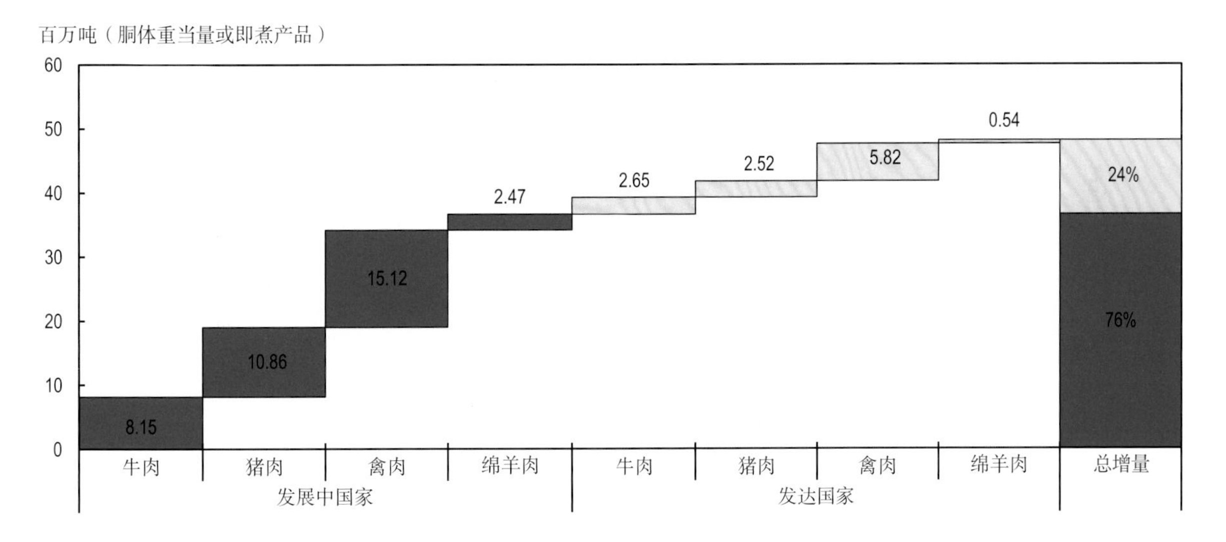

资料来源：经合组织 / 粮农组织（2018），《经合组织 – 粮农组织农业展望》，经合组织农业统计数据（数据库），http://dx.doi.org/10.1787/agr-outl-data-en。

12 http://dx.doi.org/10.1787/888933743347

在一些发展中国家，单产增加及饲料利用效率的提高促使肉类产品的生产力得以提升。不发达国家的生产力增速与小农结构增速相同，很难有所提高，且畜牧业投资的缺乏限制了技术的改进及生产的商业化。

肉品生产仍旧以巴西、中国、欧盟、俄罗斯和美国为主导。巴西产量增长将得益于丰富的自然资源、饲料、草地供给、生产率提升以及雷亚尔贬值的一定影响。

在中国，由于小规模生产单位发展成为更大规模的商业化企业，其肉品产量增长将主要受益于日益发展的规模经济效应。美国肉品产量将受益于强劲的国内需求和屠宰量的增加，而欧盟由于国内鲜肉消费量下降，加工产品中肉类产品使用量增加，预计产量将保持稳定。最后，俄罗斯实施的肉类进口禁令提高了国内肉品价格，并刺激了国内肉类生产。

其他可能对新增肉品产量作出显著贡献的发展中国家包括阿根廷（得益于有利于出口的政策，刺激了羊群的扩大）、印度、墨西哥和越南（图 6.5）。展望期内，牛肉主要生产国的产量将持续增长（图 6.5）。2027 年，发展中国家的牛肉产量将比基期增加 21%，占牛肉产量增量的 75%。牛肉产量增量的主要贡献国为阿根廷、中国、巴西、巴基斯坦和土耳其。虽然印度也是主要牛肉生产国之一，但销售屠宰牛这一敏感问题给生产者带来很大的不确定性，预计产量增长减缓。到 2027 年，发达国家牛肉产量将较基期增加 9%，几乎完全依赖于美国产量的大幅增长。然而美国的扩张周期即将结束，其他国家（如澳大利亚、巴西、墨西哥）的畜群扩张周期预计也将随之放缓。此外，取消牛肉出口税促进了阿根廷的牛群重建，预计牛肉产量将在展望中期回升到历史水平。土耳其实施了倍受年轻农民欢迎的育肥牛和育种牛进口、分销政策，预计将从展望中期开始见效，提升土耳其肉品产量。然而，由于奶用品种牛约占牛肉供应量的 2/3，并且牛奶产业的生产力提高在一定程度上降低牛肉产量，欧盟的牛肉产量预计将出现下滑趋势，限制了肉类行业根据市场信号进行调整的潜力。

图 6.5　**各类肉品生产增量最大的国家**

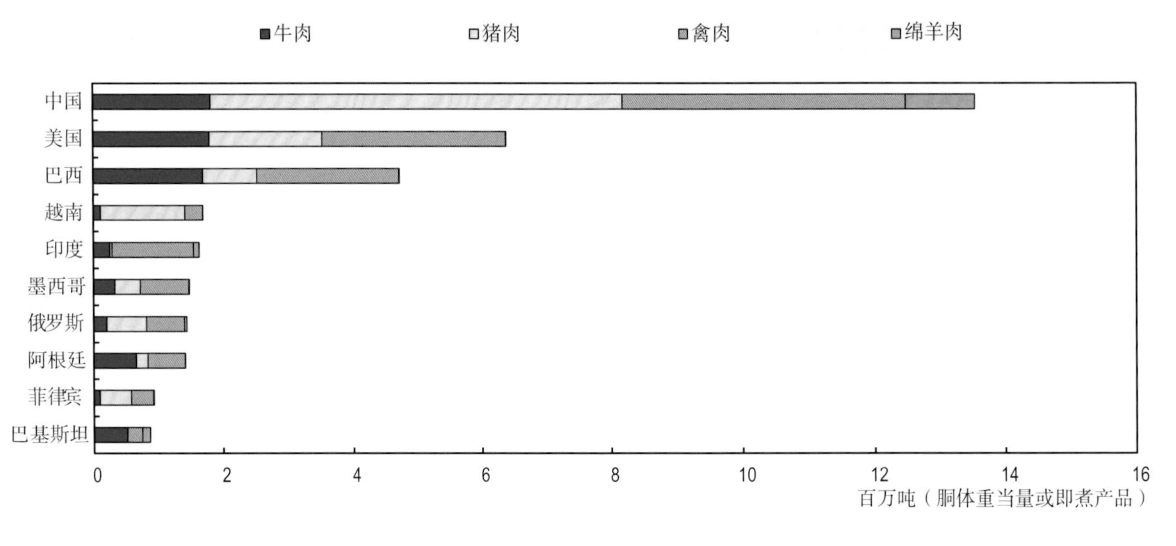

资料来源：经合组织 / 粮农组织（2018），《经合组织 – 粮农组织农业展望》，经合组织农业统计数据（数据库），http://dx.doi.org/10.1787/agr-outl-data-en。

12 http://dx.doi.org/10.1787/888933743347

短期内，牛肉产量将提升，主要因为较低的饲料成本和品种改良将提升家畜单产。同时，一些产区中，最终畜群重建的存栏量明显增长，导致屠宰量增加。美国肉牛总数量预计将达到峰值，增速远快于上一年度展望的预期。短期内，预计美国国内外需求量增长强劲，但在展望后期将放缓。国内人均牛肉消费量在展望后期的下降支持了关于美国牛群将在 2020 年后进入下降周期的预测（图 6.6）。

图 6.6　美国肉牛存栏量

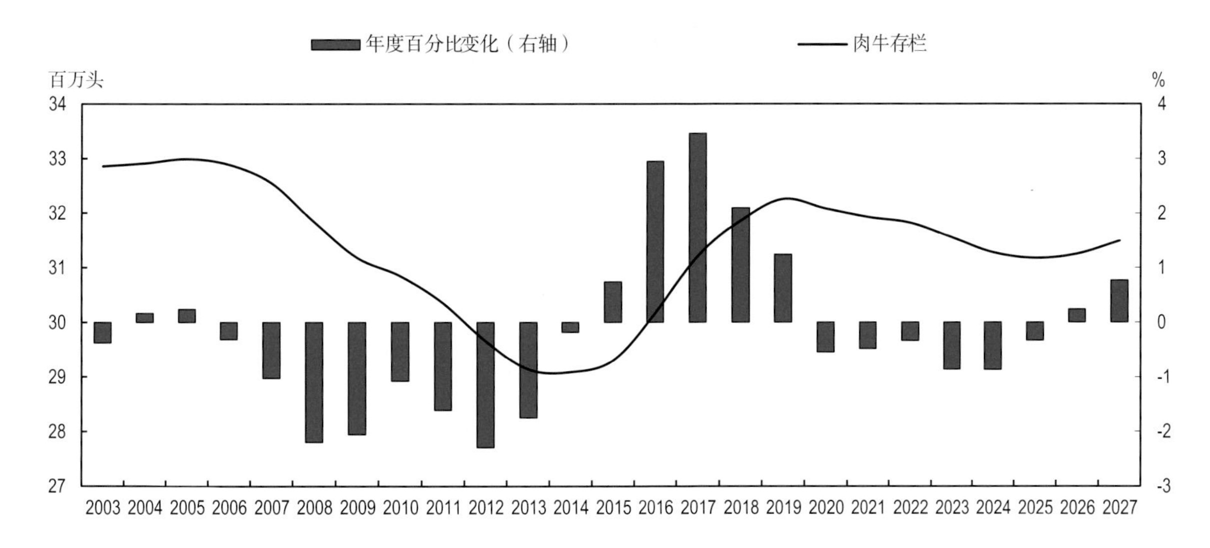

资料来源：经合组织 / 粮农组织（2018），《经合组织 – 粮农组织农业展望》，经合组织农业统计数据（数据库），http://dx.doi.org/10.1787/agr-outl-data-en。

未来 10 年，全球猪肉产量增速将会放缓。预计中国新增产量将占全球新增产量近一半。全球总产量将与需求复苏趋势相符，但远低于过去 10 年。展望期内，巴西、墨西哥、菲律宾、俄罗斯联邦、美国和越南产量也将大幅增长。欧盟面对逐渐稳定的内部消费以及加剧的世界市场竞争，预计猪肉产量将略有下滑。

禽肉在各类肉品中的主导地位将继续加强，未来 10 年，禽肉将占所有新增肉品数量近 45%。禽肉较短的生产周期使生产者能够对市场信号作出迅速响应，同时能够快速改良基因、加强动物卫生、改进饲养方法。饲料粮产量盈余的国家将迅速增加禽肉生产，如巴西、欧盟和美国等。亚洲禽肉行业预计也将迅速扩大，其中包括中国（本《展望》假设不会进一步暴发禽流感）和印度。

羊肉产量增速将高于过去 10 年，发展中国家将占新增产量的大部分。尽管中东和北非地区的一些国家受到城镇化、荒漠化和饲料供给等问题的影响，但预计这些地区的国内羊肉生产增速仍将提升。中国是主要的羊肉生产国，随着国内需求的持续增长，其产量将超过新增产量的 36%。虽然澳大利亚和新西兰的国内产量有所增加，但预计在整个展望期内，其占全球羊肉产量的份额将小幅下降。欧盟盈利能力有所改善，预计在展望期的前半段，其羊群数量将会增长，但由于来自大洋洲的竞争限制了出口潜力，2027 年欧盟产量将小幅下滑。非洲区域占全球羊肉产量比例将缓慢增加，并占全球新增产量的 26%。

消费

在大部分发展中国家，由于收入增长缓慢，人均肉类消费量在2017年保持稳定，特别是在高度依赖商品进口的地区。尽管新增肉类需求量预计将在展望期内回升，特别是在发展中国家，但普遍认为增速将低于过去10年。肉类需求量增加将主要来源于收入和人口的增长，特别是中产阶级较多的国家。预计非洲的消费增速将达到最高，但人口增长将导致人均肉类消费量下降。在消费水平已经很高的发达国家，肉类需求普遍持续增加，特别是在美国，人均消费和肉类价格将回升到10年前的水平。然而，增速普遍低于发展中国家（图6.7）。

图6.7 各国和各区域人均肉类消费量

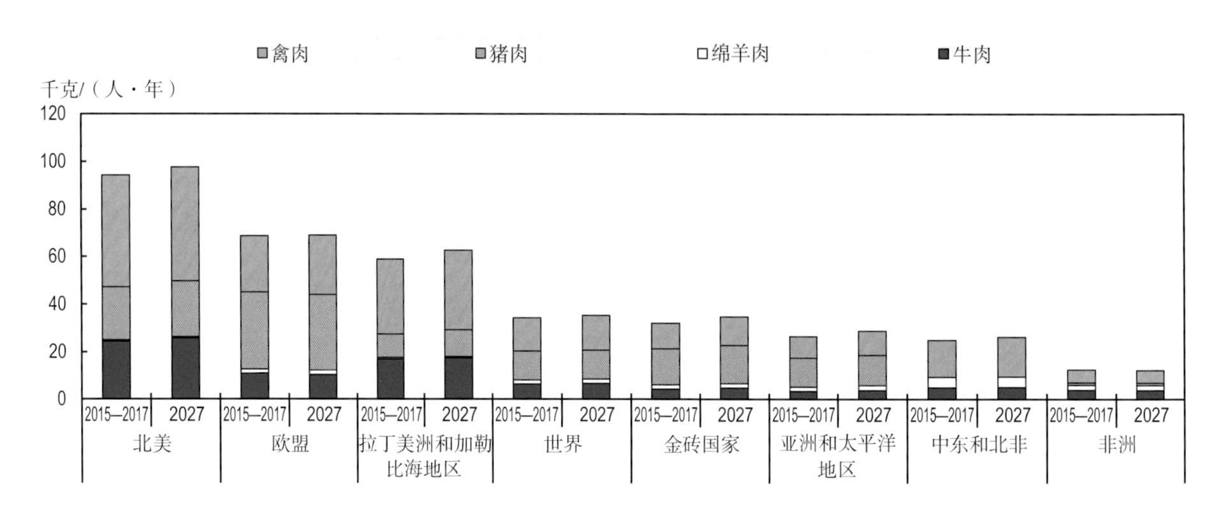

注：人均值以零售重量计算。

资料来源：经合组织/粮农组织（2018），《经合组织－粮农组织农业展望》，经合组织农业统计数据（数据库），http://dx.doi.org/10.1787/agr-outl-data-en。

在人口增速很高的不发达国家，肉类消费量增长迅速，尽管基数较低。非洲尤其如此，其中禽肉占该地区大部分新增消费，其次是牛肉。虽然大量消费的羊肉由非洲本地生产，但大部分新增的牛肉、猪肉和禽肉消费量将依赖进口。

未来10年，牛肉消费量将逐渐增加。与基期相比，到2027年，发达国家的消费量预计将增加8%，而发展中国家预计将增加21%。与发达国家相比，发展中国家人均牛肉消费量仍然较低，约为发达国家的1/3。亚洲人口增长是消费量增加的主要驱动力，同时，中国消费者认为牛肉更健康且没有疾病，这种消费观念也促进了牛肉消费量的增加。预计哈萨克斯坦、土耳其和越南的牛肉消费量也将增加。因此，未来10年，亚洲牛肉消费量预计将增加24%。

展望期内，全球人均猪肉消费量将保持稳定，大多数发达国家的消费达到饱和。发展中国家的人均猪肉消费量存在显著地区差异。过去几年中消费增长迅速的拉丁美洲大部分地区仍将继续增长。相对价格优势推动了产量增长，使猪肉成为受欢迎的肉类之一，另一种受欢迎的肉类为禽肉。经济条件较好且传统上习惯消费猪肉的几个亚洲国家，如中国、菲律宾、泰国和越南（预计将成为人均猪肉消费量最高的国家）人均消费水平持续增长。人口增长仍是支持这些地区猪肉消费总量增长的原因。

各区域和各收入水平人群的禽肉消费量均呈增加趋势。即使在发达国家，人均消费量也将增长，但发展中地区的增速仍将略高。影响人类健康的禽流感病毒暴发对中国的消费量产生影响。本《展望》预计 2018 年禽肉消费量不会受到太大影响，并将恢复历史趋势。未来 10 年，禽肉预计将占全部新增肉类消费的 44%。

到 2027 年，全球人均羊肉消费量将达到 1.8 千克即食当量。非洲、北美和拉丁美洲以及大洋洲的人均羊肉消费量将小幅下降。相比之下，几个亚洲国家羊肉消费量将持续增加，如中国，消费者将羊肉与质量和营养价值联系起来。传统上消费羊肉的中东和北非地区的人均羊肉消费量预计将增加。由于石油市场严重影响中产阶级的可支配收入和政府支出模式，因此中东和北非地区的羊肉需求量增长与石油市场密切相关。

贸易

2027 年，全球肉类（不包括活体动物）出口量预计较基期增加 20%。这意味着肉类贸易量增速放缓至年均 1.5%，而过去 10 年为 2.9%。然而，2027 年全球市场肉类贸易量占总产量的比例将与基期相似，略低于 10%。全球进口量将会增加，尤其是禽肉和牛肉，将占 2027 年新增肉品贸易量的大部分。亚洲将占新增进口量的最大比例，其中菲律宾和越南的进口量增长幅度最大，逐渐赶超国内产量的增长。亚洲的肉类进口占全球贸易量的 56%，禽肉将占新增进口需求量的一半以上。到 2027 年，非洲进口量的迅速增长将提高该地区的进口比例。中东和北非地区的肉类进口量也将增加，新增进口量的大部分将来自沙特阿拉伯和其他海湾国家（图 6.8）。

到 2027 年，尽管发达国家预计将占全球肉类出口量的一半以上，但其份额相对于基期将稳步下降。肉类出口将日益集中，巴西预计将占新增贸易总量的 1/3 以上，美国占 1/4 以上。受汇率强烈影响的欧盟出口增速将放缓。欧盟改善了进入亚洲市场的机会，但来自北美和南美的竞争将妨碍欧盟充分利用扩大的市场准入机会。美洲地区的传统出口国将占全球肉类贸易量的较大份额。阿根廷、巴西、墨西哥和美国的世界肉类出口比例将在一定程度上从其货币贬值中获益。

2017 年，日本肉类进口需求最为旺盛，其中牛肉进口量的迅速增长，并开始对从未签订自由贸易协定的国家进口的冷冻牛肉实施“特殊保障措施”（SSG）。到 2027 年，日本的人口将减少近 400 万，因此日本的进口需求将逐渐减少。展望期内，中国新增肉类产量将不足以满足其日益增长的国内需求，这意味着中国将需要继续大量进口。越南和菲律宾受经济增长支撑将占各类肉品新增进口量的较大份额。非洲是另一个迅速增长的进口地区，尽管许多国家基数较低。2014 年俄罗斯联邦对肉类进口禁令永久性地降低了其进口水平，加之国内生产量的刺激预计将进一步降低进口水平。

图 6.8 部分中东和北非国家肉类进口

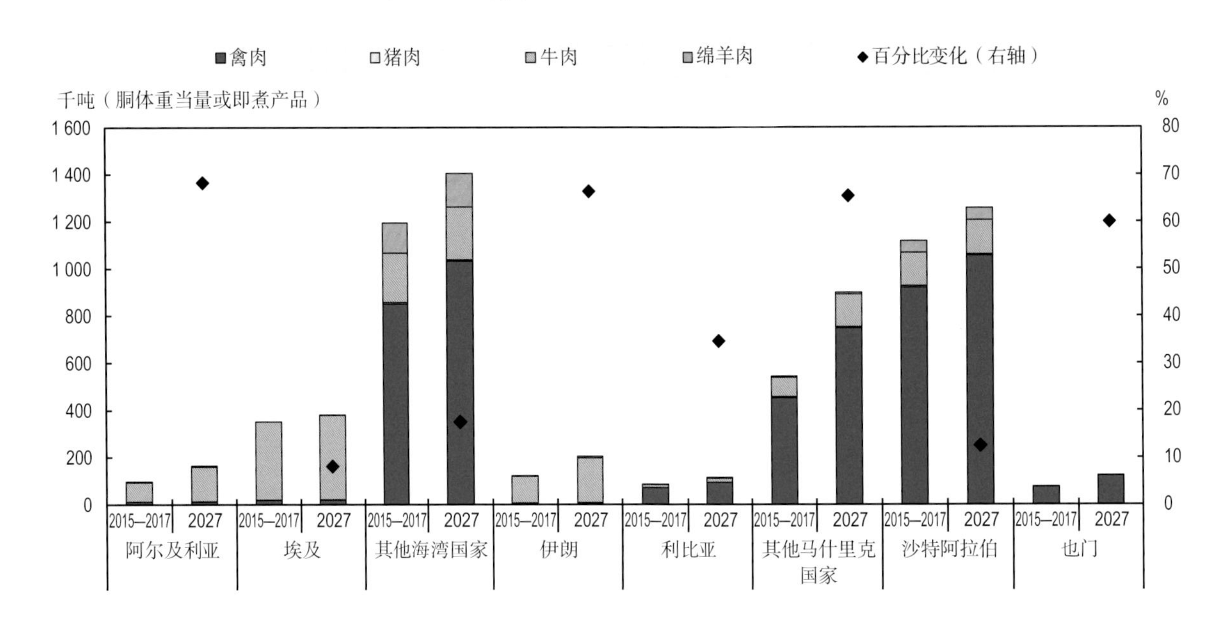

注：其他海湾国家是巴林、科威特、阿曼、卡塔尔和阿拉伯联合酋长国。

资料来源：经合组织/粮农组织（2018），《经合组织－粮农组织农业展望》，经合组织农业统计数据（数据库），http://dx.doi.org/10.1787/agr-outl-data-en。

全球肉类进口量增长受禽肉驱动，大部分禽肉从发展中国家进口。牛肉的绝大部分新增产量将在发展中国家之间贸易。但是，发达国家将供给大部分新增猪肉出口量。

发展中国家饮食日益多样化，动物蛋白消费量增加，因此对禽肉的需求强劲，在此背景下，预计巴西和美国将受益。

随着中国和中东的中产阶级日益壮大，澳大利亚和新西兰将继续主导全球羊肉供应市场。预计澳大利亚增加羊肉产量，并相应降低牛肉产量。由于绵羊养殖场转而养殖奶牛，新西兰的出口增速将放缓。

主要问题和不确定性

贸易政策仍然是影响世界肉类市场动态的主要因素。因此，展望期内对各类贸易协定的预测和实施可大幅丰富或加强肉类贸易。实践证明，多边贸易协定难以获得批准，这将给双边贸易协定创造空间。

单边和/或始料未及的贸易政策决定是展望的另一个风险因素。例如，2017 年俄罗斯联邦为了应对经济制裁政策，禁止进口来自美国、澳大利亚、挪威、加拿大和欧盟的食品直至 2018 年年底。这项禁令导致肉类进口量大幅下降，生产价格波动加剧，消费价格上涨。国内政策对肉类生产者的竞争力也产生影响。例如，土耳其政府通过补贴育肥牛和育种牛的进口和分配来增加国内牛肉产量，从而加速重建国内家畜库存。再如，阿根廷于 2017 年推出了针对肉类和其他出口产品营业额及其他省级增值税的退税计划。这项政策可能会增加阿根廷在世界肉类市场上的竞争力，并为出口创造新的机遇。

可能影响展望的另一个重要因素涉及因动物疫病暴发（例如猪瘟）所引起的卫生和食品安全问题。例如，巴西可能宣布 2018 年通过接种疫苗避免口蹄疫（FMD）暴发，到 2023 年无需通过接种疫苗避免口蹄疫。这项举措可能为巴西牛肉和猪肉在禁止进口疫病发生地区肉品的国家开辟更大的市场。根据疫情的持续时间、强度、潜在的政府和消费者反应以及贸易限制，疫病可能会对国内和区域肉类生产、消费和贸易产生不同程度的影响。例如，中国肉类生产和消费的走向将取决于人类禽流感病毒的遏制速度。病毒的进一步传播是展望期间的一个关注点。中国政府正密切关注所有受禽流感暴发影响的省份。

最后，消费者饮食偏好的变化，例如更多人选择素食或纯素的生活方式，这是较新的问题且难以评估其影响程度。然而，如果这种喜好被越来越多的人所接受，全球肉类市场将会受到一定的影响。

经合组织－粮农组织 2018—2027 年农业展望

第七章

奶和乳制品

本章重点介绍了 2018—2027 年世界和国家乳品市场的最新一组中期定量预测及市场形势。展望期内，世界牛奶产量增速预计增长 22%，其中很大一部分来自巴基斯坦和印度。预计到 2027 年，这两个国家将共同占全球牛奶产量的 32%，大部分新增产量将作为新鲜乳制品在国内消费。展望期内，欧盟在全球乳制品出口中的份额预计将从 27% 增加到 29%。随着 2017 年黄油泡沫产量持续下降，黄油的名义和实际价格将在展望期内下降。除脱脂奶粉外，乳制品实际价格预计将下降。

市场形势

由于2016年第四季度和2017年第一季度牛奶产量的下降以及对脂肪固体的强劲需求，2017年国际乳制品价格持续上涨。2017年上半年，黄油价格出现大幅上涨，直至2017年年底有所下降，黄油的平均价格比2016年高出65%。2017年，全脂奶粉、奶酪和脱脂奶粉分别上涨了28%、25%和3%。

短期来看，黄油价格预计将在2018年进一步下跌，但仍高于近几年。由于脂肪固体供大于求且价格下滑，奶酪价格预计将会下跌。尽管由于库存水平仍然相对较高，SMP价格的回升将较为缓慢，但2018年奶粉价格预计将会上涨，特别是欧盟国家。

2017年世界牛奶产量小幅增长0.5%，远低于过去10年2.1%的平均增长率。2017年上半年，欧盟、新西兰、澳大利亚和阿根廷等主要出口国产量下降，2017年下半年出现部分回升。同一时期，受恶劣天气、牛奶价格偏低和奶牛存栏量下降的影响，一些欧盟主要乳制品生产成员国的牛奶产量下降，如法国和德国。美国奶牛数量和产奶量增长的停滞抑制了供给量的上涨。尽管饲料价格较低，但由于农场牛奶价格的下跌，2017年美国牛奶利润率下降。2017年，阿根廷牛奶产量从2016年下降超过10%之后缓慢回升。由于春季寒冷潮湿（8—9月），2017年新西兰牛奶产量预期反弹推迟。由于季节性因素和农场奶粉价格较低，导致澳大利亚奶牛场和奶牛数量下降，从而抑制了牛奶产量的增速。

尽管近年来乳制品贸易量增速放缓，但受益于国内生产总值的增长，乳制品贸易势头强劲。2017年，最大乳制品进口国中国的全脂奶粉和脱脂奶粉进口量相对于2016年增加了6%，但仍低于2013—2014年的高位点。相反地，中国的奶酪进口量持续了10年的长期增长模式，增长了16%（中国是世界第五大奶酪进口国）。除新西兰奶酪出口连续第二年增长以外，大洋洲的乳制品出口量低于2016年。为了满足不断增长的世界奶酪需求量，新西兰减少了全脂奶粉产量，并增加了奶酪产量。近年来，液体奶出口量大幅增长，继2016年增长16%之后，2017年又增长了4%。

2018年，影响乳制品贸易的政策主要包括：印度延长进口禁令（至2018年6月23日）；俄罗斯延长进口禁令（延长至2018年年底）；墨西哥禁止进口哥伦比亚口蹄疫暴发地区的所有乳制品；非关税措施（如印度尼西亚至美国的乳制品）以及自2017年9月21日起实施的欧盟与加拿大（CETA）之间的自由贸易协定。此外，库存和去库存战略短期内可能会对市场产生影响。2015—2017年，欧盟建立了库存量为37.8万吨的脱脂奶粉公共干预存储（约占世界脱脂奶粉产量的6.5%，世界脱脂奶粉贸易量的20%）。美国和印度的脱脂奶粉库存也有所增加。

预测要点

尽管近年来世界乳制品产量增长有限，但与2015—2017年基期相比，到2027年世界奶产量预计将增加22%。新增奶产量的大部分（80%）将来自发展中国家，特别是巴基斯坦和印度；相对于基期的26%，到2027年，两国预计将占乳制品总产量的32%。发展中国家奶产量预计将以每年3.0%的速度增长，但大部分将在国内以鲜奶制品的形式①消费。发达国家奶产量份额预计将从2017年的48%下降到2027年的43%。与往年展望相比，乳制品价格的下跌抑制了供给增长，尤其在发达国家。预计黄油、全脂奶粉、脱脂奶粉和奶酪的世界产量将分别以每年2.2%、1.6%、1.3%和1.3%的速度增长。

近几年，发达国家的乳制品需求已经从植物油替代品转向黄油和乳脂。这一趋势可归因于更积极的乳脂健康评估结果和消费者对味道的看法有所改变。随着收入和人口增长，饮食日益全球化，发展中国家预计将消费更多乳制品。发达国家人均乳固体消费量预计将从2015—2017年的22.2千克增加到2027年的23.1千克；相比之下，发展中国家人均乳固体消费量预计将从10.6千克增加到13.5千克。然而，发展中国家存在显著的区域差异，鲜奶制品仍将是目前消费量最大的产品；与此相比，发达国家的消费者更偏好加工乳制品（图7.1）。

图7.1 加工和新鲜乳制品人均消费量

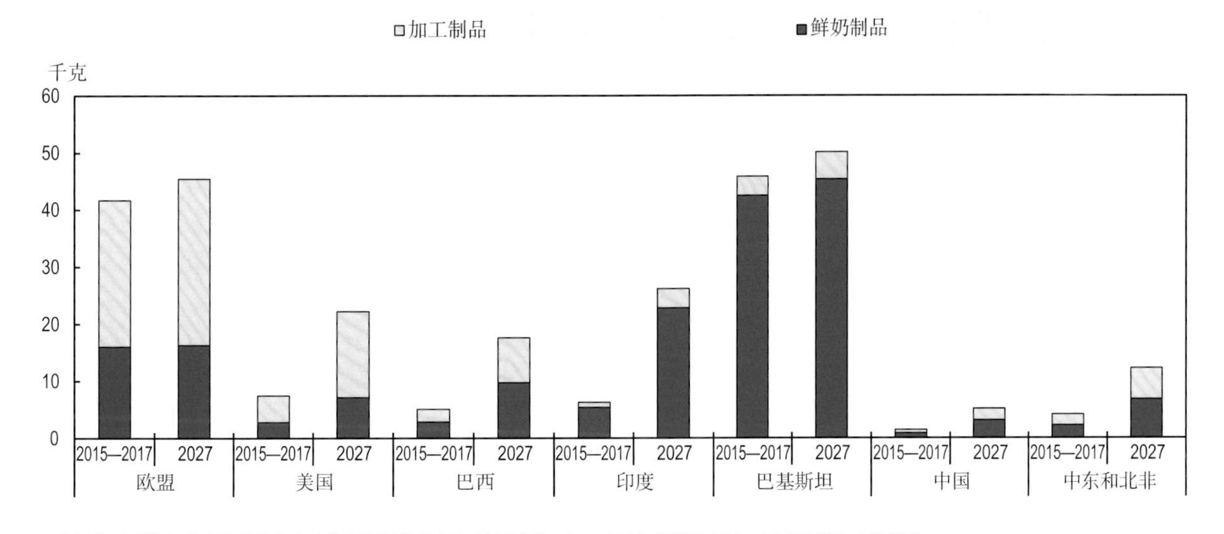

注：乳固体通过将每种产品的脂肪和非脂肪固体数量相加进行计算；加工产品包括黄油奶酪、脱脂奶粉和全脂奶粉。

资料来源：经合组织/粮农组织（2018），《经合组织－粮农组织农业展望》，经合组织农业统计数据（数据库），http://dx.doi.org/10.1787/agr-outl-data-en。

① 新鲜乳制品包含加工产品中不包含的所有奶制品和牛奶（黄油、奶酪、脱脂奶粉、全脂奶粉和某些酪蛋白及乳清）。单位为牛奶当量。

虽然 2017 年第一季度黄油泡沫后，黄油价格将会继续下跌，但展望期内，奶酪价格随后将以每年约 2.1% 的速度上涨。奶粉价格预计将出现大幅增长（脱脂奶粉和全脂奶粉每年分别增长 3.4%、3.4%），但由于脱脂奶粉 2017 年增长起始基数较低，应正确看待脱脂奶粉价格的上涨，并且由于市场库存水平的限制，短期内脱脂奶粉价格只能缓慢回升。虽然奶粉的名义价格增势相对强劲，但预计不会恢复到 2013—2014 年高位，因此实际价格将保持稳定。

阿根廷（104%）、巴西（14%）和墨西哥（13%）货币对美元的贬值（2027 年与 2015—2017 年相比）将刺激这些国家的出口增长，与美国、欧盟和大洋洲相比，其出口产品更具竞争力。在进口方面，多数大型进口国（特别是中国、菲律宾和印度尼西亚）的货币预计将保持稳定甚至小幅升值，并不太可能对其乳制品进口需求产生负面影响。而埃及货币预计将会大幅贬值。日本进口需求将受到人口老龄化的制约，而加拿大则受到国内乳制品政策的限制。在基期和 2027 年间，欧盟占全球乳制品出口份额预计将从 24% 增加到 28%。世界上最大的产奶国印度拥有庞大的国内市场，但预计在国际进出口市场上所占份额不大。

价格

由于需求量减少和供给过多，国际乳制品价格从 2013—2014 年高位急剧下滑，2016 年下半年价格再度飙升，尤其是脂类产品。从需求侧看，2017 年，全脂奶粉和脱脂奶粉最大进口国中国增加了进口量，而俄罗斯联邦则延长了对若干主要出口国（包括欧盟和美国）的若干乳制品的禁令。2017 年，不利的天气条件限制了一些主要出口国牛奶供给量的增长，从而给价格带来了上行压力。2016 年和 2017 年世界新增供给量均低于新增需求量。

对奶和乳制品的强劲需求将缓慢增长，并将支撑世界乳制品价格。与基期相比，到 2027 年，奶和乳制品需求量预计将增加 19%。未来 10 年，黄油实际价格将低于 2017 年峰值。短期内，随着 2017 年黄油泡沫的消退，与其他乳制品相比，黄油价格将下降，尽管由于乳脂需求的结构变化，黄油将继续保持高于以往的价格水平。基准期内，脱脂奶粉起始价格较低，并且由于欧盟（美国小范围内）的库存水平很高，未来几年内，脱脂奶粉价格预计仅有小幅回升（图 7.2）。展望期内，脱脂奶粉价格是乳制品中唯一上涨的实际价格。除黄油外，所有乳制品名义价格将会上涨，但预计不会恢复到往期的高水平（奶酪是最接近往期水平的产品）。与之前的展望相比，乳制品价格的持续下降将抑制主要出口国产量的增长。

图 7.2　乳制品价格

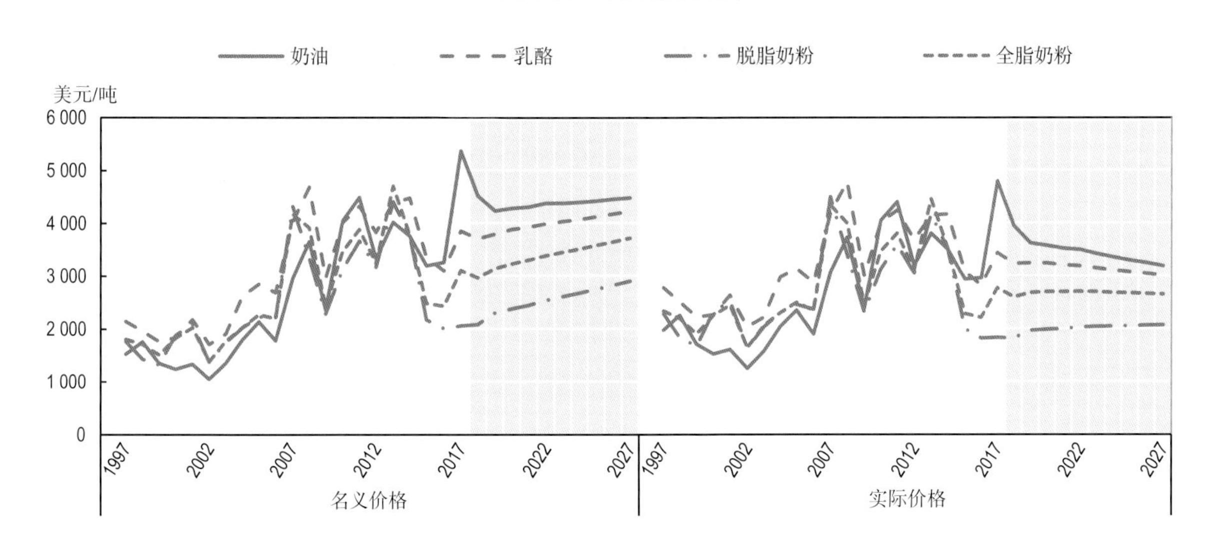

注：黄油离岸价，出口价，黄油，脂肪含量 82%；大洋洲，脱脂奶粉，离岸价，出口价，非脂肪干奶，脂肪含量 1.25%，大洋洲；全脂奶粉，离岸价格，出口价，脂肪含量 26%，大洋洲；奶酪，离岸价，出口价，车打芝士，水分含量 39%，大洋洲。实际价格是指美国国内生产总值平减指数调减后的世界名义价格（2010 年 =1）。

资料来源：经合组织 / 粮农组织（2018），《经合组织 – 粮农组织农业展望》，经合组织农业统计数据（数据库），http://dx.doi.org/10.1787/agr-outl-data-en。

生产

未来 10 年，世界牛奶产量增速预计将小幅下降，从平均每年 2.1% 下降至每年 1.8%。与基期相比，到 2027 年，牛奶产量预计将增加 22%。发达国家和发展中国家牛奶产量将分别增加 9% 和 33%。由于较低的价格抑制了产量增长，尤其是在发达国家，因此本年展望的乳制品价格低于去年。然而，2027 年发达国家牛奶产量所占份额将从 48% 下降到 43%。尽管发达国家奶牛存栏量预计每年将减少 0.2%，但中期内，单产将每年增加 1.0%。发展中国家产量增长将得益于奶牛存栏量每年增加 1.1%，且单产每年提高 1.6%。尽管预计单产将有所改善，但许多发展中国家由于基数较低，因此生产力绝对增幅仍然较小。对多数国家而言，中期奶产量增加将更多来自单产提升而不是存栏量增加（图 7.3）。

基期五大产奶国是：欧盟，占全球产量的 20%；印度占 20%；美国占 12%；巴基斯坦占 6%；中国占 5%。亚洲将占世界奶产量增幅约 70%，印度和巴基斯坦占增量的大部分。预计印度奶产量增幅最大，2027 年将超过欧盟成为最大产奶国，占全球产量的 25%，其次是巴基斯坦，产奶量平均每年增长 2.5%，2027 年占全球产量的 7%。在印度和巴基斯坦，绝大多数产量以鲜奶形式在国内消费。欧盟和美国占世界奶产量的份额预计分别从 20% 下降到 18%，从 12% 下降到 11%。但欧盟和美国仍将是加工乳制品主要出口国。

未来 10 年，欧盟乳制品预计每年将增加 0.7%，低于此前的每年 1.2%。过去 10 年，尽管乳制品生产价格下滑，但由于受到 2017 年恶劣天气影响的欧盟成员国产奶

图 7.3　2017—2027 年奶牛存栏量和单产年度变化情况

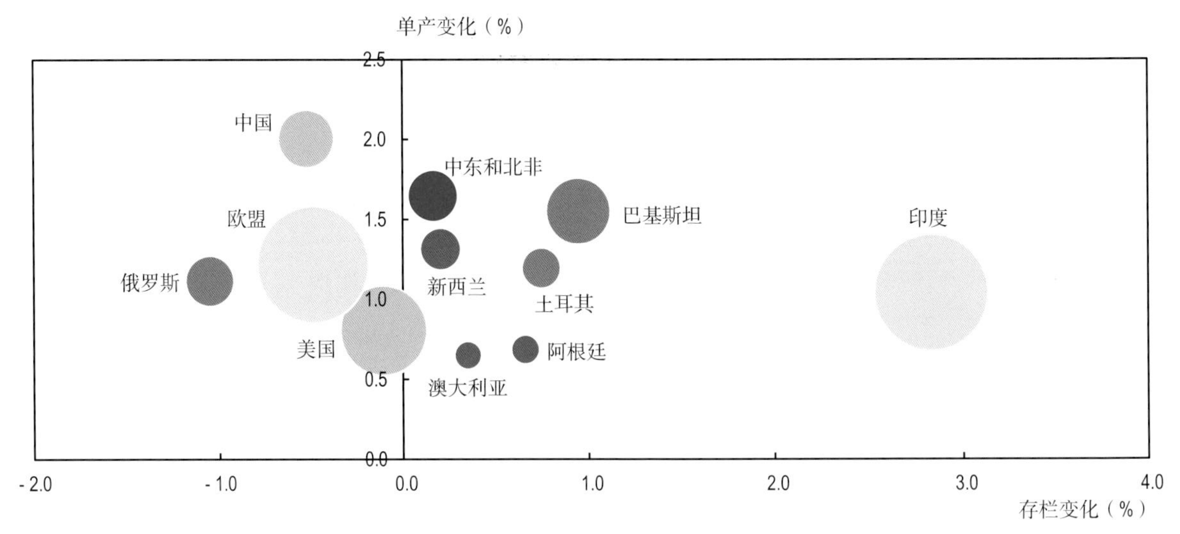

注：圆圈大小代表 2015—2017 年基期总产奶量多少。

资料来源：经合组织 / 粮农组织（2018），《经合组织－粮农组织农业展望》，经合组织农业统计数据（数据库），http://dx.doi.org/10.1787/agr-outl-data-en。

量的恢复，2018 年预计欧盟乳制品价格将回升。中期内，由于国内需求增加（奶酪、黄油、奶油和其他产品）以及全球乳制品需求的增加，欧盟乳制品产量预计将增长。欧盟乳制品产量增长主要得益于牛奶产量的增加，后者未来 10 年内预计每年增长 1.2%，但奶牛存栏量将再次呈下降趋势。尽管由于取消牛奶配额，存栏早期曾有所增长。欧盟占全球奶酪生产份额从 44% 降至 43%，黄油所占份额从 21% 降至 19%，脱脂奶粉从 34% 降至 33%，全脂奶粉从 14% 降至 13%。预测期内，相对于 2008—2017 年，脱脂奶粉、奶酪和黄油增长率下降，而全脂奶粉增长率将上升到每年 1.7%。

未来 10 年，美国产奶量每年预计将增长 0.7%，主要由于单产提升（每年 0.8%）。与过去 10 年相比，产量增速放缓：脱脂奶粉每年增长 1.5%、全脂奶粉每年 1.6%、奶酪每年 1.8%、黄油每年 1.7%。

尽管中国产量每年将增加 1.5%，但 2027 年，中国在世界产量中所占份额仍将保持相同水平（5%）。新增产量多数将是鲜奶制品。中国仍是乳制品主要进口国，未来 10 年，中国进口量预计将增加，但增速将放缓。

拉丁美洲和加勒比国家产奶量将比基期增加 18%，但其占世界产量的份额仍为 9%。主产国阿根廷遭受了过去 20 年来最严重的危机之一（2016 年厄尔尼诺引发恶劣天气、2017 年经济状况不佳），导致 2016 年牛奶产量减少 10% 以上，2017 年（增长 2%）和 2018 年（增长 2%）小幅回升。中期内，随着产业复苏，产量预计每年增加 1.3%。同样，2017 年，巴西产量从 2015—2016 年的干旱影响中恢复，展望期内，巴西产奶量预计将增长 2.2%。

在基期内，大洋洲占世界奶产量占世界份额仅为 3.8%，到 2027 年，预计将下降至 3.6%。然而，大洋洲是全球最大乳制品出口地区。新西兰奶产量增速将低于过去 10 年，增速预计将从过去 10 年的每年 3.3% 下降至展望期内的 1.5%。主要制约因素是可用土地减少以及环境限制不断增加。过去 10 年，每公顷土地生产乳固体产量保持了 2% 的增长率，而未来 10 年增速预计将下降到 1.8%。新西兰既是全脂奶粉主要生产国，也是主要出口国，2027 年，新西兰预计将占全球产量的 24%，全球出口量的 55%。未来 10 年，新增产量将主要得益于奶畜群的进一步扩大（每年 0.2%）和单产的进一步提升（每年 1.3%）。

基准期内，发展中国家占世界乳制品生产份额从 19%（奶酪）、25%（脱脂奶粉和全脂奶粉）到 38%（黄油）不等。2027 年，各类乳制品占世界生产份额均有所增加，表明生产通常伴随需求增长，但脱脂奶粉和全脂奶粉的生产和消费水平仍存在较大差距。

发达国家大部分鲜奶被加工成黄油、奶酪、脱脂奶粉和全脂奶粉。发达国家固体乳制品产量将增加 9%，其中奶酪新增产量占 37%、脱脂奶粉占 23%，黄油占 20%、全脂奶粉占 10.5%、鲜奶制品占 8.5%。发展中国家 2027 年奶产量将增加 33%，其中鲜奶制品占 85%、黄油占 7%、全脂奶粉占 4%、奶酪占 3%、脱脂奶粉占 0.6%。

消费

未来 10 年，世界新鲜奶制品和加工乳制品消费量预计每年将分别增长 2.1% 和 1.7%。大部分奶和乳制品将以鲜奶制品形式消费，占全球总奶产量的 50% 左右。未来 10 年，由于发展中国家奶产品消费量的增加，该比例将继续增加到 52%。发达国家和发展中国家的消费动态差异很大。发达国家主要消费加工乳制品，奶酪人均消费量每年增加 0.7%，黄油增加 0.7%，全脂奶粉增加 1.1%，鲜奶制品保持稳定，脱脂奶粉每年减少 0.3%（图 7.4）。

图 7.4　乳制品人均消费量年增长率

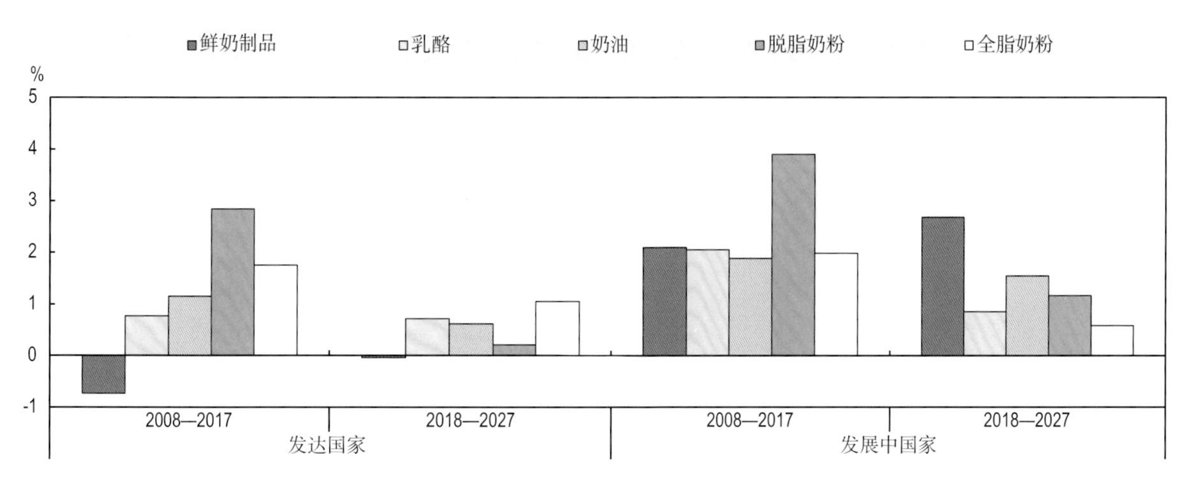

资料来源：经合组织 / 粮农组织（2018），《经合组织 – 粮农组织农业展望》，经合组织农业统计数据（数据库），http://dx.doi.org/10.1787/agr-outl-data-en。

发展中国家将消费 68% 的鲜奶制品，其中多数在亚洲消费。未来 10 年，该比例将上升至 73%。发展中国家人均奶制品消费量预计将会增加：其中全脂奶粉平均每年增加 0.5%，脱脂奶粉增加 1.1%，奶酪增加 0.8%，黄油增加 1.7%，鲜奶制品增加 1.9%。除黄油外，上述增长速率均低于过去 10 年。部分原因是初始消费水平较高。

到 2027 年，鲜奶制品的摄入量仍占发展中国家人均固体乳制品消费量的 75% 以上，不同地区的加工产品消费量不尽相同。黄油和奶酪将分别占北非乳制品消费量的 11% 和 18%，中东地区占 12% 和 13%。脱脂奶粉和全脂奶粉将分别占东南亚人均固体奶消费量的 35% 和 13%。南美洲奶酪和全脂奶粉人均消费量将分别占乳制品人均总消费量的 16% 和 18%。虽然某些地区（如印度）实现了自给自足，但世界其他地区，如非洲、亚洲国家和中东等，消费量增速高于产量增速，乳制品进口量普遍增加。

预计发达国家加工乳制品（奶酪和全脂奶粉）人均消费量也将增加，但增速低于过去 10 年。较高的黄油—植物油价格比可能会限制黄油和乳脂需求量的增长。尽管如此，由于消费者将更加偏爱黄油而不是油脂，2027 年，发达国家人均黄油消费量将额外增加 0.3 千克。近期研究显示，食用乳脂可产生积极健康影响，且消费者偏爱口感更好的轻加工食品，这将刺激乳脂在烘焙产品和食谱中的应用。展望期内，鲜奶制品人均消费量将小幅减少。多数脱脂奶粉消费量应用于制造业，特别是糖果、婴儿配方奶粉和烘焙产品。

贸易

发达国家约占世界乳制品出口量的 81%；2027 年，该比例预计将增加到 82%。未来 10 年，发达国家乳制品出口量将增加 22%，每年增长率为 1.8%。该增幅低于过去 10 年，由于发展中国家乳制品消费量增长率预计将从 3.4% 下降至 2.9%。不同乳制品出口增速各不相同：黄油每年增长 1.8%，奶酪增长 2.4%，脱脂奶粉增长 1.7%，全脂奶粉增长 1.3%。基期内四大乳制品出口国为：新西兰（32%）、欧盟（24%）、美国（12%）和澳大利亚（6%）。除大洋洲（新西兰、澳大利亚）外，其出口份额从基准年的 38% 下降至 2027 年的约 33%，美国、欧盟和阿根廷的出口份额略有增加。2027 年，4 个发达国家共计将占世界奶酪出口量的 69%，全脂奶粉的 80%，黄油的 79%，脱脂奶粉的 81%（图 7.5）。阿根廷也是全脂奶粉主要出口国之一，占 2027 年世界出口量的 8%。尽管鲜奶制品需求量远大于加工产品，但难以运输和储存限制了鲜奶制品贸易。

新西兰仍是国际市场上黄油和全脂奶粉的主要来源地；到 2027 年，市场份额分别约为 53% 和 55%。到 2027 年，新西兰全脂奶粉市场份额保持不变，黄油出口量市场份额增加到 56%。鉴于全脂奶粉主要进口国中国将大幅减少全脂奶粉进口量，预计新西兰未来 10 年产量增速将低于 1.3%，而过去 10 年为 9.3%。展望期内，新西兰将发展多样化生产，小幅增加奶酪产量。

图 7.5　各地区乳制品出口情况

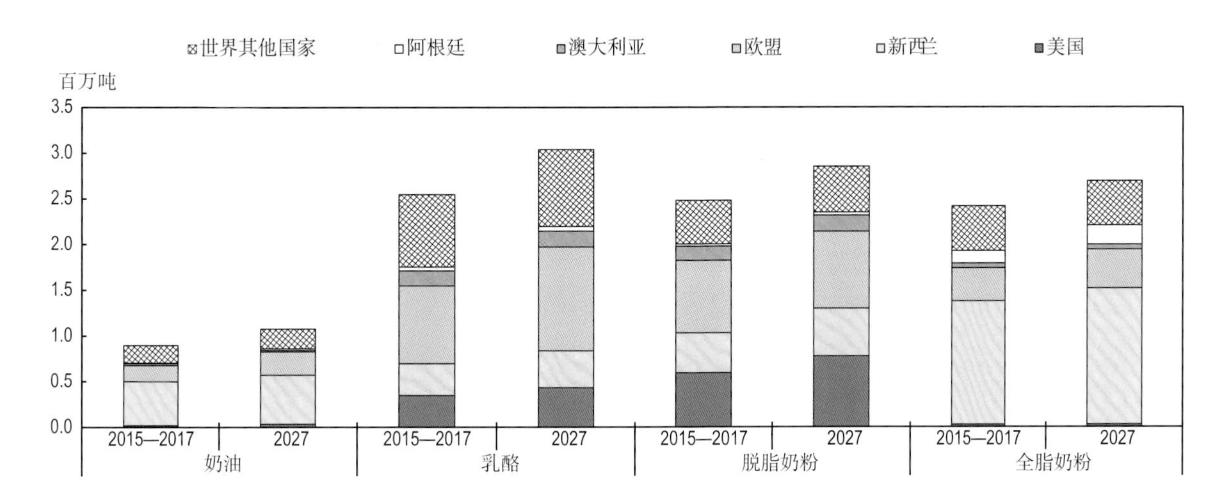

资料来源：经合组织 / 粮农组织（2018），《经合组织 – 粮农组织农业展望》，经合组织农业统计数据（数据库），http://dx.doi.org/10.1787/agr-outl-data-en。

欧盟仍将是主要奶酪出口地区，2027 年占世界出口量的 37%，其次是美国和新西兰，份额分别约为 14% 和 13%。未来 10 年，这 3 个国家出口年均增速为 2%。2027 年，欧盟占世界奶酪生产份额预计约为 43%，并通过《综合性经济贸易协议》增加对加拿大出口以及 2018 年俄罗斯联邦出口禁令来维持。到 2027 年，中国和埃及奶酪进口量将至少翻一番。世界奶酪产品中仅约 10% 参与全球贸易，2027 年，其中 60% 预计将由发达国家进口。欧盟也是鲜奶制品出口地区，经过前几年的大幅增长（2008—2017 年每年增长 18.9%），展望期内预计将保持稳定，净贸易量平均约为 130 万吨。

2027 年，世界全脂奶粉出口量占世界产量份额将从 46% 降至 42%，其他乳制品所占比例将与基期基本相同。就全脂奶粉而言，2027 年，新西兰占世界贸易份额预计将稳定在 55%。欧盟是脱脂奶粉的另一个主要出口地区，2027 年，将占世界出口量的 16%。到 2027 年，欧盟占世界脱脂奶粉出口量份额将小幅增加 1 个百分点。2027 年，发达国家 90% 和 76% 的脱脂奶粉和全脂奶粉产量供出口；发展中国家进口世界脱脂奶粉和全脂奶粉产量的 45% 左右。

与乳制品出口相比，各国的进口量较为分散；2027 年，所有乳制品（按产品重量计算）主要目的地将是发展中国家。中东和北非地区占世界进口量的 24%，东南亚占 12%，中国为 13%，发达国家为 20%。2015—2017 年，发达国家奶酪和黄油进口量分别约占世界总进口量的 42% 和 11%；2027 年，该比例将保持稳定水平。2027 年，预计俄罗斯联邦、日本、中国、美国和墨西哥将成为前五大奶酪进口国。发展中国家奶酪进口量增速（每年 2.4%），预计将高于发达国家（每年 1.0%）。黄油的主要进口国是俄罗斯联邦、埃及、中国和沙特阿拉伯，这也反映了国内消费量的增长（图 7.6）。

图 7.6　各地区乳制品进口情况

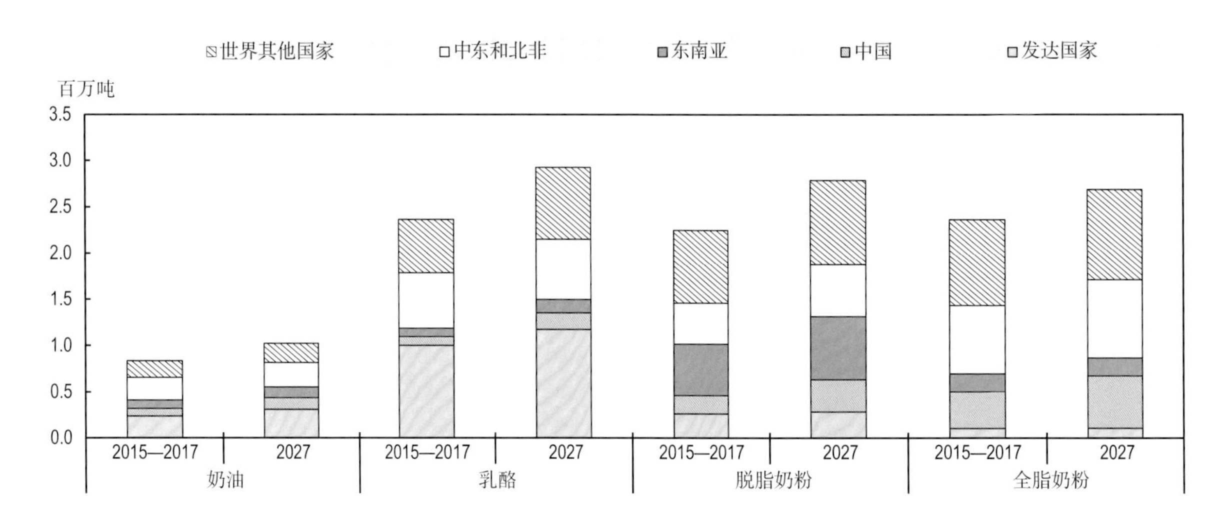

资料来源：经合组织 / 粮农组织（2018），《经合组织 – 粮农组织农业展望》，经合组织农业统计数据（数据库），http://dx.doi.org/10.1787/agr-outl-data-en。

2015—2017 年，发展中国家进口了 96% 的全球出口全脂奶粉，该比例在中期内预计将保持不变。到 2027 年，亚洲进口份额预计将从 57% 增加到 59%。中国是主要进口国，到 2027 年，进口量将占世界贸易总量的 21%。中国的奶酪和黄油进口量预计每年将分别增长 4.8% 和 2.4%，到 2027 年，黄油和奶酪占世界进口量的比例将分别为 12% 和 6%。中国多数奶制品进口来自大洋洲，尽管近年来欧盟已增加了对中国黄油和脱脂奶粉的出口量。

发展中国家占脱脂奶粉进口总量的 88%。由于贸易市场存在大量进口商，脱脂奶粉市场受中国进口下降的影响不大。中国仍是世界脱脂奶粉主要进口国，展望期内进口量每年将增长 4.9%。2027 年，中国占世界市场进口份额将从基期的 9% 增加到 13%。中国也是鲜奶制品的主要进口国：基期的净进口量约为 58 万吨，预计展望期将上升到 44%。与过去 10 年相比，其他主要进口国（埃及、墨西哥、阿尔及利亚、印度尼西亚、马来西亚、菲律宾和越南）的增长预计将放缓，原因是由于消费者偏爱鲜奶制品导致脱脂奶粉虽然基数较高但增长有限。

中东和北非仍将是主要出口目的地，到 2027 年，中东和北非将占世界黄油进口量的 35%，占世界奶酪进口量的 19%。欧盟历来是乳制品的重要贸易伙伴，最近出口量将扩大，尤其是黄油和奶酪。埃及黄油主要进口国地位得到巩固，沙特阿拉伯也是如此，尤其是奶酪进口（详见“展望”第二章）。

主要问题和不确定性

就某些用途和目的地而言，相对较高的乳脂价格可能会导致植物脂肪（例如脂肪填充的粉末）取代乳脂，当黄油价格低于目前水平时，可能无法完全逆转。这增加了脂肪和脱脂固体奶的长期相对估值的不确定性。

中国作为乳制品主要进口国是一个关键不确定因素。国内生产和消费的微小变化可能对世界市场产生重大影响，如 2011—2015 年中国全脂奶粉进口量发生了从扩大和迅速缩减的变化。

印度奶产量的高增长以及需求增长是本展望的一个主要特征，中期内，任何一方的高增长都存在不可持续性。虽然印度目前没有参与到国际乳制品市场贸易当中，但如果情况发生变化，考虑到其市场规模，可能会产生重大影响。

2015 年 4 月牛奶配额取消以来，欧盟乳制品生产更加专业化且布局发生调整。

一些国家（荷兰、德国、丹麦、法国和意大利）因担忧环境问题，可能会限制奶产量的增加。

目前正在讨论的自由贸易协定和区域贸易协定的结果也可能影响乳制品需求和出口机会。俄罗斯联邦对主要出口国几种乳制品的禁运预计将于 2018 年结束，进口量将小幅增加，但可能不会恢复到禁令前水平。

由于不可预见的天气事件，世界产量可能受到制约。气候变化增加了干旱、洪水和疫病威胁的概率，可能以多种方式影响乳制品行业（价格波动、产奶量、奶牛库存调整）。

环境立法可对乳制品生产的未来走向产生重大影响。某些国家奶类相关生产活动的温室气体排放占总排放量的比重较高。相关政策的任何变化都可能影响乳制品生产。用水和粪污管理相关政策变化也可影响乳业发展。

国内政策变化仍存在不确定性。加拿大 2021 年以后的脱脂奶粉出口预测具有不确定性，因为乳制品行业正在经历调整以达到《内罗毕一揽子协定》的要求。欧盟脱脂奶粉去库存将抑制脱脂奶粉价格上涨。

经合组织－粮农组织 2018—2027 年农业展望

第八章

鱼品和海产品

本章介绍市场形势，重点阐述 2018—2027 年 10 年间世界和各国渔产品市场最新量化中期预测。全球鱼品产量将继续增加，尽管增速较过去 10 年大幅放缓。新增产量完全来自增长持续但放缓的水产养殖，捕捞渔业产量预计将小幅下降。中国政策变化意味着水产养殖和捕捞渔业产量增幅可能大幅收窄。亚洲国家将占新增食用鱼品消费量的 71%；除非洲外，所有大陆人均鱼类消费量都将增加。鱼和渔产品贸易量将继续保持较高水平；亚洲国家仍将是食用鱼品主要出口国，经合组织国家仍将是主要进口国。

鱼品名义价格均将上涨，但实际价格仍将基本持平。

市场形势

2017 年全球捕捞和水产养殖业进一步扩大，增速超过 2016 年。

增长主要得益于南美洲秘鲁鳀（主要用于生产鱼粉和鱼油）捕捞量恢复且水产养殖产量进一步扩大，水产养殖产量继续以每年约 4% 的速度增长。与最近几年相同，水产养殖是总体产量和消费量增长的主要原因。

尽管 2017 年产量较高，但全球经济状况改善带来的额外需求提振了鱼类价格。

粮农组织鱼类价格指数显示 2017 年较 2016 年价格上涨，尤其是在 2017 年头 9 个月，接近年底时，价格小幅下挫。价格上涨和贸易量增加使 2017 年鱼品和渔产品总贸易额达到峰值。尽管价格上涨，但在发达区域和发展中区域经济环境改善包括巴西和俄罗斯联邦等主要新兴市场复苏的支撑下，消费者对鱼品的持续需求使消费量保持强劲。

预测要点

本《展望》涵盖中国捕捞和水产养殖产量相对于几年前的主要变化情况。第一个变化是中国第十三个五年规划（“十三五规划”）（2016—2020）旨在提高渔业效率和可持续性等，但这也意味着水产养殖增量可能大幅削减且捕捞渔业上岸量也将下降。鉴于中国在世界渔业中的重要地位，即使仅考虑今年基线中最可能的结果[①]也致使展望中中国总产量大幅下降，这已对世界渔业产量及价格、贸易和消费产生显著影响（图 8.1）。第二个变化是，根据新信息，中国水产养殖产值估值已较上次展望大幅上调，该变化也影响了世界水产养殖产品平均价格。

展望期内，鱼品名义价格均将上涨。世界贸易鱼品平均名义价格[②]将总计上浮 23.7%，价格轨迹持续上行，价格从基期的 2 828 美元 / 吨增加到 2027 年的 3 499 美元 / 吨。

与过去 10 年相比，水产养殖鱼类加权平均价格增速预计将会放缓（预测期每年 +1.5%，基期每年 +4.4%），由于目前水平较高，价格增速仍将高于捕捞鱼类。同期，水产养殖价格预计将总计上涨 19.5%，从 2 878 美元 / 吨增加到 3 439 美元 / 吨。野生捕捞鱼类平均名义价格增速应保持稳定，因为捕捞渔业影响全球层面上岸鱼类数量或构成的能力有限。因此，预测期内捕捞鱼类平均名义价格预计将从 1 557 美元 / 吨上涨至 1 819 美元 / 吨，增幅为 16.8%。

世界鱼品产量预计也将继续增加，每年均呈上行趋势，但 2026 年除外，因为两

---

① 出现了介于上年展望与水产养殖增长率和捕捞产量降幅最大之间的情景。

② “鱼”及“鱼品和海产品”表示鱼类、甲壳类动物、软体动物和其他水生无脊椎动物，但不包括水生哺乳动物和水生植物。所有数量以活重当量表示，鱼粉和鱼油除外。

图 8.1　中国规划对世界水产养殖和捕捞渔业产量的潜在影响

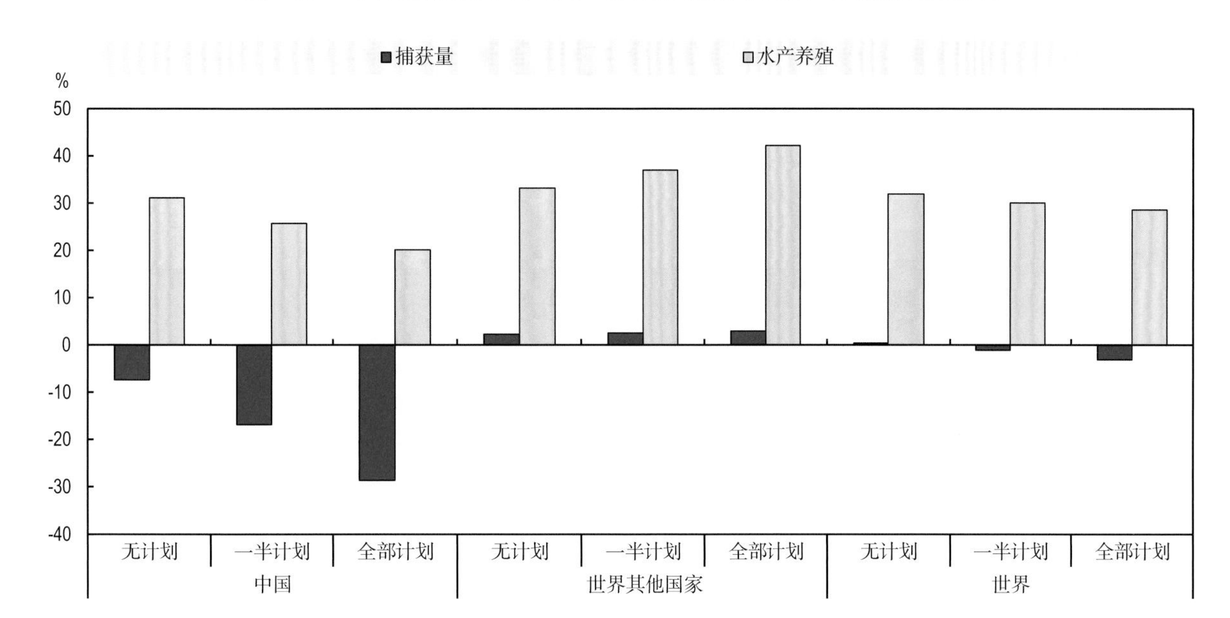

资料来源：经合组织 / 粮农组织（2018 年），《经合组织－粮农组织农业展望》，经合组织农业统计数据（数据库），http://dx.doi.org/10.1787/agr-outl-data-en。

12 http://dx.doi.org/10.1787/888933743556

个假设的厄尔尼诺事件[①]中的第二个预计会在2026年发生。总体增幅预计相对有限，总产量在基期和 2027 年间增加 13.4%，约为过去 10 年增幅的一半（27.1%）。年均增长率仅略高于每年 1%，体现了该放缓趋势。世界新增产量将完全由持续增长但增速放缓的水产养殖产量所支撑。展望期内，捕捞渔业产量预计将略有下降，致使 2027 年捕捞产量较基期减少 105 万吨（增速为每年 –0.01%），主要由于中国捕捞量下降。降幅应由其他领域产量预期增幅所部分补偿，这也得益于采取的更严格的管理措施使某些种群资源得以恢复。

到 2027 年，供人类食用消费的鱼品产量所占比重（91%）将高于基期（89%）。然而，由于鱼品产量增速放缓，全球食用鱼类消费量预计将仅以每年 1.2% 的速度增加，明显低于过去 10 年每年 3.0% 的增速。食用鱼类总量将从 2015—2017 年基线水平的 1.53 亿吨增加到 2027 年的 1.77 亿吨。

其中约 72% 将由亚洲国家消费，占食用鱼类新增消费总量的 73%。表观食用鱼品人均消费量预计将小幅增加，从基期的 20.3 千克增加到 2027 年的 21.3 千克，年增长率从 1.8% 下降到 0.3%。

除非洲（–4%，由于人口增速高于供给量增速）外，所有大陆的人均鱼类消费量将会增加，拉丁美洲和亚洲增速最快。

供人类消费和制成非食用产品的鱼品和渔产品将继续保持较高的贸易量；2027 年，约 38%（不计欧盟内部贸易则为 31%）的鱼类总产量将用于出口。到 2027 年，

① 假设 2021 年将出现小规模厄尔尼诺现象，但其影响不足以使 2021 年产量相对于 2020 年下降。

供人类消费的世界鱼类贸易量预计将增加 18%（或 700 万吨活重当量）。但出口年增速将从过去 10 年的每年 1.9% 下降到未来 10 年的每年 1.6%，部分是由于价格上涨和生产放缓。亚洲国家将继续成为供人类消费的鱼类的主要出口国，其在世界出口中所占份额将从基期的 49% 小幅增加至 2027 年的 50%。

除中国渔业和水产养殖部门潜在调整可能产生的影响外，存在一系列不确定性和挑战，这些都会影响世界渔业和水产养殖部门的发展和走向。生产方面的不确定性和挑战包括：鱼类种群和生态系统的自然生产率、环境退化和栖息地破坏、过度捕捞、非法不报告和不管制捕鱼、气候变化、天气规律、自然资源利用方面的跨境问题、治理不善、外来物种入侵、疫病和逃逸、场地和水资源以及技术和资金的获取和供应问题。此外，贸易政策、贸易协定和市场准入仍然是影响鱼类市场总体动向的重要因素。在市场准入方面，包括食品安全、可追溯性、证明产品不是非法和禁止捕捞作业所得等相关问题。

价格

鱼类价格继续保持在较高水平。预测期内，名义价格预计将呈上涨态势；2018—2027 年，水产养殖、捕捞和贸易鱼品价格均将以每年平均不足 2% 的速度上涨。水产养殖和捕捞物种平均名义价格预计将会下跌；水产养殖鱼类价格每年增加 0.7%，捕捞鱼类价格每年涨幅略高于 1%。贸易鱼品实际价格可望在短期内上涨并在 2022 年后开始下降，使预测期内年均增速以每年 0.6% 的速度下降（图 8.2）。

图 8.2　**世界鱼品价格**

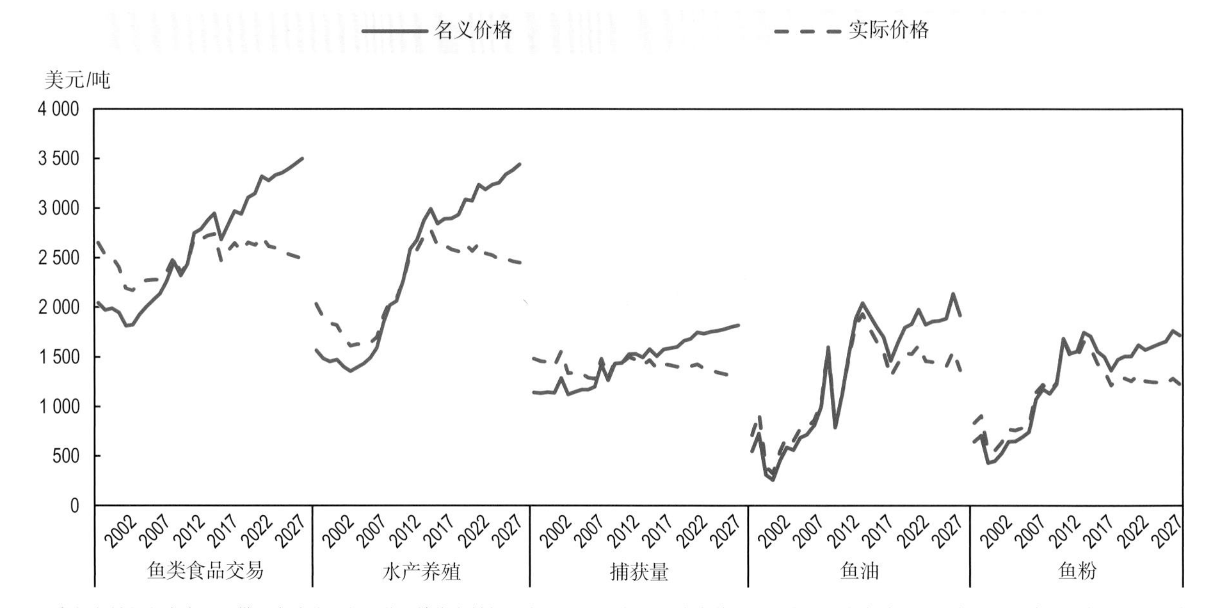

注：参与贸易的鱼类食品：供人类消费的鱼品世界单位贸易额（出口和进口总和）。水产养殖：粮农组织水产养殖鱼品产量世界单位价值（以活重计）。捕捞：捕捞渔业产量世界渔船外价值，粮农组织估计值，不包括减除值。鱼粉：蛋白质含量 64%~65%，德国汉堡。鱼油：任何来源，欧洲西北部地区。
资料来源：经合组织 / 粮农组织（2018 年），《经合组织 – 粮农组织农业展望》，经合组织农业统计数据（数据库），http://dx.doi.org/10.1787/agr-outl-data-en。

12 http://dx.doi.org/10.1787/888933743575

世界鱼品价格由需求和供给侧要素共同决定；需求侧要素包括世界人口数量、收入水平，以及肉类等替代品的价格。

需求侧价格受生产水平影响，生产水平受投入品价格（水产养殖中的能源或饲料价格）和自然资源基础的物理制约影响。自然资源基础的物理制约与捕捞渔业尤为相关，捕捞渔业受野生鱼类种群能够维持的生产水平制约。某些水产养殖物种的增长还取决于其可在多大程度上减少对野外捕捞鱼类（转化成鱼粉）的依赖。

当前预测中影响价格的主要因素是中国产量增速将大幅放缓并导致全球价格面临上涨压力的预期。换言之，如不考虑中国改革，则贸易鱼类实际世界价格将遵循与世界禽类价格预测相同的上行趋势。然而，在本《展望》中，下行趋势将仅从2022 年开始。展望期内，中国鱼品名义零售价格预计将仅以每年 2% 的速度上涨，该速度仅略高于世界平均水平（每年 1.65%）。

世界贸易价格的预期增长继续受水产养殖价格推动；展望期内，水产养殖名义价格预计以略高于 1.5% 的年均增长率增长。

与基期相比，这相当于到 2027 年绝对值增长 19.5%。在本《展望》中，水产养殖价格及由此产生的增长数据受到世界水产养殖产量增长预期放缓的严重影响，主要原因是中国产量的假定变化以及中国水产养殖产值数据的上调。第一次上调导致世界价格面临上行压力，第二次上调大幅抬高了预测中水产养殖起始基础价格。与过去相同，水产养殖业影响其销售鱼品组合的能力，也是其平均价格高于捕捞部门的一个因素（前者 3 439 美元 / 吨；后者 1 819 美元 / 吨）。同期，捕捞渔业名义价格预计也将上涨，但涨势较为平缓，年均增速为 1.2%。展望期内，除假定的厄尔尼诺[①] 年份外，所有名义价格预计都将下跌。

人类饮食中 omega-3 脂肪酸的普及以及水产养殖部门所需饲料的具体特征假定将永久地提高鱼类与油籽油价格比，且预计中短期内也不会因新的饲养技术而改变。

随着水产养殖需求缓慢但持续增长以及相当稳定的供给，预计鱼粉价格相对于油籽粕价格会小幅上涨。目前预计鱼油价格不会进一步上涨，因为自 2012 年结构性变化起，鱼油与油籽的价格比已经处于高位。由于需求侧较强的替代可能性，鱼粉和鱼油世界价格预计将长期随油籽产品价格而动。鱼粉和鱼油的世界价格自 2013 年达到峰值以来一直在下降，展望期内，名义价格预计将开始回升，鱼粉名义价格每年上涨 1.8%，鱼油名义价格每年上涨 1.6%。实际价格将继续下跌，但鱼粉实际价格仅将每年下跌略低于 0.5%，鱼油实际价格每年下跌 0.7%。

① 模型设定为 2021 年和 2026 年。

生产

世界鱼类总产量将继续增长，展望期内年均增幅略高于1%，到2027年达到1.95亿吨，较基期新增2290万吨（图8.3）。尽管如此，增速和新增鱼类产量仍显著低于过去10年（2008—2017年）；过去10年增速为每年2.4%，新增鱼类产量为3 740万吨以上（2005—2007年基期与2017年产量之差）。鱼类总产量的增长也完全受水产养殖产量推动；展望期内，水产养殖产量预计将增加30.1%（2 400万吨）并于2020年超过总捕捞量。

图8.3　水产养殖和捕捞渔业

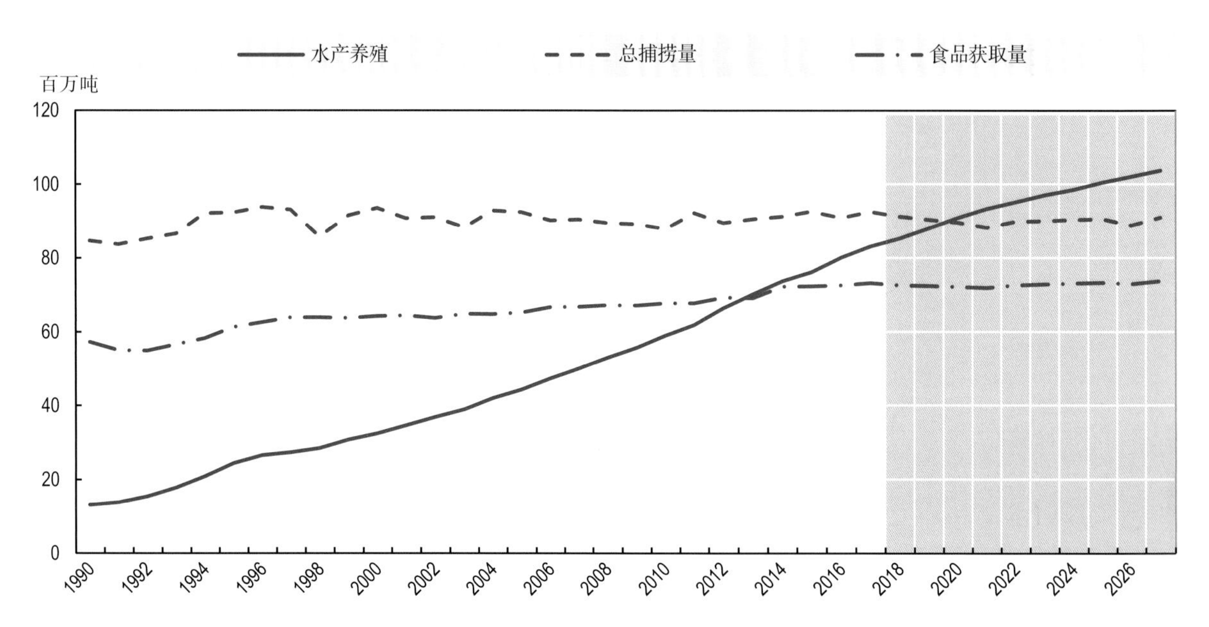

资料来源：经合组织/粮农组织（2018年），《经合组织－粮农组织农业展望》，经合组织农业统计数据（数据库），http://dx.doi.org/10.1787/agr-outl-data-en。

12 http://dx.doi.org/10.1787/888933743594

中国占当前基期世界鱼类产量的38.8%（在2015—2017年，占世界水产养殖产量的61.5%，占捕捞量的19.0%）。

鉴于中国在世界范围内的重要性，应指出的是，本《展望》中影响鱼类部门的一个关键因素是与中国"十三五规划"实施相关的一系列假设；这些假设预计将降低中国捕捞生产水平和水产养殖产量增长率。例如，本《展望》预测，到2027年，中国鱼类总产量预计将比不实施鱼类规划（现状情景）的潜在产量低430万吨（插文8.1）。在全球层面，假设的中国产量下降导致到2027年世界鱼类产量下降290万吨，因为中国减产由世界其他地区增产所部分抵消。尽管中国产量预期发生变化，世界鱼类产品仍将主要源自亚洲，亚洲占世界总产量的份额将从基期的70.8%增加到2027年的71.8%。

图 8.4　各地区产量在世界总产量中所占比例

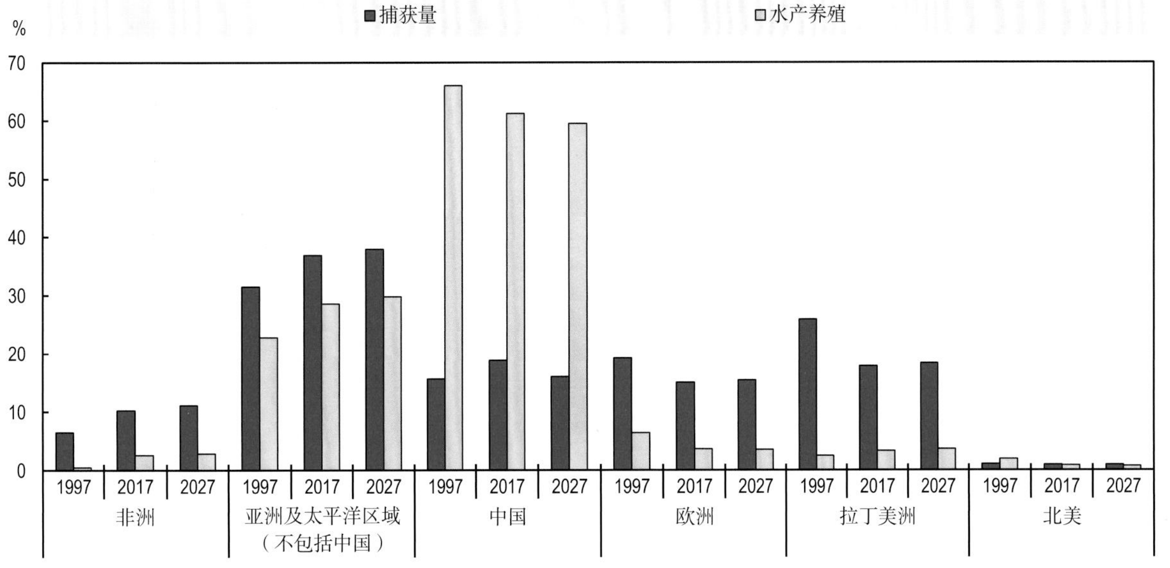

资料来源：经合组织 / 粮农组织（2018 年），《经合组织 – 粮农组织农业展望》，经合组织农业统计数据（数据库），http://dx.doi.org/10.1787/agr-outl-data-en。

12 http://dx.doi.org/10.1787/888933743613

插文 8.1　中国十三五规划（2016—2020 年）期间渔业和水产养殖预计将会降速提效

中国通过五年规划指导社会经济发展，确定战略目标以及经济社会发展的主要目标、任务和措施。

第十三个五年规划（“十三五规划”）（2016—2020 年）制定了渔业和水产养殖部门“转型升级”政策。目标包括继续从过去强调增加产量转向更加可持续和以市场为导向的产业，重点关注提高产品质量和优化产业结构。

规划涵盖加工业，计划减少浪费并建立产业集群。

中国是世界领先的渔业和水产养殖生产国和出口国。

1980—2016 年，捕捞和水产养殖部门产量增长迅速，水产养殖产量每年平均增长约 10%，捕捞渔业产量每年平均增长近 5%。产量增长主要得益于以生产为导向的政府政策，政策旨在扩大水产养殖和捕捞渔业产量并推动鱼类生产和贸易自由化。

新的五年规划力求解决渔业和水产养殖部门当前挑战，包括养殖空间有限、分散的小规模养殖、渔业资源退化和捕捞产能过剩。水产养殖发展目标包括：

• 以需求为导向的生产，即生产适应市场需求的物种。

•“健康水产养殖”生产，即标准化、可持续和更好地与环境融为一体的生产。

• 采取生态友好型技术创新，推动可持续生产集约化。

• 渔业相关主要目标包括：

• 在中国专属经济区内保护海洋生态系统并恢复资源。

• 以总可捕捞量形式通过许可和产量控制，限制产能和上岸量。

• 减少非法、不报告和不管制捕鱼并控制渔具和渔船。

• 推动渔船现代化，提高效率，到 2019 年将燃油补贴降低到 2014 年水平的 40%。

• 发展远洋船队。

• 通过增殖放流、人工鱼礁和季节性禁渔，恢复国内鱼类种群。

上述目标旨在通过加强活动协调并实施政策，确保恢复国内捕捞和水产养殖部门赖以维系的生态系统，提高国内产业效率和可持续性。但上述目标如完全实现，将导致中国国内捕捞渔业上岸量大幅下降且水产养殖产量增速放缓。

由于实施上述目标的切实措施尚不明确，基线预测采取保守方法，仅考虑最可能的变化。

根据上述假设，中国捕捞渔业产量预计将在展望期内下降，而水产养殖产量及占鱼类总产量的比例（从基期的 75% 增加到 2027 年的 81%）都将增加，但增速将会放缓。

表 8.1　中国和世界产量情景

	基数	无 现状情景	部分 基线	充分 综合情景	无 现状情景	部分 基线	充分 综合情景
中国	2015—2017年	2027 年	2027 年	2027 年	（2018—2027 年） 每年 %	（2018—2027 年） 每年 %	（2018—2027 年） 每年 %
水产养殖 [1]	49.0	64.3	61.7	58.9	2.3	1.9	1.4
捕捞 [1]	17.5	16.2	14.6	12.5	-0.1	-0.8	-2.1
总产量 [1]	66.6	80.6	76.3	71.4	1.7	1.3	0.7
食用消费 [1]	59.5	70.7	69.1	67.5	1.4	1.2	1.0
出口 [1]	7.6	10.4	8.7	6.9	3.5	1.9	-0.4
进口 [1]	4.0	3.3	4.1	5.1	-2.5	-0.9	1.4
人均（千克）[2]	42.4	49.0	48.0	46.8	1.2	1.0	0.8
世界							
水产养殖 [1]	79.7	105.2	103.7	102.6	2.2	2.1	2.0
捕捞 [1]	92.0	92.4	91.0	89.2	0.1	0.0	-0.2
总产量 [1]	171.7	197.6	194.7	191.7	1.2	1.1	1.0
食用消费 [1]	153.2	185.9	183.6	180.7	1.3	1.2	1.1
出口 / 进口	38.9	46.1	45.9	45.9	1.7	1.6	1.7
人均 [2]	20.5	21.6	21.3	21.0	0.3	0.2	0.1
价格：							2.2
水产养殖 [3]	2878	3165	3439	3716	0.9	1.5	1.6
贸易产品 [3]	2828	3203	3499	3815	1.1	1.7	1.8
鱼粉 [3]	1475	1726	1720	1724	1.9	1.8	2.1
鱼油 [3]	1655	1879	1919	2018	1.4	1.6	

注：1 为百万吨；2 为千克；3 为美元 / 吨

资料来源：根据经合组织 / 粮农组织（2018 年）自行计算。

为了衡量对中国和全球捕捞及水产养殖部门可能产生的深远影响，确定了两个特别实施情景：规划前现状（无）和模拟五年规划目标全面实施的情景（充分）。第三章鱼品和海产品章节阐述了两个情景和基线结果，列入表 2.1 以供比较。综合情景表明，与基线结果和现状相比，中国捕捞和水产养殖产量总体下降（2027 年分别下降 500 万吨和 900 万吨），较 2015—2017 年平均水平仅增加了 450 万吨。但新政策还指出应减少浪费，再加上中国贸易平衡因出口减少和进口增加而下降，这将部分限制中国人均鱼类消费量。在综合情景下，2027 年人均消费量预计将达到 46.8 千克，而不是现状可能的 49 千克或基线的 48.0 千克。供应量总体下降将使综合情景中中国鱼品价格上涨 32%，而基线情景中价格将上涨 16%。

在世界范围内，中国减产和净出口下降将影响价格。从现状到基线，水产养殖鱼类价格预计将上涨 9%，然后在综合情景下仅继续上涨 8%；从现状到基线，捕捞鱼类价格预计将分别上涨 6%，然后在综合情景下继续上涨 6%。对世界产量的影响将部分由其他亚洲国家因价格较高而刺激水产养殖产量增加所部分缓解，但鉴于某些领域自然资本和管理相关实际制约，该响应将不足以阻止世界人均鱼类消费量从现状情景下的 21.6 千克下降到基线的 21.3 千克并继续下降到综合情景下的 21.0 千克。

全球层面水产养殖增长预计将继续面临以下相关挑战：环境法规、放养密度相关疾病以及可用最佳生产地点减少。当前展望期内，世界水产养殖产量预计将以每年略高于 2.1% 的速度增长，该增长率显著低于过去 10 年每年 5.1% 的增长率，但与过去 50 年水产养殖增速放缓的趋势相一致。尽管展望期内（2 400 万吨）新增水产养殖鱼类产量绝对值低于过去 10 年（3 590 万吨），但增速百分比也因基数绝对值的持续增长而趋于缓和。

世界捕捞渔业产量将在展望期内相对平稳，从基期的 9 200 万吨下降到 2027 年的 9 100 万吨，总计仅下降 1%。由于中国在展望初期捕捞产量迅速减少，目前预测到 2020 年世界水产养殖产量将超过野生捕捞渔业总产量（食品和非食品用途），较上一版展望预测的提前一年。

由于世界鱼类供应增长放缓和需求持续增加对价格产生影响，预计全球层面将面临鱼类增产压力。增产将主要通过水产养殖实现，除中国以外的其他地区尤其是亚洲，水产养殖产量预计将会增加。由于假设捕捞渔业中未使用的配额极少，资源基础对当前进一步增产的潜力形成制约。过去 10 年，中国占世界水产养殖新增产量的 59%，但在当前展望内，该比例预计将会下降。模型（对比现状与十三五规划目标充分实施后的情况）模拟显示，其他国家可能有能力替代中国水产养殖产量降幅的 50%，但仅能替代中国捕捞产量降幅的 14%（插文 8.1）。中国的调整也将推动世界水产养殖生产中物种构成的变化。鲑鱼、鳟鱼、虾、鲶鱼（包括巨鲶）和罗非鱼比例将会增加，而鲤鱼、海鱼和软体动物比例将会下降。但所有物种产量均呈上升趋势，即使增速不同（图 8.5）。鉴于各物种产量增速不同，内陆水产养殖产量所占比例预计将在展望期内增加，但增速将较过去 10 年放缓。该比例从 2007 年的 60% 上升到 2017 年的 64%，预计到 2027 年将达到 66% 左右。

图 8.5 各物种世界水产养殖产量增长情况，2027 年相对于 2015—2017 年

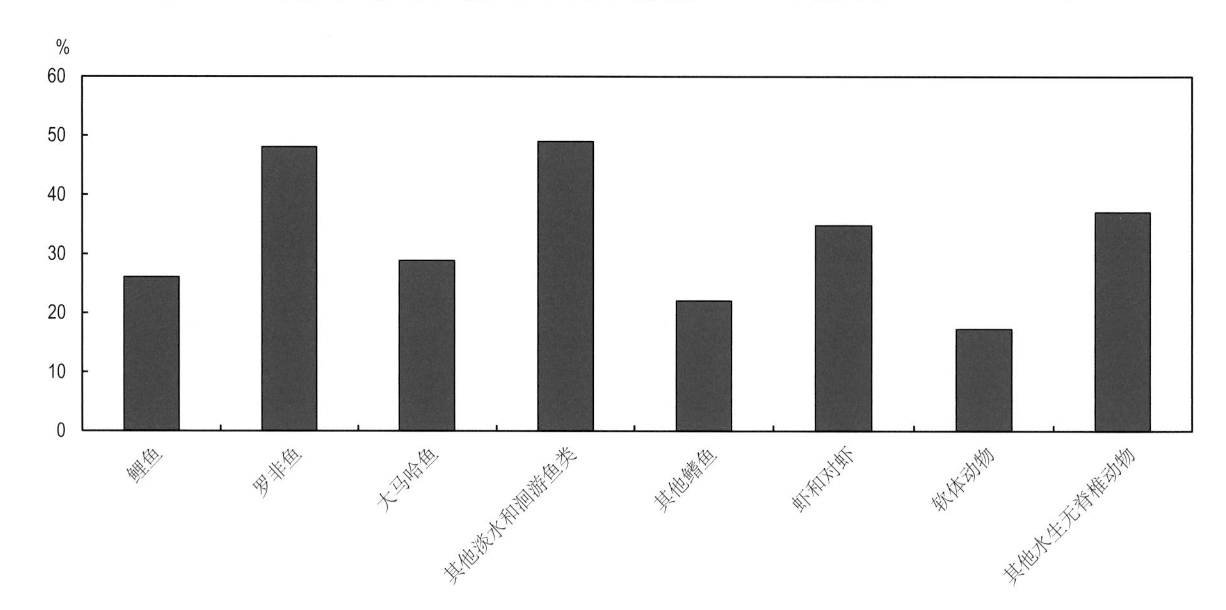

资料来源：经合组织 / 粮农组织（2018 年），《经合组织 – 粮农组织农业展望》，经合组织农业统计数据（数据库），http://dx.doi.org/10.1787/agr-outl-data-en。

12 http://dx.doi.org/10.1787/888933743632

继世界捕捞产量下降后，未来 10 年，用于生产鱼粉和鱼油的野生鱼类比例预计将继续下降。但用于生产鱼粉和鱼油的鱼渣用量也将继续增加（随着鱼片市场需求量增加，鱼渣产量将继续增加），到 2027 年，世界鱼粉和鱼油产量绝对值将分别逐渐增加到 520 万吨和略低于 100 万吨（厄尔尼诺年份除外）。这意味着鱼粉的增长率为每年略低于 0.9%，鱼油的增长率为每年略低于 0.6%。来自鱼渣的鱼粉产量份额将从基期的 29% 增加到 2027 年的 33%。模型未涵盖上述变化对鱼粉构成和品质的影响（通常矿物质含量将会增加而蛋白质含量将会减少）。

相对有限的鱼粉增产能力和水产养殖业的持续增长带来的显著影响，使新的尽管规模相对较小的油籽粕市场应运而生，以弥补短缺。鱼类和植物油的价差以及鱼粉和油籽粉之间日益扩大的价差表明，压碎鱼类对于能够获取这一基础资源的人而言可能仍然是一项有利可图的活动。

消费

到 2027 年，世界鱼品[①] 消费量预计将达到 1.77 亿吨，较基期总体增加 2 400 万吨。鱼品消费量中水产养殖产品比例将越来越大，2027 年，预计将占鱼品总消费

---

① 食用 / 供人类消费的鱼品是指鱼品产量（不包括制作鱼粉和鱼油等非食用用途）减去出口，加上进口，加上 / 减去库存数据。本节鱼品消费数据是指表观消费量，即平均可供消费的食品数量，由于多种原因（如家庭浪费），该数量不等于可食用食品摄入量 / 可食用食品消费量。

量的 58%。食用鱼品消费量增长的驱动力包括：收入增加、人口增长、城镇化以及鱼类日益被作为健康和富有营养的食品。食品加工、包装和分销的发展也将刺激需求。

但增速将较前几十年放缓。增速放缓主要由于产量增长减速（导致鱼品价格上涨）以及人口增速放缓。2027 年，人均表观鱼类消费量预计将达到 21.3 千克，2015—2017 年平均值为 20.5 千克。

未来 10 年，需求增长预计将主要来自发展中国家，这些国家将占消费增长的 94%，并将在 2027 年消耗可用于人类消费鱼类的 81%。尽管需求量增加，但发展中国家年度人均表观鱼类消费量仍将低于发达国家（2017 年，发展中国家为 21.0 千克，发达国家 22.9 千克）。由于老龄化和已经很高的人均消费量，发达国家人均鱼品摄入量预计将仅小幅增长（从 22.7 千克增加到 22.9 千克）。

到 2027 年，各大洲鱼品食用总消费量都将较基期增加，增幅最明显的是非洲（+26%）、大洋洲（+23%）、美洲（+16%，拉丁美洲 +24%）和亚洲（+16%）。尽管多数消费者鱼类摄入量总体增加，但在国家之间、国家和区域之间，人均消费的数量和种类以及随后对营养摄入的贡献方面仍存在显著差异。占有量和收入并不是刺激鱼品消费的唯一因素。显而易见，包括饮食传统、口味、季节性和价格在内的社会经济和文化因素也会对鱼品消费水平和种类产生重大影响。由于捕捞和水产养殖高度全球化，消费者也将面临全球趋势的影响，并将有更多产品和物种可供选择。

从人均来看，除非洲（图 8.6）外，各大洲鱼品消费量都将增加；非洲人均鱼品消费量预计将从 2015—2017 年的 9.9 千克下降到 2027 年的 9.6 千克，撒哈拉以南非洲降幅更大。该下降趋势始于 2014 年，主要由于人口增速超过供给增速。2015—2017 年至 2027 年，非洲人口预计将以每年 2.4% 的速度增加，而食用鱼类供应量将仅以每年 2.1% 的速度增加。为满足日益增加的需求量，非洲食用消费（总体增加 26%，每年增加 2.5%）预计将进一步依赖鱼类进口，进口占非洲鱼类总消费量的 36%，占撒哈拉以南非洲鱼类总消费量的 43%。非洲人均鱼类消费量下降以及随之产生的鱼类蛋白和微量营养素摄入量减少，可能影响粮食安全及其实现联合国可持续发展目标 2（消除饥饿、实现粮食安全、改善营养和促进可持续农业）营养不良具体目标（2.1 和 2.2）的能力。这事关重大，因为在全球层面，非洲食物不足发生率最高且撒哈拉以南非洲部分地区最近粮食安全形势恶化[①]。尽管非洲目前人均鱼类消费量低于世界平均水平，但其鱼类占动物蛋白总摄入量的比例较高。鱼品约占非洲动物蛋白总摄入量的 19%；部分非洲国家，尤其是西非国家，该比例可能高于 50%。

① 粮农组织、农发基金、儿基会、粮食署和世卫组织。2017 年。《2017 年世界粮食安全和营养状况》。为缔造和平和保障粮食安全增强抵御能力。罗马，粮农组织。

图 8.6 人均鱼品消费量

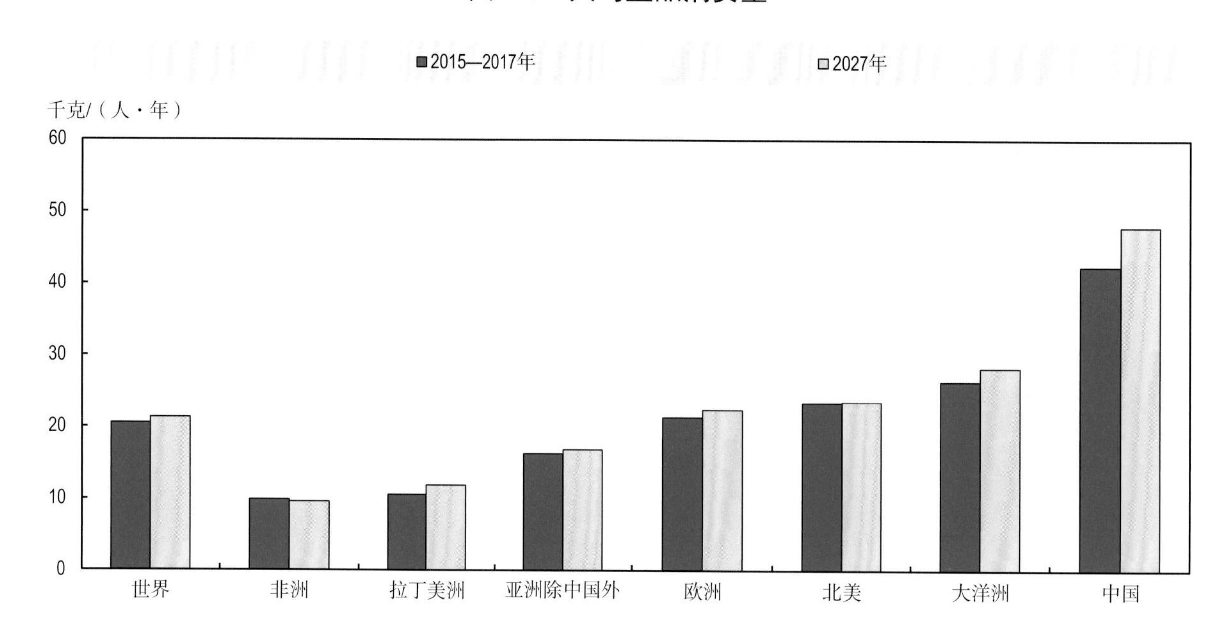

资料来源：经合组织/粮农组织（2018年），《经合组织－粮农组织农业展望》，经合组织农业统计数据（数据库），http://dx.doi.org/10.1787/agr-outl-data-en。

12 http://dx.doi.org/10.1787/888933743651

非食用用品则加工成为鱼粉和鱼油，并用于其他非食品用途，如观赏鱼、养殖、仔鱼和鱼苗、诱饵、药物投入品，以及直接用作水产养殖鱼类、牲畜和其他动物的饲料。

鱼粉和鱼油消费预计将继续呈现以下特点：传统上水产养殖和畜牧业对鱼粉的竞争，以及水产养殖和膳食补充剂对直接供人类消费的鱼油的竞争将继续存在；但总体将受到较为稳定的产量的限制。在高价和重大创新的推动下，水产养殖饲料中使用的鱼粉和鱼油数量仍将十分有限，鱼粉和鱼油将越来越多地作为战略原料，用以在鱼类生产特定阶段促进鱼类生长。水产养殖中鱼粉使用量减少将继续为油籽粕开辟新市场；2027年，油籽粕使用量预计将达到940万吨。中国将成为用作饲料的鱼粉消费量最大的国家，占2027年总量的39%以上。预计鱼油仍将主要用于水产养殖，但由于富含omega-3脂肪酸也可经加工供人类直接消费，omega-3脂肪酸因具有一系列生物功能而对人体有益。

贸易

鱼品和渔产品是全球交易量最大的食品商品之一。贸易在捕捞和水产养殖中发挥重要作用，能够促进就业、供应食品、创造收入、推动经济增长与发展、保障粮食安全。对许多国家及沿海、沿河、海岛和内陆地区而言，鱼类出口对经济不可或缺。渔业经营环境日趋国际化，鱼类可能在一个国家养殖生产，在第二个国家加工，在第三个国家消费。2027年，预计约有1/3产品将以不同产品形式和物种出口。持续需求、贸易自由化政策、粮食系统全球化、物流改进和技术创新，将进一步扩大国际鱼品贸易量，即使与过去10年相比增速放缓。供人类消费的世界鱼类出口量预计将达到近4 600万吨活重，较2015—2017年平均水平多700万吨。然而，由于价格上涨、运输成本高、鱼类产量增长放缓以及中国等主要国家国内需求量持续增加，出口年度增速预计将会放缓。

作为主要生产国，发展中国家有望继续成为世界市场主要供应国，但在供人类消费鱼类贸易总量中所占份额将略有下降（从基期的66%下降到2027年的64%）。

中国、越南和挪威将继续成为世界最大鱼品出口国。需要指出的是，中国十三五规划可能会对产量和贸易量均造成相关影响。图8.7显示上述潜在影响并考虑到规划实施的不同阶段：没有规划、规划实施一半（如鱼类展望所述）以及规划充分实施；规划充分实施可显著改变中国贸易平衡并在世界层面产生进一步影响。

图8.7　**中国：规划实施情景下食用鱼品净贸易量**

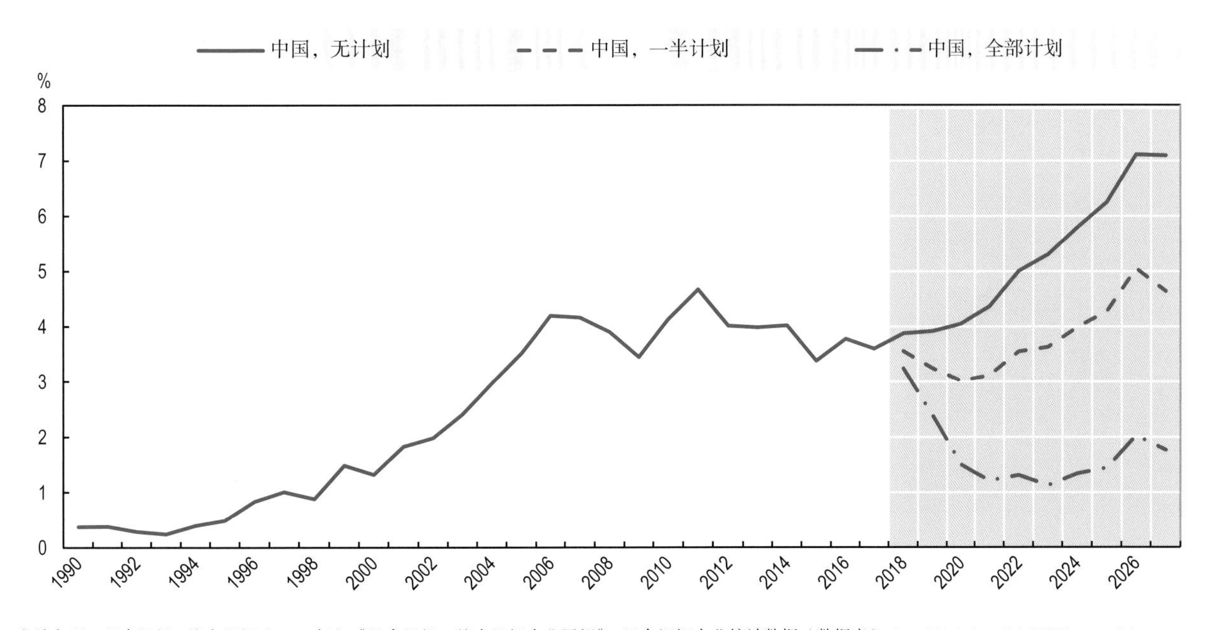

资料来源：经合组织/粮农组织（2018年），《经合组织－粮农组织农业展望》，经合组织农业统计数据（数据库），http://dx.doi.org/10.1787/agr-outl-data-en。

12 http://dx.doi.org/10.1787/888933743670

国际贸易也在扩大鱼品消费方面起了重要作用，为消费者提供了更加丰富的选择。由于需求稳定，北美洲、欧洲和非洲消费的鱼品很大一部分主要是进口鱼品，并且比例还在增加，对于非国内生产品种来说也是如此，因为国内渔业产量处于停滞或不断减少。欧盟、美国和日本仍将是主要进口方。经合组织国家将巩固其作为食用鱼品主要进口国地位；到2027年，将占世界进口量的54%。总体而言，到2027年，发达国家将保持其占供人类消费鱼类总进口量53%的份额。发展中国家预计将增加食用鱼品进口量，包括进口原材料（然后用于加工及再出口）和进口用于满足国内激增消费量的鱼品，尤其是当地不生产的鱼类品种。

到 2027 年，鱼粉贸易量预计将较基期增加 8%[1]。秘鲁和智利预计仍为鱼粉主要出口国，而亚洲国家，尤其是中国，由于水产养殖生产规模大，预计仍将是鱼粉主要进口国。欧洲国家将继续成为鱼油主要进口国（主要用于鲑鱼生产，但也用于制药），占世界鱼油进口量的 52%。

主要问题和不确定性

本章汇报和讨论的预测代表未来 10 年鱼和渔产品预测情景。相关预测取决于对一系列经济、政策和环境条件的假设；因此相关条件不可预见的变化可能产生不同结果，从而使预测在一定程度上具有不确定性。本节列出并讨论预测期内可能出现的一些不确定性和潜在问题。

建模过程（2021 年和 2026 年）充分考虑了厄尔尼诺事件的影响，但其发生频率及对全球鱼类产量的最终影响是根据此前行为作出的假设[2]。气候变化、天气变化以及极端天气事件频率和程度变化的影响，预计将干扰当前捕捞渔业和水产养殖生产，在某些情况下，造成现有可持续性关切。对捕捞渔业而言，鱼类巡游模式变化已经开始造成国际管辖权问题，并在鱼类种群巡游到其他管理区域时带来渔业管理挑战。如此去年的《展望》所述，气候变化预计将对鱼类生产和整个价值链造成不同类型和规模的影响。粮农组织最近的一项研究[3]综合分析了气候对渔业和水产养殖造成的主要影响。这项研究概述了各部门和各区域在所受影响、脆弱性和生产水平方面的潜在变化，并为渔业和水产养殖适应气候变化提供了方法和工具。许多其他研究和分析正在进行中，但供预测相关影响如何、何地及何时发生作用的准确机制过于复杂，无法直接纳入本《展望》，但厄尔尼诺现象除外，本《展望》预测假设正常天气条件将从 2018 年起继续。

众所周知，除气候变化外，还有一系列其他政策和环境相关因素影响捕捞和水产养殖部门的发展和变化。以往版本《展望》已对许多相关问题（如种群状况、污染、部门特定问题）进行一定篇幅的探讨，这些问题仍然存在。

包括水产养殖和捕捞渔业在内的全球鱼品产量受管理政策和执行情况的重大影响。根据现有政策，预计全球层面捕捞产量仍将在未来 10 年保持相对稳定，尽管水产养殖含量将继续增长，但增速较过去 10 年放缓。各国政府日益意识到需要改进渔业管理框架并注意到现有改良解决方案。由于世界某些地区采取了更完善和更有效的资源管理做法，一些鱼类种群和渔业显示出复苏迹象，未来 10 年，该状况预计将会继续。这将有助于通过增加一些渔业和地区的捕捞量维持并可能增加总捕捞量。

---

① 该比例受到 2016 年较小的贸易规模影响，因为 2016 年将发生强烈的厄尔尼诺现象。

② 本《展望》中假设的厄尔尼诺事件规模是根据以往观察到的事件确定；以往观察使用用以衡量南太平洋水温波动的历史海洋尼诺指数值。

③ Barange, M. 等（2018 年），“气候变化对渔业和水产养殖的影响：“当前知识、适应和减缓方案汇总”“粮农组织渔业技术论文 627”（出版中）。

尽管这受一些不确定性影响，但也是潜在积极走向。遗憾的是，最终鼓励不可持续的捕捞水平和方法的政策（如旨在支持收入或增加产量的政策），可能破坏可持续渔业的目标。由于信息薄弱、资源不足、政策不连贯、既得利益和缺乏信任，改革在实践中也难以实行[①]。为此，各国必须在联合国可持续发展目标框架下制定相关的具体目标，以恢复渔业可持续性并取消有害的支持政策。鱼类生产的另一个值得关注的不确定性是中国当前五年规划的最终影响（插文 8.1）。尽管该变化已部分纳入基线，但在当前阶段难以确定其最终将对捕捞渔业和水产养殖生产造成多大程度的影响。

渔业补贴和非法、不报告和不管制捕鱼，特别是在联合国可持续发展目标背景下，是国际层面持续讨论的主题。尽管 2017 年 12 月世界贸易组织第十一届部长级会议无法就非法、不报告和不管制捕鱼以及过度捕捞种群的补贴禁令文本达成一致，但不久的将来仍有可能取得一定进展。第十一届部长级会议代表团同意继续建设性地参与渔业补贴谈判，目标是在 2019 年通过一项协议。

如果该领域能够取得切实进展，则有可能影响某些区域捕捞产量，使产量在中短期内降低。关于是否或何时达成协议以及协议在多大程度上对生产造成影响仍存在较大不确定性。

从贸易角度来看，全球和区域贸易协定依然存在不确定性。预测期内贸易相关不确定性的具体案例是欧盟根据其非法不报告和不管制捕鱼法规于 2017 年 10 月给予越南黄牌警告，因其认为越南打击非法不报告和不管制捕鱼相关行动不力。黄牌本身不会构成任何形式的贸易限制措施，但如不采取足够行动取消黄牌身份，则随后将面临红牌惩罚风险，红牌惩罚将意味着越南渔船捕捞的产品将被全面禁止进入欧盟。这将意味着某些贸易关系和贸易流将在短期内发生改变。

---

① 2018 年 5 月 2 日，经合组织召开题为“推进改革，打造可持续渔业”的会议；来自企业、学术界和民间社会的政策制定者和专家出席会议并探讨了加快渔业政策改革的切实方法。

第九章

生物燃料

本章介绍 2018—2027 年 10 年间世界和各国生物燃料市场的最新量化中期预测中包含的市场形势和要点。鉴于目前的政策走向和柴油、汽油的需求趋势，全球乙醇产量预计将从 2017 年的 120 亿升增加至 2027 年的 131 亿升，而全球生物柴油产量预计将从 2017 年的 36 亿升增加至 2027 年的 39 亿升。由于缺乏研发投资，基于残留物的先进生物燃料产量预计在预测期内不会出现经济腾飞。预计生物燃料贸易仍将受到限制。预计未来 10 年全球生物柴油和乙醇实际价格将下降 14% 和 8%；然而，乙醇和生物柴油市场的演变将继续受到政策和运输燃料需求的影响，这意味着这些预测存在相当大的不确定性。

市场形势

2017 年原油名义价格上涨了 25%，但在全年平均价格疲软，每桶为 54.7 美元。生物燃料和生物燃料原料价格的变化形成鲜明对比。玉米和乙醇价格分别下跌 5% 和 2.3%，而植物油和生物柴油价格分别上涨 1.8% 和 8%。生物燃料与生物燃料原料价格比率略有上升，但仍低于过去 10 年的平均值。

2017 年颁布的政策决定有利于全球生物燃料的发展，如一些国家颁布或宣布了增加使用量和实施差别税收制度或补贴的决定。由于能源价格持续低迷，生物能源强制性混合以及对运输燃料的重要需求维持了对生物燃料的需求。生物燃料与传统燃料的不利价格比导致对非强制使用生物燃料的需求有限。

预测要点

基期内，国际原油名义价格预计将上涨 40%。这将减少汽油和柴油燃料需求量，特别是在发达国家。与生物燃料原料价格类似，生物燃料价格趋于略微上涨但比增长速度不及能源价格。受植物油市场的影响，预计生物柴油名义价格的增长速度将低于乙醇价格。未来 10 年，全球生物柴油和乙醇实际价格将分别下降 18% 和 4%。乙醇和生物柴油市场在基期内的演变预计将继续受到政策的推动。生物燃料政策受到不确定性的影响。本《展望》中，生物燃料政策是基于关于未来 10 年继续实施现行政策的一系列假设，但由于缺乏实现这些目标的必要政策工具，一些总体政策目标将无法实现。

对于美国而言，除纤维素燃料法定用量外，预计所有法定用量仍维持在 2018 年公布的水平。预计纤维素燃料法定用量在预测期内增加 1 倍以上，到 2027 年，预计将达到 2007 年《能源独立和安全法案》规定水平的 4.5%。到 2027 年乙醇混合阈值[①]预计将增加到 11.3%。因此，本《展望》预计中等水平乙醇混配发展有限。此外，在展望期的头几年，生物柴油使用量可能仍然高于生物柴油法定用量，以满足部分先进生物燃料法定用量要求[②]（图 9.1）。

预计欧盟将按照 2009 年《可再生能源和燃料质量法令》以及 2015《间接土地使用变更》指令以及国家立法使用生物燃料。到 2020 年，生物燃料占总运输能源的比例（考虑到废物和残留物为原料的生物燃料的重复计算）预计将达到 5.9%；到 2027 年将减少到 5.8%。《可再生能源指令》目标的其余 10% 部分将通过其他可再生能源满足。本《展望》未考虑到欧洲议会于 2018 年 1 月 17 日提出在 2030 年之前将可再生能源提高到 12% 的提案。该提案还对使用基于下述食品和饲料为原料的生物燃料生产进行了其他限制。

① 混合墙指的是阻碍汽油中乙醇用量增加的技术限制因素。

② 法定用量要求燃料至少减少 50%的温室气体排放。

图 9.1　汽油燃料中混配乙醇和柴油燃料中混配生物柴油情况的演变

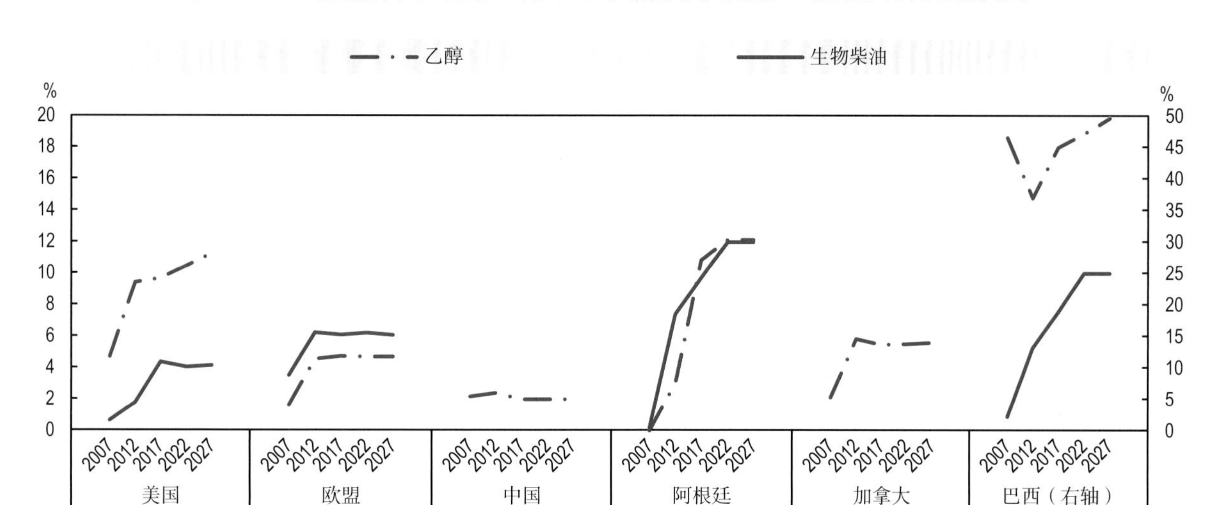

注：比例按数量计算。

资料来源：经合组织 / 粮农组织（2018），《经合组织 – 粮农组织农业展望》，经合组织农业统计数据（数据库），http://dx.doi.org/10.1787/agr-outl-data-en。

12 http://dx.doi.org/10.1787/888933743689

巴西的税收制度预计仍将利好含水乙醇而不是乙醇汽油[①]，汽油中乙醇强制混配比例为 27%。展望期内，巴西乙醇需求量预计将增加 54 亿升，到 2020 年该国生物柴油的使用量将达到 10%，导致未来 10 年生物柴油产量增加 40% 以上。RenovaBio 项目于 2018 年 1 月签署，并将在 2019 年实施。该计划的目标是到 2030 年燃料基质中的燃料乙醇比例提高到 55%，而本《展望》预计的比例为 50%。到 2020 年，阿根廷有望实现生物柴油 10% 和乙醇 12% 的法定混配比例。阿根廷生物柴油生产的主要重点可能是国内，预计在预测期间的最初几年，一些生物柴油贸易将主要针对欧盟，因为贸易壁垒将限制美国的进口需求。

2017 年 9 月，中国政府宣布了一项全国性的乙醇新规，到 2020 年，将 E10 燃料的强制使用范围从 11 个试点省份扩大到全国。由于执行机制尚未宣布，因此在本《展望》中未将其考虑进去。插文 9.1 介绍了此举的潜在影响。预计到 2027 年，泰国国内乙醇产量将增加 12 亿升，成为生物燃料市场的重要参与者。泰国政府计划增加生物燃料使用量，进而实施利好汽油中更高比例混配乙醇的差别税收和补贴制度。

印度政府有望继续支持以糖蜜为原料生产乙醇。然而，据推测，观察到的汽油中乙醇混配比例仍低于 5% 的法定比例，并将在预测期内下降。印度尼西亚政府设定了 20% 的生物柴油法定混配比例：然而，为了开发生物柴油，可能需要向依赖植物油出口的生物柴油生产商提供补贴，因此本《展望》预计该强制要求无法实现。

鉴于这些政策假设以及国际能源署对全球未来柴油和汽油需求的假设，全球乙醇产量将从 2017 年的 1 200 亿升增加至 2027 年的 1 310 亿升，而全球生物柴油产量

① 汽油醇是汽油和无水乙醇的混合物。

将从 2017 年的 360 亿升增加到 2027 年的 390 亿升，全球乙醇产量的 55% 预计以玉米为原料，26% 以糖料作物为原料。2027 年，全球生物柴油产量约 20% 应以废弃植物油为原料。由于研发投入不足，使用残留物生产的高级生物燃料预计不会在短期内取得成功。

与生物燃料有关的贸易争端对最近生物燃料贸易的发展产生了重大影响。继世贸组织 2018 年对阿根廷和印度尼西亚作出裁决之后，两国可能再次向欧盟出口低关税的生物柴油。但是，最近美国针对这些国家的生物柴油设立了反倾销税，这可能再次受到世贸组织的质疑。因此，本《展望》预测生物燃料贸易仍将受到限制。潜在的乙醇出口国是美国和巴西：在美国，混合阈值将限制国内需求的进一步增长。然而，预计巴西乙醇出口量不会增加，因为展望期内美国乙醇可能会保持较低价格。预计阿根廷可能是生物柴油进出口的主要参与国，但进口需求有限。

主要假设

自 2000 年以来，全球生物燃料市场的发展一直受鼓励生物燃料生产和使用的政策所驱动。多种因素促成了最初政策的制定，其中包括认为生物燃料的使用将提升能源安全水平，并减少温室气体排放。政府通过规定法定混配数量、向相应石油燃料给予免税待遇和作出投资支持等形式，对生物燃料产业予以支持。生物燃料市场还受到可持续性标准、燃料质量标准、乙醇和生物柴油进口关税的影响。本《展望》中提出的预测是基于一系列有关中期全球生物燃料政策变化的假设。

美国 2007 年《能源独立和安全法案》确立了《可再生燃料标准》计划[①]。根据该计划,《能源独立和安全法案》确定了到 2022 年需要达到的 4 项量化年度法定目标：总法定目标和先进生物燃料法定目标分别要求燃料至少温室气体排放量降低 20% 和 50%，生物柴油和纤维素燃料法定目标包含在先进生物燃料法定目标中。环境保护署每年确定 4 类生物燃料分别需要达到的最低数量。

2018 年 11 月，美国环境保护署发布了 2018 年最终规定和 2019 年的生物柴油数量要求。与 2017 年的最终规定类似，作为《能源独立和安全法案》为所有生物燃料建议的最初水平的重要组成部分，先进生物燃料和纤维素乙醇法定目标被取消，因为纤维素乙醇的生产能力尚未形成。通常被称为隐含粗粒要求常数的常规缺口维持在 568 亿升，最近公布的最终标准保持在较高水平[②]；这意味着，鉴于汽油和柴油需求停滞或减少的前景，需要在短期和中期以某种方式发展更高比例的乙醇混合燃料。目前，即使美国规定 2001 年或以后生产的常规汽油汽车乙醇的最大混配比例为 15%，但由于掺混阈值的限制，E10 仍然是美国最常见的乙醇汽油[③]。

本《展望》预测尽管运输燃料使用量减少，但各类法定用量目标应保持在近期

① www.epa.gov/OTAQ/fuels/renewablefuels/.

② 传统差距是可再生燃料标准（RFS2）定义的总要求和高级要求之间的差异。

③ E10 是指将 10%体积的乙醇混入汽油中的汽油醇（即汽油和乙醇的混合物）。

公布的水平（体积）不变。但纤维素燃料法定水平除外，预计在预测期内增加 1 倍以上，在 2027 年仅达到 EISA 规定水平的 4.5%。预计纤维素的任务主要是由可再生压缩天然气和可再生液化天然气来完成。到 2027 年，乙醇掺混阈值预计将超过 10%，达到 11.3%。

图 9.2 显示了美国法定水平的预计变化情况和掺混阈值乙醇用量，即根据汽油使用量和掺混阈值预期演变美国能够消费的乙醇量。2018 年，常规缺口应略高于乙醇量掺混阈值。因此，预计展望期头几年生物柴油使用量将维持在接近 95 亿升的水平，高于生物柴油法定目标水平，以满足部分先进生物燃料法定目标水平，同时甘蔗基乙醇的进口量仍将十分有限。在预测期的后几年，先进生物燃料法定目标水平的缺口预计会缩小。展望期内，预计不会再启用生物柴油混配税收减免，而阿根廷和印度尼西亚对生物柴油征收反倾销税，将限制美国生物柴油的进口需求。

图 9.2　关于美国生物燃料法令的预测

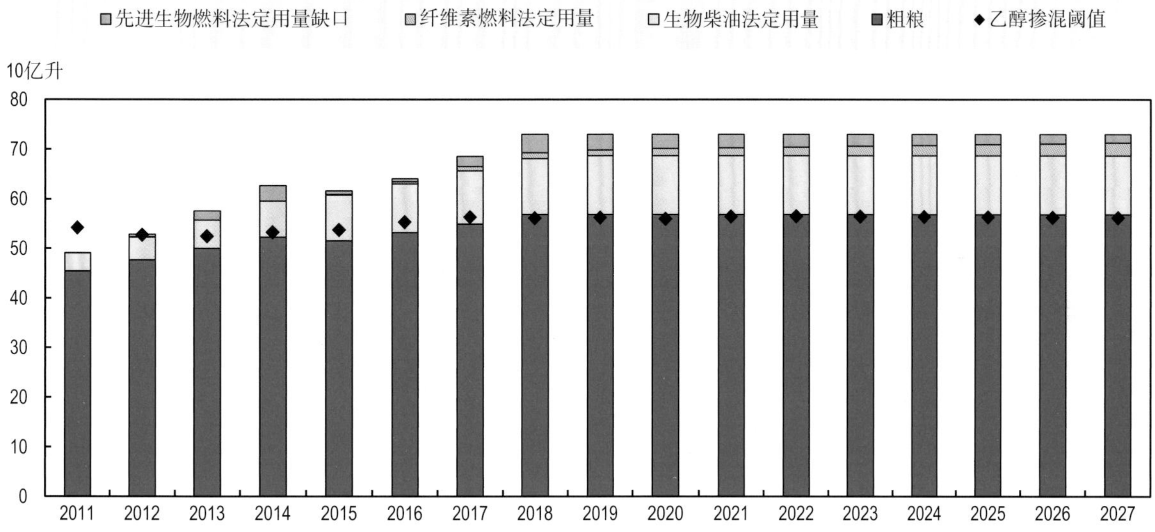

注：先进生物燃料缺口是指先进生物燃料法定目标用量与生物柴油和纤维素燃料法定用量之和的差额，可通过能够实现 50% 的温室气体减排的生物燃料填补，如纤维素生物燃料、甘蔗基乙醇或生物柴油。

资料来源：经合组织 / 粮农组织（2018），《经合组织 – 粮农组织农业展望》，经合组织农业统计数据（数据库），http://dx.doi.org/10.1787/agr-outl-data-en。

12 http://dx.doi.org/10.1787/888933743708

“2030 年欧盟气候与能源政策框架”[①] 的目标是到 2030 年与 20 世纪 90 年代相比将温室气体排放量削减 40%，到 2030 年可再生能源占比达到 27%，但并未提出 2020 年后交通运输部门的具体目标。目前，生物燃料相关政策框架是由 2009 年《可再生能源指令》(以下简称《指令》)[②]（以下简称《指令》）确定，该《指令》

① http://ec.europa.eu/clima/policies/2030/index_en.htm.

② http://eur-lex.europa.eu/LexUriServ/LexUriServ.do?uri=OJ:L:2009:140:0016:0062:EN:PDF.

规定，到 2020 年，可再生燃料（包括非液体燃料）应增加到运输燃料总使用量的 10%，且根据《燃料质量指令》，到 2020 年，燃料生产商应降低运输燃料的温室气体强度。2015 年 9 月，新的《间接土地使用变更指令》① 对上述两项加以修订，规定交通运输部门中使用的以食品和饲料作物为原料的可再生能源占比不得超过 7%。

本《展望》预计欧盟和成员国将继续现行政策。考虑到《指令》规定每消耗一个单位的先进生物燃料（包括用过的食用油和牛油为原料的生物燃料）将计作两个单位。预计到 2020 年生物燃料在能源比重中将达到 5.9%，到 2027 年将减少到 5.8%。《指令》10% 目标的其余部分应该来自其他可再生能源。预测期内，欧盟以食品和饲料作物为原料的可再生能源在运输部门能源中所占比重仍应低于 7% 的限额（平均为 4%）。

欧盟生物燃料政策的演变可能会在近期发生变化。欧洲议会于 2018 年 1 月 17 日提议到 2030 年将可再生能源在运输燃料中的比例提高到 12%。该提案指出，以食品和饲料作物为原料的生物燃料的消费量不能超过 2017 年的水平②，并为成员国一级的食品和饲料生物燃料设定 7% 的上限。2021 年后，棕榈油生物柴油将被禁止，包括废弃生物燃料在内的先进生物燃料的份额将达到 1.5%，到 2030 年应达到 10%。本《展望》并没有考虑到这一点。

在加拿大，联邦《可再生燃料法》规定汽油中要有 5% 的可再生成分，柴油中要有 2% 的可再生成分。《加拿大清洁燃料标准》在 2019 年某个时候可能会取代这一规定，该标准的监管框架于 2017 年 12 月提出。除了适用于除运输部门外，《清洁燃料标准》还将适用于为产生能源而燃烧的液体、气体和固体燃料。它将使用生命周期方法来设置碳强度要求。目标是到 2030 年实现温室气体排放量每年减少 3 000 万吨，这有助于加拿大努力实现到 2030 年将温室气体排放量比 2005 年减少 30% 的总体减排目标。

在巴西，弹性燃料汽车可燃烧乙醇汽油或 E100（含水乙醇）。预测期内，假定乙醇汽油中无水乙醇强制掺混比例仍为 27%，巴西主要州实施的差异化税收制度仍利好含水乙醇而不是乙醇汽油。预计近期公布的 10% 的生物柴油法定比例将到 2020 年达到。RenovaBio 计划是巴西在 2015 年《巴黎气候协议》下承诺的一项后续行动，目标是以 2005 年为基准，到 2025 年将温室气体排放量减少 37%，到 2030 年减少 43%。2018 年 1 月正式签署了一项尚未确定的实施计划。该计划规定了无水乙醇的最低混配比例，到 2022 年应达到 30%，到 2030 年应达到 40%。据 RenovaBio 计划估计，到 2030 年，燃料中乙醇所占的比例将达到 55%，而在这一基准水平上，乙醇所占的比例为 50%。后一个目标不在本《展望》内。

预计阿根廷将在 2020 年达到 10% 的生物柴油和 12% 的乙醇法定比例。免税政策有望继续推动阿根廷生物柴油行业的发展。然而，美国对阿根廷生物柴油设定的贸易

① 欧盟（EU）2015/1513 号指令。

② 除了运输燃料中食品和饲料可再生能源份额低于 2% 的国家。

壁垒可能意味着对阿根廷生物柴油的出口需求有限。2017 年，哥伦比亚乙醇混合比例约为 7.5%。虽然预计乙醇总需求量将增加，但预计到 2020 年汽油中乙醇的比例将达到 8% 并在此后保持稳定。这种结果部分是由于饲料的供应有限，特别是甘蔗。

生物燃料市场的另一个主要不确定性来自中国。2017 年 9 月，中国政府宣布到 2020 年将 E10 燃料的强制使用范围从 11 个试点省份扩大到全国。执行机制尚未宣布，因此在本《展望》中未将其考虑进去。插文 9.1 描述了这一举动的潜在影响。本《展望》预计中国乙醇的使用量将增加 10 亿升。中国的乙醇预计将在国内用玉米和木薯为原料生产，从而有助于降低国内库存。

插文 9.1　中国生物燃料政策公告

过去 10 年中生物燃料市场的发展与政策环境密切相关。本《展望》强调，发展中国家可能在未来几年在生物燃料市场中发挥更重要的作用。有以下几个原因：运输燃料需求量在这些国家可能会持续增长，而在发达国家则停滞或减少。生物燃料主要混合在运输燃料中，即使是稳定的生物燃料要求也会转化为更高的生物燃料需求。生物燃料市场的贸易不确定性正在上升。发展中国家（巴西、阿根廷、印度尼西亚）的主要生物燃料生产商不仅开发了生物燃料工业，而且还开发了发达国家（美国和欧盟）的主要市场。欧盟和美国利用贸易关税来防止进口生物燃料。发展中国家的回应是鼓励国内使用生物燃料，特别是通过增加法定目标要求。

重要的是，2017 年 9 月，中国政府宣布到 2020 年将 E10 燃料的强制使用范围从 11 个试点省份扩大到全国。该公告背后的原因尚未明确说明，但可能与谷物库存积压和环境问题相关。执行机制尚未宣布，如果全面实施，这些政策可能对生物燃料和农业市场产生重要影响，从而加强发展中国家在中期预测中的潜在重要性。

表 9.1　在中国实施 E10 的潜在影响不同假设的比较

		基线	H1: 中国新增乙醇使用量的 100% 由中国生产[1]	变化幅度（%）	H2: 中国新增乙醇使用量的 90% 从美国进口[1]	变化幅度（%）	H3: 中国新增乙醇使用量的 90% 从巴西进口[1]	变化幅度（%）
2027 年乙醇市场（10 亿升）								
中国	乙醇生产	11.1	29.1	163	12	8	12	8
	乙醇燃料的使用	4.4	22.4	414	22.4	414	22.4	414
	乙醇净贸易	0.1	0.1	0	-17	-15 585	-17	-15 585
	乙醇在苯丙胺类燃料中的比例	2%	10%	400	10%	400	10%	400
美国	乙醇生产[2]	60.3			77.5	28		
	乙醇净贸易	2.7			19.9	626		
巴西	乙醇生产[1]	32.8					48.2	47
	乙醇净贸易	1					16.4	1576
2027 年农业市场（百万吨）								
中国	玉米生产	241.5	256.3	6	241.5	0	241.5	0
	玉米库存[3]	71.3	57.1	-20	69.9	-2	69.9	-2

（续表）

		基线	H1: 中国新增乙醇使用量的100% 由中国生产[1]	变化幅度（%）	H2: 中国新增乙醇使用量的 90% 从美国进口[1]	变化幅度（%）	H3: 中国新增乙醇使用量的 90% 从巴西进口[1]	变化幅度（%）
	玉米生物燃料的使用	17.9	46.9	163	19.3	8	19.3	8
美国	玉米生产	390.2			431.6	11		
	玉米生物燃料的使用	145.3			186.7	29		
巴西	甘蔗生产	789.5					961.9	22
	甘蔗生物燃料的使用	365.4					537.8	47

注：此表中的数据并非设想情景，而是基于基线的简单计算。

1. 新增乙醇使用量：由于实行 E10 政策，中国新增乙醇使用量。

2. 在不同的假设中，各种原料在乙醇生产中的占比保持不变。

3. 假设中国的玉米库存已全部用于生产乙醇。 在 H1，50% 的新增乙醇使用量来自玉米库存。 在 H2 和 H3 中，10% 的新增乙醇使用量来自玉米库存。

资料来源：经合组织 – 粮农组织秘书处。

表 9.1 概述了根据本《展望》基线计算的潜在影响的大小。在中国，已经探索了不同的假设：额外增加的乙醇可能主要由国内谷物为原料来生产（玉米仍然是主要原料，木薯是第二主要原料）（H1）或可能主要从美国（H2）或巴西进口（H3）。

未来 10 年，中国实施 E10 将相当于与基准相比 2027 年新增 180 亿升乙醇使用量。就规模而言，届时中国的乙醇使用量将与巴西 2027 年的基准水平相当。中国的乙醇使用量将翻两番，2027 年中国的乙醇使用量将比基准值高出 165%。

在 H1，中国生产的乙醇将完全满足新增乙醇使用量[1]。因为需要额外使用 2 900 万吨玉米来满足 E10 的要求，对中国玉米市场的影响可能很大。在计算中，H1 相当于玉米库存比基准减少 20%，与 2027 年基线相比，中国玉米产量增加 6%。

本《展望》中，到 2027 年，中国玉米库存量将达到 7 100 万吨。如果 E10 完全实施，中国需要投入更多的玉米用于乙醇生产（在汽油需求上升的情况下，需求量约为每年 3 000 万吨）意味着玉米库存将很快耗尽。如果没有玉米库存，中国的乙醇需要满足新增乙醇使用量标准，那么中国玉米产量需要比 2027 年的基准水平高出 12%。

在 H2 中，90% 的 AEU 是从美国进口的。这一假设相当于 2027 年中国玉米库存减少了 2%，而美国 2027 年玉米用量增加了 4 100 万吨用于乙醇生产。如果完全在美国种植，美国国内玉米产量需要比 2027 年的基准水平高 11%。在 H3，90% 的 AEU 是从巴西进口的。这一假设相当于 2027 年中国玉米库存减少 2%，巴西 2030 年甘蔗用量增加 1.68 亿吨用于乙醇生产。如果完全在巴西种植，国内甘蔗产量需要比 2027 年的基准水平高出 22%。

总之，表中提出的所有 3 个假设都是假设性的。然而，它们很好地说明了 E10 在中国国家层面实施的潜在影响。新增乙醇使用量很可能通过国内生产和进口的乙醇混合组成。然而，显而易见的是，中国玉米的去库存可以在几年内满足新增乙醇使用量的一部分要求，但肯定不会持续很长时间。

注：1 计算中假设中国目前使用的乙醇生产原料（玉米、木薯、小麦和其他粗粮）将继续以相同的比例使用。

资料来源：基于经合组织 / 粮农组织的自己计算（2018 年）。

生物柴油的生产也高度依赖棕榈油生产国出台的政策，特别是印度尼西亚。2016 年，印度尼西亚产量下降，随后政府坚定承诺达到 10% 的生物柴油法定比例；当前比例约为 7%。本《展望》预计生物柴油需求将迅速扩张，到 2027 年，生物柴油占柴油燃料的比例将达到 8%，远低于新宣布的 2030 年达到 20% 的目标。这一趋势完全依赖于政府收集适用于棕榈油出口的适当出口税和征税的能力。

预计印度政府不会执行 10% 的乙醇法定要求。目前乙醇在汽油中的比例约为 3%，由于乙醇产能的扩展应该跟上预计强势增长的汽油需求量，这一比例应在预测期内下降至 2.4%。泰国政府规定到 2036 年乙醇和生物柴油使用量应分别达到 41 亿升和 51 亿升。然而，由于油价低和饲料供应限制，乙醇和生物柴油的目标使用量仅可以减少到 26 亿升。本《展望》假定到 2027 年乙醇和生物柴油的使用量将分别达到 31 亿升和 18 亿升。乙醇的产量走势有望受到两个因素的驱动，一是补贴，二是不同层面的税收，两者可降低高比例乙醇混合物的价格。

在世界其他地区，规模相对较小的生物燃料市场的发展取决于一系列有效政策支持和价格趋势，导致各国的发展前景不一。

价格

基期内，国际原油名义价格预计将上涨 40%。这将降低发达国家对汽油和柴油燃料的需求量，从而降低对生物燃料的法定需求量。鉴于交通工具和国内政策的预期趋势，主要发展中国家对生物燃料的需求仍将持续。与生物燃料原料价格类似，生物燃料价格应略微上涨但速度低于能源价格。

图 9.3　**生物燃料价格的变化与生物燃料原料价格的变化有关**

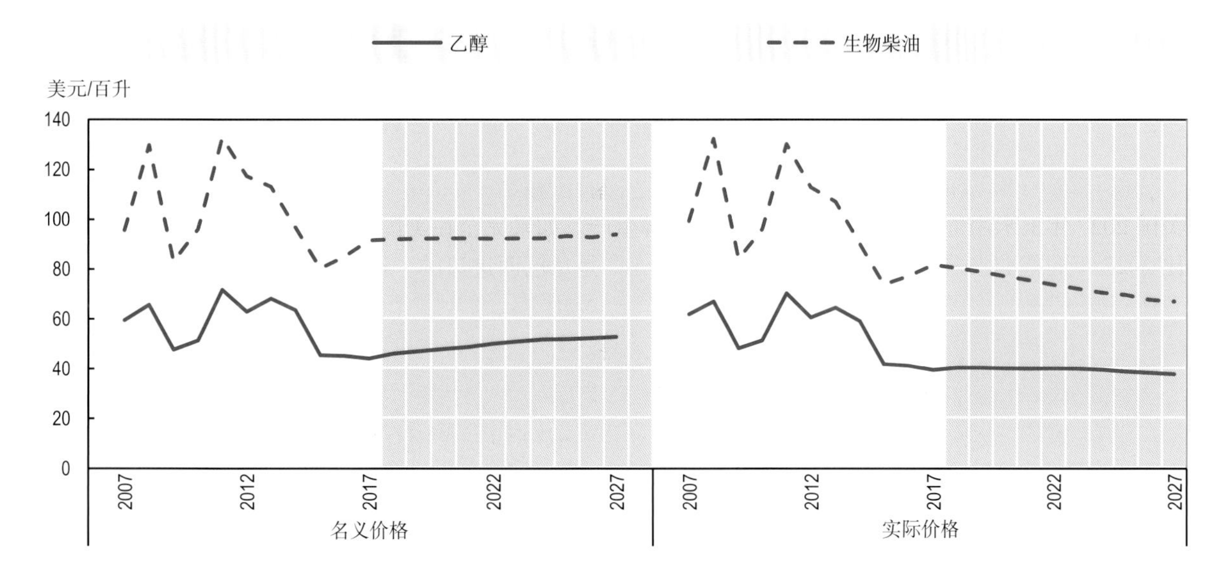

注：乙醇为批发价，美国，奥马哈；生物柴油为生产者价格，德国，扣除生物柴油关税和能源税。

资料来源：经合组织 / 粮农组织（2018），《经合组织 – 粮农组织农业展望》，经合组织农业统计数据（数据库），http://dx.doi.org/10.1787/agr-outl-data-en。

12 http://dx.doi.org/10.1787/888933743727

受植物油市场动态的影响，生物柴油价格增速（3%）预计将比乙醇名义价格增速（20%）放缓。生物柴油实际价格应在预测期内下降 18%，而乙醇价格应下降 4%。

乙醇

生产量

展望期内，全球乙醇产量预计将从 2017 年的约 1 200 亿升增加至 2027 年的近 1 310 亿升（图 9.4）。增量的 50% 来自巴西，主要用于满足国内需求。乙醇生产扩张的其他主要贡献国是泰国、中国、印度和菲律宾，分别占全球乙醇增量的 12%、10%、9% 和 5%。预计美国仍将是主要乙醇生产国，其次是巴西、中国和欧盟。发达国家和发展中国家乙醇生产的变化与发展中国家乙醇产量增加和发达国家乙醇产量停滞或减少形成对比。

图 9.4　世界乙醇市场的发展

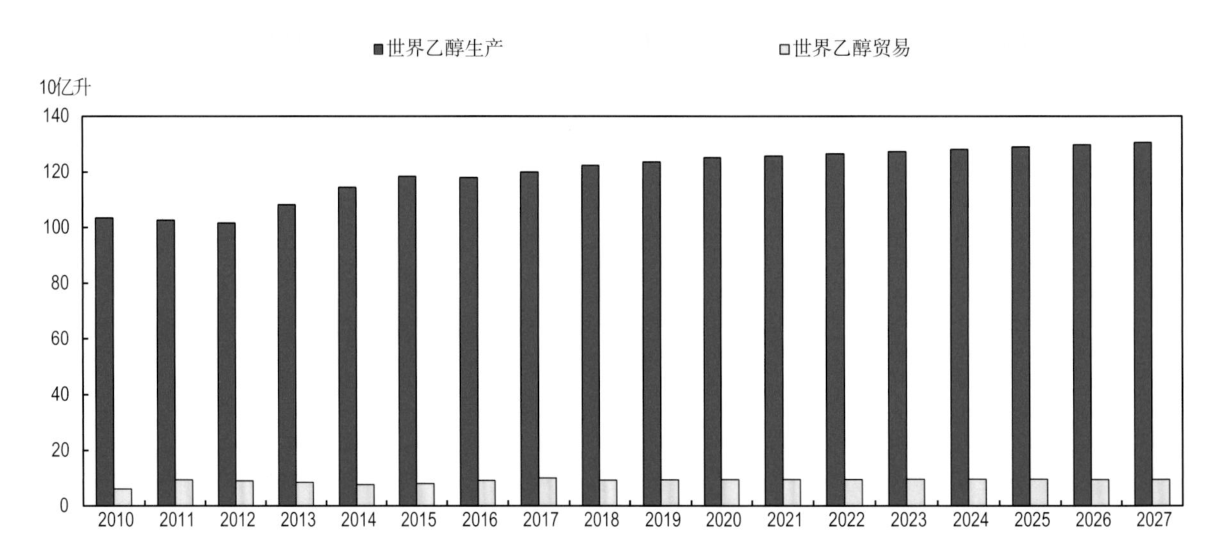

资料来源：经合组织 / 粮农组织（2018），《经合组织 – 粮农组织农业展望》，经合组织农业统计数据（数据库），http://dx.doi.org/10.1787/agr-outl-data-en。

粗粮和甘蔗仍将是生产乙醇的主要原料。预计到 2027 年，乙醇产量将分别占全球玉米和甘蔗产量的 15% 和 18%。预计到 2027 年，生物质乙醇将占世界乙醇产量的约 0.3%。

在美国，主要以玉米为原料的乙醇产量在预测期的头几年应保持在 616 亿升左右，主要原因是常规缺口带来的国内需求；掺混阈值提高；以及日本、加拿大和欧盟的国际需求较低。展望期的后几年，美国乙醇产量应减少至 604 亿升，因为发达国家国内和国际汽油需求量减少。

预计巴西的乙醇市场将受到有关汽油醇混配要求和利好含水乙醇差异化税收制度的影响。因此，巴西乙醇产量预计将从 2017 年的 272 亿升增加到 2027 年的 327 亿升。

中国应能巩固其作为第三大乙醇生产国的地位，到 2027 年产量将达到 110 亿升。预测期内新增的产量用于满足国内用量。预计中国将利用国内玉米库存和木薯在国内生产乙醇。这些预测没有考虑到 2017 年 9 月中国发布的 E10 公告。

在欧盟，由于汽油使用量减少的预测，主要以小麦、粗粮和甜菜为原料的乙醇燃料生产预计将从 2020 年的 73 亿升减少到 2027 年的 71 亿升。以甜菜为原料的乙醇生产应该稳定在 14 亿升左右。事实上，由于生产成本较高，欧盟以甜菜为原料的乙醇生产应该比其他谷物为原料的乙醇生产利润低。

泰国乙醇产量预计每年将增加约 6%。虽然以往的生产主要以糖蜜和木薯为原料，但鉴于其他两种原料供应有限，为满足快速增长的国内需求，甘蔗的份额可能会增加。到 2027 年，泰国乙醇产量将达到 32 亿升。展望期内，印度的乙醇产量预计将增加 8 亿升，其中总产量的约 95% 以糖蜜为原料。

使用量

展望期内，全球乙醇用量预计将增加约 120 亿升；80% 的增量将来自发展中国家，巴西、中国、印度和泰国将发挥主要作用。巴西的乙醇使用量应增加 54 亿升，占全球增量的 42%。巴西的税收制度仍然利好含水乙醇而不是乙醇汽油，汽油中乙醇强制混配比例为 27%。在中国，乙醇的使用量预计将增加 10 亿升。因为预测期内某些省份出台了使用乙醇的规定，在汽油型燃料中所占比例预计约为 2%。插文 7.1 描述了向全国推广 E10 政策产生的影响。

在过去 10 年中，泰国的乙醇燃料使用量增加了 10 亿升。预计该趋势将持续下去，到 2027 年乙醇燃料需求量预计将达到 28 亿升。乙醇在汽油燃料中所占比例将从 2017 年的 14% 增加到 2027 年的 16%。

泰国乙醇燃料需求的增长是由于高比例混配乙醇的汽油醇的补贴以及乙醇强制混配所致。在 2017 年下降后，预测期内，印度乙醇需求量预计将恢复至每年 4.5% 的增长率。到 2027 年，印度乙醇需求量比基期增加 7 亿升。在预测期内，乙醇在印度汽油燃料中所占比例将保持在 2% 左右。

美国乙醇使用量与实施的法定目标用量有关，并受到小幅增加的掺混阈值以及逐渐暗淡的汽油使用前景所限。到 2027 年，乙醇（以体积计）在汽油类燃料中所占比例应增加到 11.3%（图 9.5），但乙醇燃料使用量应从 2021 年的 565 亿升的最高水平下降至 560 亿升。

欧盟乙醇燃料的使用量预计将在预测期的头几年扩大，到 2027 年下降到 51 亿升。这是由于汽油使用量减少，尽管汽油中乙醇的平均份额仍然稳定，从 2020 的 4.8% 降低至 2027 年的 4.7%。

图 9.5　世界乙醇使用量区域分布情况演变

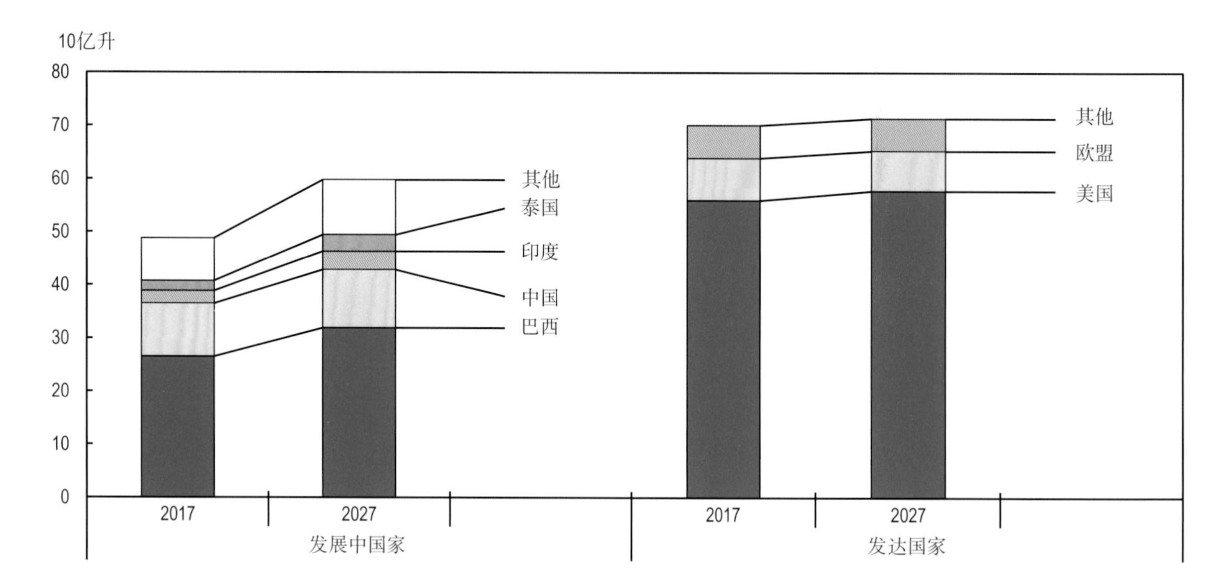

资料来源：经合组织 / 粮农组织（2018），《经合组织 – 粮农组织农业展望》，经合组织农业统计数据（数据库），http://dx.doi.org/10.1787/agr-outl-data-en。

12 http://dx.doi.org/10.1787/888933743765

贸易量

全球乙醇贸易量预计仍将十分有限，从占 2017 年全球产量的 8% 下降至 2027 年的 7%。到 2027 年，乙醇贸易量将减少至 94 亿升。欧盟乙醇进口需求将从 2017 年的 6 亿升减少到 2027 年的 4.5 亿升。日本和加拿大等其他国家进口需求应会减少，因为其交通运输燃料使用量减少。

预计美国仍将是玉米基乙醇的净出口国和甘蔗基乙醇的适度进口国。美国进口甘蔗基乙醇是因为加利福尼亚州实施了《低碳燃料标准》，且先进燃料缺口仍有待填补。由于国内需求旺盛和国际需求疲软，预测期内，美国乙醇出口量应会下降。预测期内巴西乙醇出口预计不会增加，因为巴西乙醇产业将主要满足持续的国内需求且国内乙醇价格预计将略高于国际价格。

生物柴油

生产量

到 2027 年，全球生物柴油产量预计将达到 393 亿升，较 2017 年增加 9%（图9.6）。政策而不是市场力量将继续影响生产模式。预计欧盟仍将是生物柴油的主要生产地区。到 2027 年，产量将达到 129 亿升，低于 2017 年的 135 亿升和 2020 年的 140 亿升，届时有望实现《可再生能源指令》目标。这与预计柴油使用量减少有关。

图 9.6　世界生物柴油市场发展

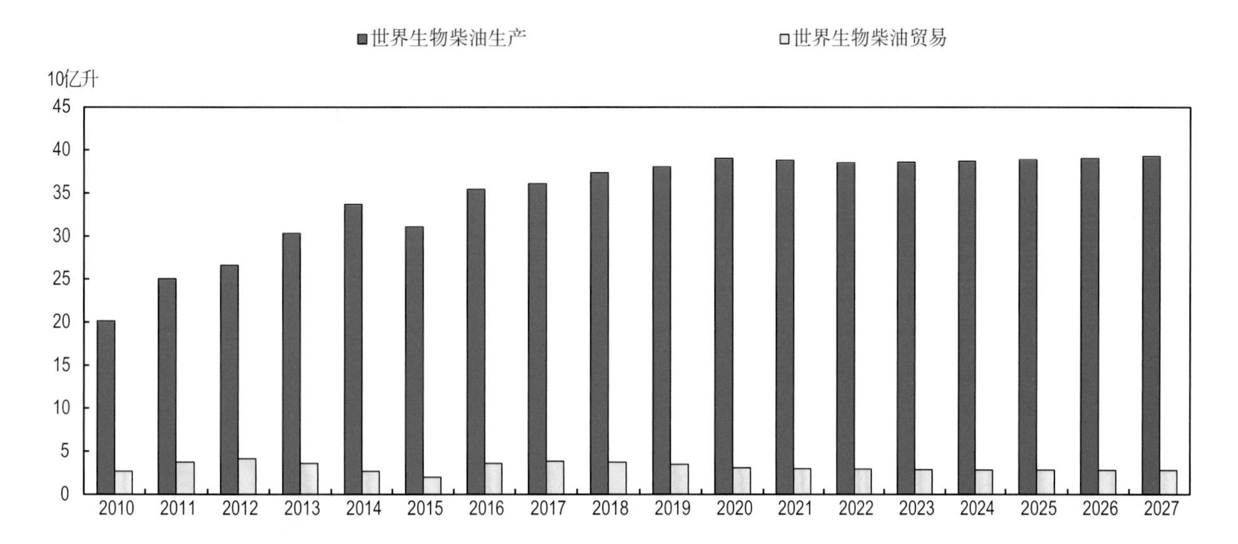

资料来源：经合组织 / 粮农组织（2018），《经合组织 – 粮农组织农业展望》，经合组织农业统计数据（数据库），http://dx.doi.org/10.1787/agr-outl-data-en。

12 http://dx.doi.org/10.1787/888933743784

植物油仍然是生物柴油生产中的首选原料。欧盟和美国将继续重点发展以废弃油脂为原料的生物柴油生产。

美国是第二大生物柴油生产国，生物柴油产量应从 2017 年的 69 亿升增加到 2019 年 72 亿升的高峰，然后到 2027 年减少到 67 亿升。生产的生物柴油是为了满足生物柴油法定目标要求，同时填补部分先进生物燃料法定目标缺口。尽管阿根廷和印度尼西亚对生物柴油征收反补贴关税，但为了填补美国先进生物燃料法定目标缺口，进口生物柴油将是必要的，预测期内的头几年尤其如此。

巴西应有望作为第三大生物柴油生产国的地位，并占全球新增生物柴油产量的 50% 以上，特别是因为其国内规定了 10% 的法定用量要求。到 2027 年，巴西生物柴油产量有望达到 56 亿升。在阿根廷，即使到 2020 年国内的混合比例将上升到 12%，但由于进口需求量减少，未来 10 年内生物柴油的产量将从 2017 年的 37 亿升减少到 2027 年的 33 亿升。其他重要生产国家包括巴西、印度尼西亚和泰国。

在印度尼西亚，2015 年生物柴油产量由于政策调整而下降，2016 年恢复增长，主要受国内需求量增加的推动。然而，由于出口减少，2017 年产量有所下降，但预计 2018 年将恢复。本《展望》预计预测期内出口将小幅增加，但并不是印度尼西亚生物柴油产量的重要驱动力。到 2027 年，印度尼西亚的生物柴油产量将达到 42 亿升。生物柴油产量增加的主要不确定因素是是否继续对粗制棕榈油出口征收出口税，因为该出口税支撑着生物柴油生产者补贴。马来西亚和菲律宾将继续扩大其生物柴油生产。预计马来西亚国内需求将加速，因此国内产量的出口比例将从基期的 32% 下降至 2027 年的 27.6%。菲律宾产量预计仍将主要供应国内市场。

使用量

发达国家生物柴油使用量应会减少，发展中国家预计稳步增加（图 9.7）。预计 2027 年印度尼西亚的生物柴油使用量将达到 41 亿升。由于国内宣布提高法定用量，预计到 2027 年巴西和阿根廷生物柴油使用量将分别达到 56 亿升和 19 亿升。若干发展中国家实施了生物柴油掺混要求，哥伦比亚、印度、马来西亚、巴拉圭、泰国和菲律宾的生物柴油使用量也将增加；大多数国家初始生物柴油消费量较低，生物柴油占柴油燃料比例将保持在 1%~3%；但哥伦比亚例外，预计比例将保持在 6.5% 左右。

图 9.7 世界生物柴油使用区域分布情况演变

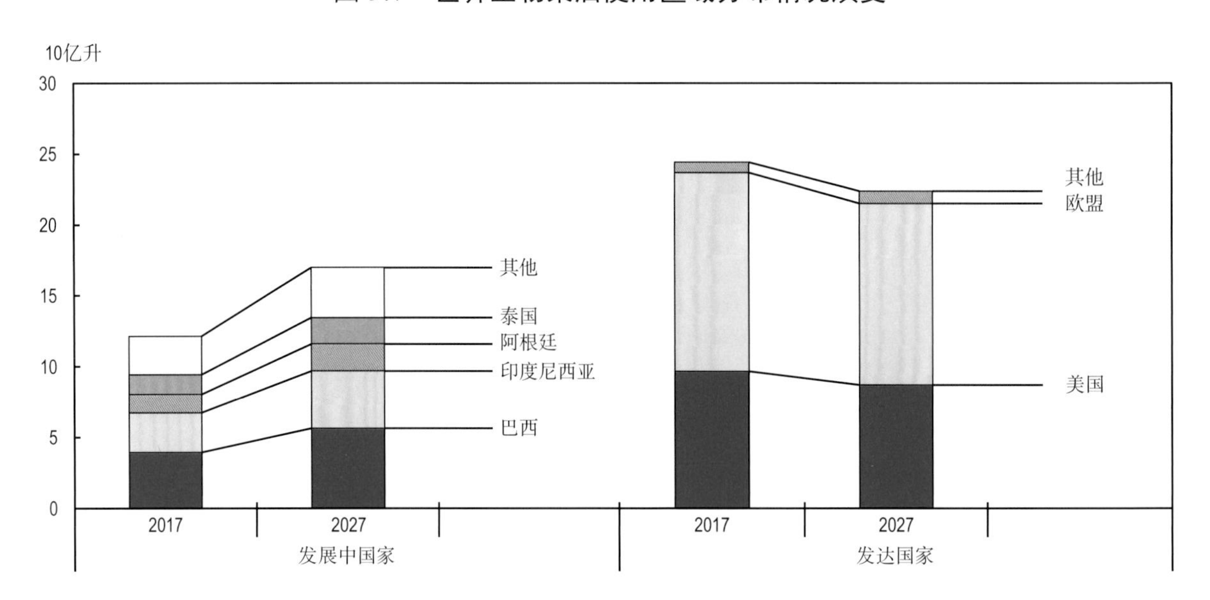

资料来源：经合组织 / 粮农组织（2018），《经合组织 – 粮农组织农业展望》，经合组织农业统计数据（数据库），http://dx.doi.org/10.1787/agr-outl-data-en。

12 http://dx.doi.org/10.1787/888933743803

在欧盟，预计到 2020 年生物柴油的使用量平均约为 140 亿升，届时将达到《可再生能源指令》的目标。到 2027 年，由于预计柴油使用量将大幅减少，欧洲生物柴油的使用量将减少至 128 亿升。生物柴油在柴油类燃料中的平均份额有望在 2020 年达到将近 6.3% 的最高水平，然后到 2027 年降至 6.1%。

展望期内，预计美国生物柴油法定水平将维持在《2018 年能源安全和独立法》规定的 2018 年和 2019 年的水平，即 79 亿升。 美国生物柴油在柴油类燃料中的消费比例预计将从 2017 年的 4.4% 下降到 2027 年的 4.1%。在预测期的早期，生物柴油的使用量仍将远远高于生物柴油的规定（在 2017—2020 年期间，生物柴油的平均使用量为 95 亿升），因为在掺混阈值限制额外乙醇使用的情况下，生物柴油应该在法定用量规定中占有一定的份额。在柴油消费量下降的背景下，生物柴油的使用量将减少 8% 左右。

贸易量

生物柴油贸易受到当前贸易争端带来的未来不确定性的影响。本《展望》中，预计未来 10 年生物柴油贸易量将减少 25%（10 亿升），因为大多数拥有生物柴油法定水平或法定目标的国家将通过国内生产达到法定用量要求，发达国家特别是美国和欧盟的进口需求应该会减少。

阿根廷应该仍然是主要的生物柴油净出口国，其次是马来西亚、印度尼西亚和加拿大。预测期内，阿根廷的出口预计将减少 43%。在随后 3 年内印度尼西亚的出口预计将进一步下降，到 2027 年，仍低于 2016 年的水平。马来西亚出口预计每年将增长 2.7% 左右，到 2027 年将达到 2.25 亿升，成为生物柴油第五大出口国。

主要问题和不确定性

生物燃料市场近期走向与一揽子生物燃料政策、宏观经济环境和原油价格水平密切相关。中期内，政策环境仍然存在不确定性。本《展望》预计大部分生物燃料将使用农业原料生产。因此，中期内，生物燃料生产很可能会对环境、土地甚至对农业市场产生直接或间接影响。

预计各国近期会对生物燃料政策进行修订。最近的政策公告似乎对生物燃料有利，重点关注可再生燃料对运输部门温室气体减排的潜在贡献。目前尚不清楚这些公告是否意味着对使用木质纤维素生物质、废弃物或非食品原料生产先进生物燃料的相关研发进行更大的投资。

经合组织－粮农组织2018—2027年农业展望

第十章

棉 花

本章介绍了2018—2027年10年间世界各国棉花市场最新量化中期预测中包含的市场形势和要点。在展望期前几年，世界棉花产量增长速度预计将低于消费增长速度，原因是2010年至2014年期间价格下降和全球库存的释放。印度仍将是世界上最大的棉花生产国，而尽管中国的棉花种植面积减少了3%，但全球棉花种植面积预计将略有恢复。中国原棉加工预计将继续保持长期下降趋势，而印度将成为世界上棉纺厂用量最大的国家。2027年，美国仍然是世界主要出口国，占全球出口总量的36%。由于库存水平高和合成纤维的竞争，世界棉花价格持续承压，预计棉花实际价格和名义价格均低于基期（2015—2017年）水平。

市场形势

2016 年，世界棉花产量略有增加，2017 年销售年度继续复苏，产量达到 2 560 万吨。2017 年，由于单产和种植面积有所增加，全球棉花产量回升约 11.1%。此外，持续去库存有助于稳定世界消费量，尽管世界总库存量仍处于非常高的水平（1 920 万吨，仍相当于 8 个月左右的世界消费量）。包括中国在内的几乎所有主要棉花主产国的产量都在增加，2017 年回升率为 7%。由于单产的提高和种植面积的增加，巴基斯坦、美国、土耳其和印度的产量增加了 24%、24%、18% 和 9%。

2017 年销售年度全球棉花需求量略有增加，达 2 500 万吨。印度纺织厂棉花消费量估计值在 530 万吨，增长了 3%，中国稳定增长了 800 万吨。由于中国对印度和孟加拉国纺织厂持续的直接投资，印度纺织厂的消费量增加了 12%，孟加拉国纺织厂的消费量增加了 6.9%，巴基斯坦的增幅为 4%。2017 年全球棉花贸易量回升了 1.0%，达 800 万吨。孟加拉国、巴基斯坦和越南进口增量不足以抵消许多国家自 2016 年以来减少的进口需求量。中国新的棉花支持政策缩小了国产棉和进口棉花价差，棉花价格几乎同步上涨。此外，美国出口量从 2016 年开始保持稳定在 310 万吨，而且由于 2014 年产量回升，澳大利亚的出口量在 2017 年增长了 3%。

预测要点

虽然世界高库存量和来自合成纤维激烈竞争继续让棉花价格承压，但棉花名义价格预计将保持相对稳定。这使得棉花的竞争力下降，因为涤纶价格明显低于国际和国内棉花价格。在 2018—2027 年，由于棉花主产国政府出台支持政策来稳定市场，价格预计将保持相对稳定。然而，世界棉花实际价格和名义价格将比基期（2015—2017 年）平均水平低。

在展望期前几年，世界产量增速将低于消费量增速，这是 2010—2014 年间预期价格下跌及全球库存释放作用的结果。2027 年，库存使用比预计为 39%，远低于 2000 年代的平均值 46%。预计全球棉花用地将比基准期平均水平略有下降。由于生产逐渐从相对高产国家（尤其是中国）转向南亚和西非相对低产国家，全球棉花产量增速将会放缓。

与 2000 年相比，经济和人口增长较慢，世界棉花用量预计将每年增加 0.9%，到 2027 年，达到 2 870 万吨。预计中国的消费量继续呈下降趋势，到 2027 年下降至 690 万吨，比基期减少 12.5%；而印度将成为世界上棉花消费量最大的国家，到 2027 年增加至 750 万吨，增幅达 42.2%。越南、印度尼西亚、孟加拉国和土耳其棉纺厂消费量将增加，增幅分别为 74%、45%、34% 和 17%。

全球棉花贸易增速预计将较过去几年有所放缓，但 2027 年的贸易量预计将超过 2000 年的平均水平。为从纺织厂获得增值，过去几年出现了从销售原棉向销售棉纱和人造纤维的转变，预计这种情况将持续下去。然而，到 2027 年全球原棉贸易量将达到

940 万吨，比 2015—2017 年基期平均水平高出 19%。美国仍然是世界上最大的原棉出口国，占全球出口量的 36%，在基期内增加 1%。巴西的出口预计将在 2027 年达到 120 万吨，比基期增加 50 万吨。这使巴西成为超过印度的第二大出口国。第三大出口国将是澳大利亚，出口量从基期的 70 万吨增加到 100 万吨。到 2027 年，撒哈拉以南非洲的棉花生产国的出口量将增加到 160 万吨。在中国，由于国内消费受到抑制、库存减少，加上对生产者支持的减少，进口量预计将在 2027 年略微增长到 120 万吨，但与过去 10 年相比仍处于较低水平。随着其他进口国的出现，中国在世界棉花市场的主导地位将受到严峻挑战。预计越南和孟加拉国的进口量将分别增加 80 万吨和 50 万吨，印度尼西亚和土耳其进口量将分别达到 100 万吨和 80 万吨。

图 10.1 **各区域棉花消费量**

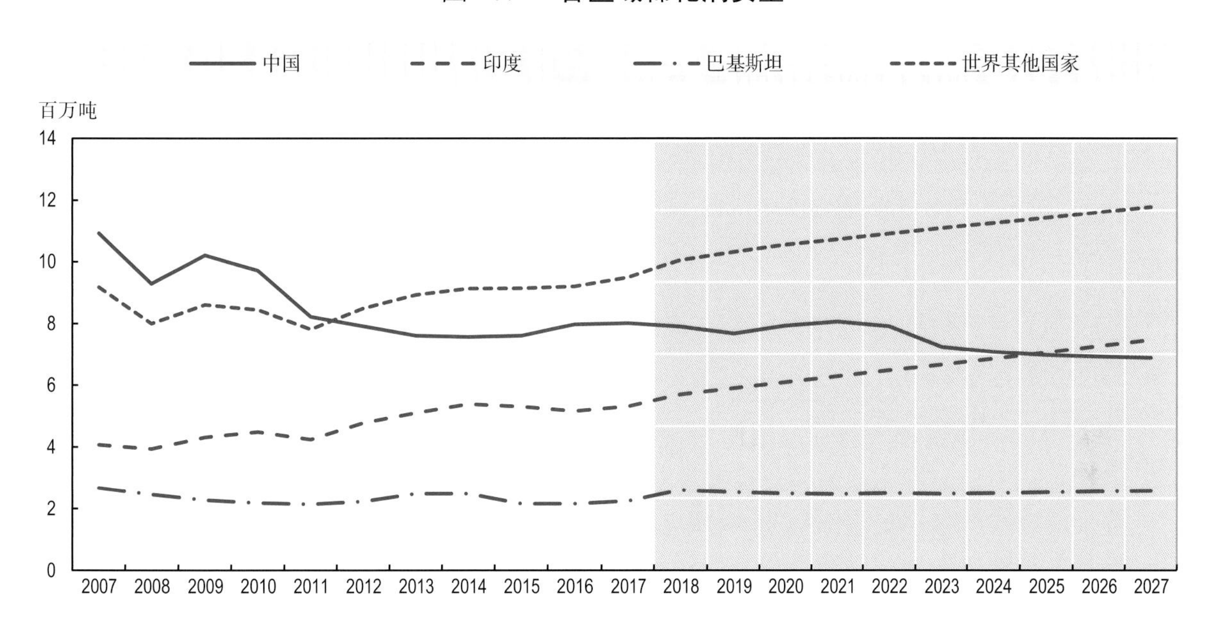

资料来源：经合组织 / 粮农组织（2018），《经合组织－粮农组织农业展望》，经合组织农业统计数据（数据库），http://dx.doi.org/10.1787/agr-outl-data-en。

12 http://dx.doi.org/10.1787/888933743822

虽然农业劳动力成本持续上涨，且其他作物对土地和自然资源的竞争对生产造成严重制约，但技术进步、采用更好的棉花栽培方法，以及使用经过认证的种子、高密度种植系统和早熟品种，将有助于提高生产率。总而言之，这将为未来 10 年提高棉花产量带来巨大潜力。 虽然中期前景显示棉花产量持续增长，但本期《展望》可能存在潜在的短期不确定性，可能导致短期的需求、供应和价格波动。全球经济突然放缓，全球纺织品和服装贸易急剧下降，合成纤维形成的价格和质量竞争，以及政府政策的变化，都是影响棉花市场的重要因素。

价格

棉花名义价格预计相对稳定，特别是在预测期的后半段，尽管由于库存水平高，合成纤维带来竞争，世界棉花价格持续承压。随着 2018—2027 年间棉花主产国政府继续出台一些支持政策，预计棉花市场将趋于稳定。

全球棉花库存量在 2017 年略有增长，但预计到 2027 年将减少至 1 100 万吨，相当于 5 个月的世界消费量。预计 2027 年库存利用比将降至 40% 左右；基本上低于基期的 80%。在政府改变棉花政策导致预测期间库存积累减少之后，中国棉花市场预计相对稳定。

图 10.2 **世界棉花价格**

注：CotlookA 价格指数，中等 1 3/32 棉花，远东港成本加运费（8 月 / 7 月）。

资料来源：经合组织 / 粮农组织（2018 年），《经合组织 – 粮农组织农业展望》，经合组织农业统计数据（数据库），http://dx.doi.org/10.1787/agr-outl-data-en。

12 http://dx.doi.org/10.1787/888933743841

生产

预计 2027 年世界棉花产量将达到 2 770 万吨，主要贡献因素是单产增加，在预测期内单产年均增长率为 1.6%。然而，预计世界产量增长速度将低于展望期头几年的消费增长速度，反映出 2010—2014 年期间预计的较低价格水平和库存释放量。此外，在展望期的前两年世界棉花种植面积预计会略有下降，随后逐渐增加。

尽管中国棉花种植面积减少了 1%，但预计全球棉花种植面积将在整个展望期内恢复。由于产量份额逐渐从产量较高的国家（尤其是中国）转向南亚和西非相对低产的地区，全球棉花平均产量将缓慢增长。

图 10.3 世界棉花产量

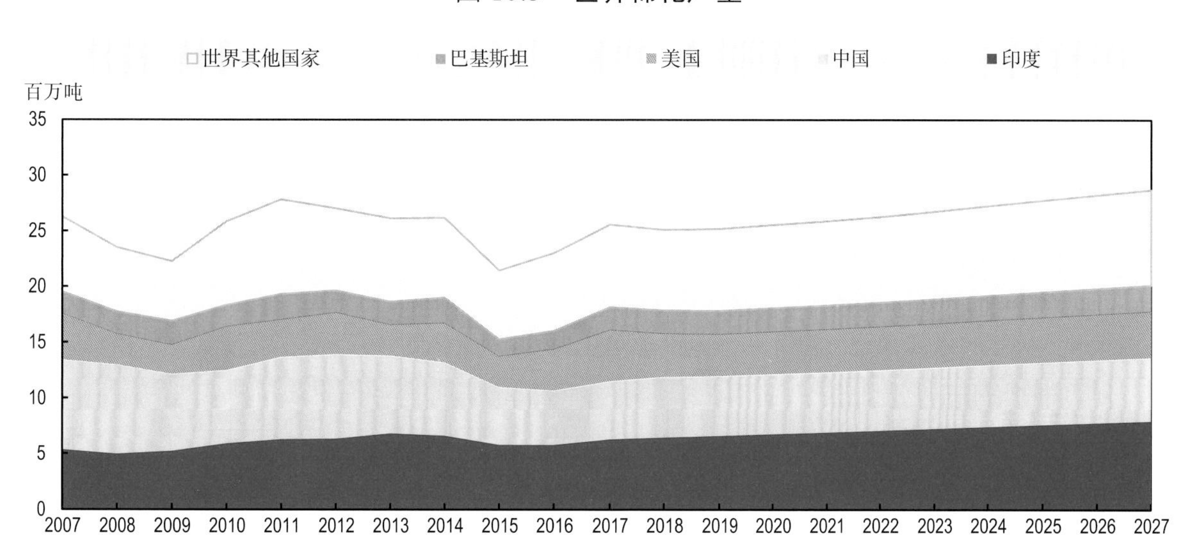

资料来源：经合组织 / 粮农组织（2018 年），《经合组织 – 粮农组织农业展望》，经合组织农业统计数据（数据库），http://dx.doi.org/10.1787/agr-outl-data-en。

12 http://dx.doi.org/10.1787/888933743860

未来 10 年，预计中国的单产将从过去 10 年每年 3% 的增速开始下降每年 1%。中国的棉花每公顷产量仍然很高（约为世界平均水平的两倍），但却是通过相对劳动密集型技术实现的。由于种植面积小、水资源有限、机械化程度低，棉农面临着高昂且不断上涨的生产成本，东部省份尤其如此。

预计到 2027 年印度棉花产量将达到 790 万吨，约占世界预计产量的 1/3。印度农民继续采用新技术来提高其单产潜力。随着印度转变生产做法和技术，开始种植转基因棉花，在 2003 年和基期之间的棉花产量将至少翻了一番。2018—2011 年，单产预计将每年增加 1.9%，高于 2008—2017 年度增长率。另外，值得注意的是，印度棉花产量的变化是由雨养地区的季风模式决定的。气候变化可能会影响这种模式并影响未来的棉花产量。

巴基斯坦占全球第四大产棉国。预测表明，到 2027 年，巴基斯坦棉花产量将达 240 万吨。由于种植面积和单产提高，产量将每年增加约 1.4%。与巴基斯坦相似，印度的棉花种植面积增速预计将高于其他作物。产量预计每年将增长约 2.3%。然而，从产量增长绝对值来看，巴基斯坦低于印度，因为该国在采用转基因棉花方面远远落后于印度。非洲国家（主要是贝宁、马里、布基纳法索、科特迪瓦和喀麦隆）到 2027 年预计将为世界棉花产量贡献 200 万吨，比基期高出 33%。值得注意的是，布基纳法索增长的同时正在放弃转基因棉花而重新种植非转基因棉花。转基因棉花比传统棉花纤维短，因此无法生产出对于纺织业至关重要的光滑稳定的棉线。

图 10.4　主要国家棉花收获面积占比

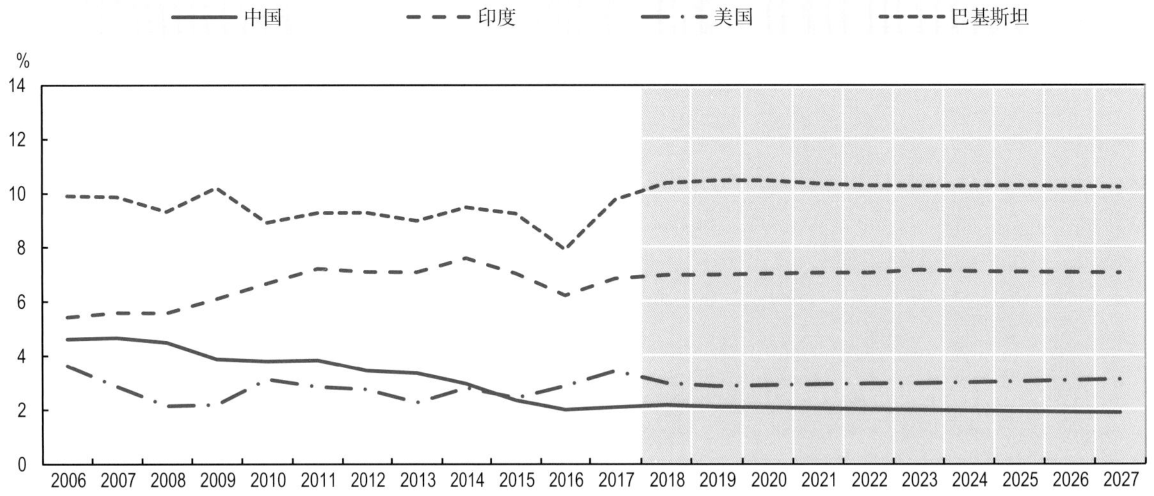

中国　印度　美国　巴基斯坦

资料来源：经合组织 / 粮农组织（2018 年），《经合组织－粮农组织农业展望》，经合组织农业统计数据（数据库），http://dx.doi.org/10.1787/agr-outl-data-en。

12 http://dx.doi.org/10.1787/888933743879

消费

棉花总需求量在基期达到 2 450 万吨，预计到 2027 年达到 2 870 万吨。这一数字超过了 2007 年的历史消费峰值，未来 10 年棉花产量每年增长 0.9%。然而，在整个分析期间，增产分布并不均衡。虽然未来 10 年消费增长速度快于人口增速，但 2027 年人均消费量预计仍将低于 2005—2007 年和 2010 年达到的峰值（图 10.5）。亚洲被确认为全球棉花消费量最大的地区，主要原因是劳动力成本低、电力成本低以及环境法规较弱。

图 10.5　世界人均棉花消费量和世界价格

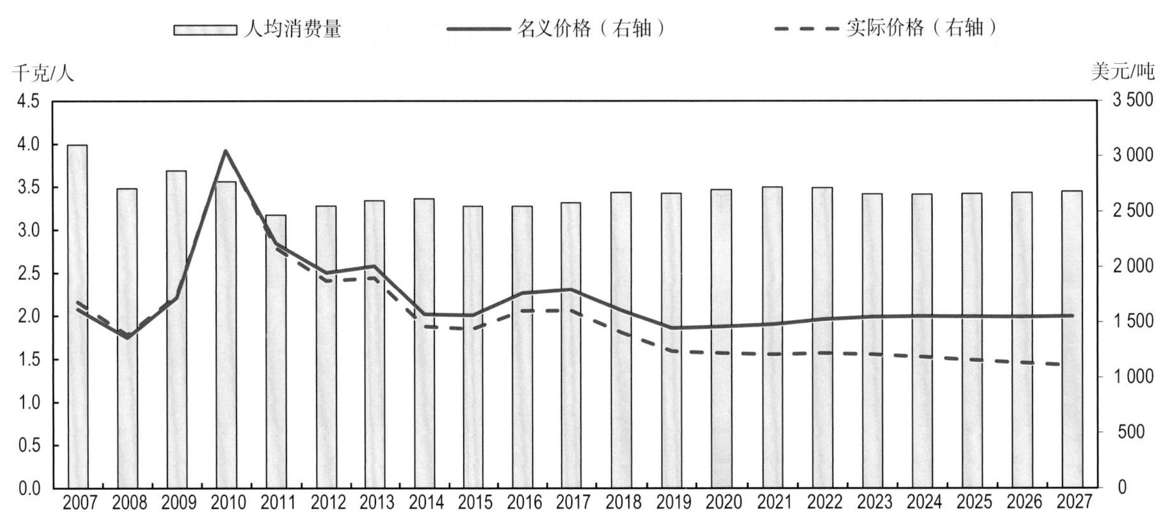

资料来源：经合组织 / 粮农组织（2018 年），《经合组织－粮农组织农业展望》，经合组织农业统计数据（数据库），http://dx.doi.org/10.1787/agr-outl-data-en。

12 http://dx.doi.org/10.1787/888933743898

削弱棉花消费量回升的主要因素之一是合成纤维的激烈竞争。因油价走低而价格下跌的人造纤维给棉花市场造成下行压力。此外，棉花消费不仅会受到宏观经济趋势的影响，还会受到品味和偏好的影响，包括人们对海洋塑料污染认识的不断提高。科学研究表明，一件合成服装如何在一次洗涤中脱掉数千种合成微纤维，而这些微纤维通过处理厂的过滤系统最终进入河流和海洋。

中国的消费量预计将继续 2009 年开始的下降趋势，下降 13%，至 690 万吨。预计中国在世界棉花消费中的份额将从基期的 32% 降至 2027 年的 24%。因此，中国失去了自 20 世纪 60 年代以来一直保持作为最大的棉纺厂消费者的地位。预计印度消费量将在 2027 年达到 750 万吨，其在世界总消费量中的份额从基期的 21% 增加到 2027 年的 26%。预计巴基斯坦的工厂消费量在预测期内将增加 18%，而越南消费量预计将保持高位。中国对这些国家纺织厂的直接投资可能不会继续，因为当地价格正在逐步接近全球价格，而这些国家在未来 10 年逐渐增加农业劳动力成本。到 2027 年，孟加拉国、印度尼西亚、土耳其和其他亚洲国家（主要是土库曼斯坦和乌兹别克斯坦）棉纺厂消费量预计也将增加。

预计孟加拉国、越南和印度尼西亚的消费量增长最快，预计消费量将分别增长 3.5%、2.9% 和 2.1%。他们的纺织工业预计将继续自 2010 年开始的快速扩张趋势。继孟加拉国于 2005 年《多种纤维协定》逐步退出后，预计将减少其纺织品出口，但其服装出口和棉纺业仍然蓬勃发展。

贸易

全球棉花贸易预计将继续受若干年前开始的世界纺织工业持续转型的影响，主要是由于劳动力成本上升、棉花支持价格上涨，以及棉花供应链获得附加值的激励机制。近年来，随着棉纱和人造纤维的贸易逐渐取代原棉贸易，全球原棉贸易预计将在 2027 年恢复至 940 万吨，比基期高出约 19%，仍将低于 2011—2012 年 1 000 万吨的平均水平。

美国是整个展望期内全球最大的出口国，占 2027 年全球出口的 36%（基期为 35%），其次是巴西和澳大利亚（图 10.6）。巴西的出口量将从基期的 80 万吨增加到 120 万吨。 预计到 2027 年，澳大利亚每年的出口量将增加 2.8% 以上，达到 100 万吨。过去几年，由于生产率和产量激增，印度已成为世界棉花市场的重要参与者。然而，由于印度国内用量增加，在基期内使用量将占世界棉花出口量的 14%，在 2027 年预计将降至 90 万吨，占世界棉花出口量的 9%。

撒哈拉以南非洲国家继续在棉花出口市场上发挥重要作用。预计到 2027 年，这些国家在世界贸易中的份额将增长到 18%，出口量达到 160 万吨。然而，过去几十年来，该地区的贸易一直不稳定。撒哈拉以南非洲的棉纺厂消费量有限，许多国家几乎将全部产量出口。随着生产力提升，特别是通过在该地区采用生物技术棉花，预计 2027 年的产量和出口量将分别比基期增加 25% 和 26%。

图 10.6 棉花贸易集中度

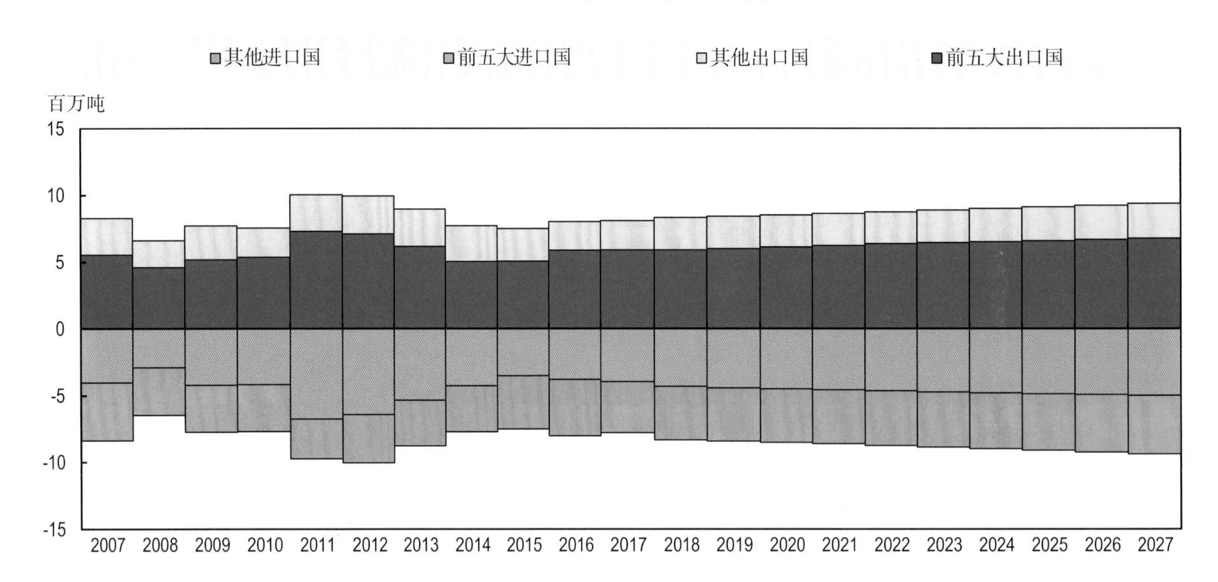

注：前五大进口国（2007—2016）：孟加拉国、中国、印度、土耳其、越南。前五大出口国（2007—2016）：澳大利亚、巴西、欧盟、印度和美国。

资料来源：经合组织 / 粮农组织（2018 年），《经合组织 – 粮农组织农业展望》，经合组织农业统计数据（数据库），http://dx.doi.org/10.1787/agr-outl-data-en。

12 http://dx.doi.org/10.1787/888933743917

贸易转型也使世界棉花经济中进口国构成发生变化。虽然中国在 2015 年失去了世界最大进口国的地位，但在展望期内，其在世界棉花进口中的份额将保持稳定在 13% 左右。 预计到 2027 年中国棉花进口量为 120 万吨，将远低于 2011 年约 500 万吨的峰值。相比之下，孟加拉国和越南预计将成为主要的进口国。到 2027 年，其进口量预计将增加 41% 和 69%，占世界贸易量的 40% 以上。

主要问题和不确定性

虽然世界棉花市场中期前景稳定，但需求、供给和价格都将面临短期波动，可能导致预测期内出现重大短期不确定性。

原棉需求来源于纺织和服装需求，而纺织和服装需求对经济增长的变化非常敏感。在全球经济突然放缓的情况下，全球纺织品和服装消费都将大幅下滑，这也将影响原棉市场。例如，受 2008—2009 年金融危机影响，世界平均消费量下降超过 10%，导致棉花价格下跌 40%。

尽管越南、孟加拉国和印度政府有意促进和增加产量，但受到了种植面积有限、水资源短缺和气候变化等因素的限制。马来西亚正积极与欧盟达成自由贸易协定，这将增加马来西亚对欧盟的纺织品出口，并随后增加国内棉花消费量。

中国的棉花政策是全球棉花行业不确定性的主要来源之一。特别是其持有的库存对世界市场有重要影响。在 2014 年政府实施改革政策的基础上，中国可能会采取进一步措施，在未来 10 年内修改其政策。这将对整个世界市场产生重要影响，并可能影响伙伴国家的特定行业，例如越南的棉纺行业。

全球棉花产量增速放缓，因为产量逐渐从相对高产的国家（尤其是中国，产量显著提高）转移到印度和南亚国家等相对低产的国家。美国采用转基因棉花降低了棉花种植成本，而澳大利亚采用适应当地生产条件的转基因品种也提高了生产率。在印度，当地生产者采用转基因作物，并更新其管理规范，从而提高了生产力。然而，印度平均产量仍远低于许多其他棉花生产国，转基因品种非常容易受到恶劣天气条件的影响，导致其他国家对转基因品种的采用更为谨慎。目前尚未对转基因棉花制造的棉纤维、纱线或其他纺织产品实行贸易限制，但许多国家采用转基因的进展缓慢。布基纳法索农民发现转基因品种棉纤维更短，导致市场收入减少，因此他们重新使用非转基因品种，这是在采用转基因品种方面的另一种不确定性。低单产国家若要进一步提高生产率，通常需要采用新技术，包括机械化和增加投入品使用。

术 语 表

水产养殖	养殖的水生生物，包括鱼类、软体动物、甲壳类和水生植物等。养殖意味着为提高产量，从而在饲养过程中进行某种形式的干预，如定期放养、喂养和保护天敌。养殖也意味着个人（或公司）拥有对养殖对象的所有权。为了统计方便，个人或法人团体养殖进而捕获的水生生物应被统计在内，而由公众共同开发的水生生物，不管有没有许可证，都应统计为捕捞渔业收成。应注意的是，本《展望》不包含与水生植物相关的数据。
非洲猪瘟	非洲猪瘟是一种对猪、疣猪、欧洲野猪和美国野猪具有高度致病性的出血性疾病。对人类的健康不构成威胁。导致非洲猪瘟的有机体是病毒科的 DNA 病毒。
大西洋牛肉 / 猪肉市场	大西洋市场由家畜、牛和猪的生产和贸易国组成，这些国家是可免费接种口蹄疫疫苗或无口蹄疫的地区。主要是环大西洋国家，采用的是传统饲养方式，即草饲牛、谷饲猪。该市场的主要国家包括：南美、欧盟、俄罗斯联邦、北非、伊朗、以色列、哈萨克斯坦、马来西亚、秘鲁、菲律宾、沙特阿拉伯、土耳其、乌克兰、乌拉圭、越南、南非。
禽流感	禽流感是一种具有高度传染性的病毒性感染，可以影响到所有鸟类物种，并以不同方式表现出来，主要取决于病毒引起受感染动物的疾病（致病性）的能力。
基线	关于报告中展望分析所需的市场预测的设置，是分析不同经济和政策场景产生的影响的基准。关于基线是如何产生的，在报告的方法论章节中有详尽描述。
生物燃料	广义而言，生物燃料是指所有以生物质为原料的固体、液体或气体燃料。狭义而言，是指取代石油为基础的公路运输燃料，如以糖料、谷类等淀粉类作物为生产原料的生物乙醇，可混合使用，或直接替代基于石油的柴油。

生物质	生物质是指可以直接作为燃料使用或者燃料前可转换为其他形式的一切植物有机体。包括木材、植物废弃物（包括用于能源生产的木材废料和农作物）、动物材料 / 废物及工业和城市垃圾作为原料，用于生产生物质产品。该展望报告中，生物质不包含用于生物燃料生产的农产品（例如，植物油、糖或谷物）。
混合墙	混合墙是指阻碍在运输燃料中增加生物燃料使用的短期技术约束。
“金砖国家”	巴西、俄罗斯联邦、印度、中国和南非等新兴经济体。
捕捞渔业	捕捞渔业，包括狩猎、采集和收集活动，通过手工或更通常的是用各类渔具，如渔网和捕捞陷阱，捕捞收集野生水生生物（主要是鱼类、软体动物和甲壳类动物）以及供食用及其他用途的来自海洋、沿海或内陆水域的植物。捕捞渔业的产量是以鱼类、甲壳类动物、软体动物及其他水生动物和植物的名义捕获量（活量为基础）来衡量的，包含一切以商业、工业、娱乐和生活为目的的猎杀、抓捕或收集所获量。
谷物	定义为小麦、粗粮和水稻。
《中澳自由贸易协定》	《中澳自由贸易协定》谈判于 2014 年 11 月 17 日结束，在不久的将来可能会得到批准。该协定涵盖了商品、服务、投资、金融服务、标准和技术规范，也阐述了在诸如政府采购等其他领域进一步谈判的承诺。
猪瘟	猪瘟是一种具有高传染性的生猪（猪和野猪）病毒性疾病，可以通过活猪、新鲜猪肉和某些肉类产品的交易进行传播。
《全面经济合作协定》	《全面经济合作协定》是欧盟和加拿大之间的贸易协定。该协定于 2016 年 10 月签订，2017 年 4 月暂时使用，全部批准和实施仍悬而未决。
欧盟共同农业政策	欧盟共同农业政策，于 1957 年签署的罗马条约第 39 条中首次定义。
脱钩补贴	对受助者的预计补贴数额，与当期特定产品产量、畜产品数目或者特定生产要素的使用无关。
发达和发展中国家	见词汇表最下面的汇总表。
直接补贴	政府向生产者直接支付的补贴。
国内支持	指每年为农业生产提供的货币形式的支持水平。它是乌拉圭回合农业协定的三项减免对象之一。

厄尔尼诺—南方涛动现象	厄尔尼诺—南方涛动现象是指东太平洋热带地区风和海表温度的周期性但不规则的变化。厄尔尼诺—南方涛动由厄尔尼诺变暖阶段和拉尼娜冷却阶段组成，通常每隔两到七年发生一次。厄尔尼诺异常温暖的海洋气候条件伴随着大量的当地降水和洪水以及鱼类和他们天敌（包括鸟类）的大量死亡。
2007 能源独立和安全法案	美国于 2007 年 12 月通过的该项立法，旨在通过减少对进口石油的依赖，提高能源节约和能源效率，扩大可再生燃料的生产，来增加美国的能源安全，同时，为美国子孙后代提供净化的空气。
燃料乙醇	它是一种生物燃料，用作燃料替代品（含水乙醇）或作为石油混合燃料的原料（无水乙醇），可由农业饲料原料生产，例如甘蔗和玉米。
非军火贸易自由化	非军火贸易自由化倡议自 2009/2010 年度起取消了欧盟从最不发达国家进口的包括农产品在内的许多商品的关税。
出口补贴	向贸易商提供的补贴，用以弥补国内市场价格与世界市场价格的差异，如欧盟出口补贴。农产品取消出口补贴是在 2015 年 12 月世界贸易组织的第十届部长级会议通过的内罗毕计划的一部分。
农业法案	在美国，农业法案是联邦政府主要的农业与食品政策工具。2014 年农业法案在农产品项目方面做了一些较大的调整，并且作为法律效力将保持到 2018 年。
混合燃料汽车	一种可以使用汽油或含水燃料乙醇的汽车。
新鲜乳制品	展望报告中的新鲜乳制品包括所有乳制品以及未包含在加工制品（黄油、奶酪、脱脂奶粉、全脂奶粉、部分酪蛋白和乳清）中的鲜奶。数量折算成原料奶产量。
口蹄疫	口蹄疫具有高度传染性，通常是非致命性的家禽和野生蹄动物的病毒性疾病，但也可能影响某些其他物种。它在世界各地广泛分布。从疾病中恢复的动物可能会长时间保持传染病毒的携带者。口蹄疫对人体无害，但具有巨大潜力对易感动物造成严重的经济损失。
二十国集团	二十国集团是由重要发达国家和发展中经济体构成的，讨论全球经济中的一些关键问题。其成立于 1999 年，由世界上 20 个最大的国家经济集团的财长和央行行长组成。
酒精汽油混合燃料	一种汽油和无水乙醇混合物的燃料。
高果糖玉米糖浆	从玉米中提取的果糖甜味剂。

干预库存	欧盟国家干预机构所持有的库存是在市场支持价格下购买特定商品的结果。在内部市场价格高于干预价格时，干预库存会被释放到内部市场，否则，干预库存会在出口补贴的帮助下，被卖到世界市场中。
糖类代用品	糖类代用品是一种淀粉基的果糖甜味剂，通过葡萄糖异构酶对葡萄糖的作用生产而来。该异构化过程可用于生产葡萄糖或者果糖含量高达42%的果糖混合物，通过进一步的加工，果糖含量可以提高到55%。当果糖含量为42%时，糖类代用品等同于糖的甜味。在欧盟，糖类代用品糖浆的产量由食糖制度和生产配额决定。
最小二乘增长率	最小二乘增长率 (r) 通过拟合相关时期变量年均值对数后的线性回归趋势估计获得，如下：Ln(xt)=a+r*t，最小二乘增长率计算公式为 er-1。
活体重量	肉类，鱼类和贝类在他们捕获或收获时的重量。在出生到标称重量的转换因子和国内每种类型加工产业的现行转换率的基础上，计算得出活重。
贷款利率	在美国，商品信贷公司（CCC）在特定商品价格下，为参合农民提供无追索权贷款。贷款利率作为底价，略高于公布利率的有效水平，在这个意义上参合农民可以对他们的贷款进行违约，把他们的作物抵给商品信贷公司，而不必以较低的价格在市场上公开出售。
市场准入	受乌拉圭回合农业协议限定，市场准入是指包含在国家计划中的消减关税和其他最低进口承诺。
市场年度	农作物的国际市场年度通常定义为从主要供给地区的农作物收获起点时间计算。 粗粮：9 月 1 日 棉花：8 月 1 日 小麦：6 月 1 日 食糖、油脂蛋白粕、植物油：10 月 1 日 展望报告中以上这些商品的 2014 年通常指 2014/2015 市场年度中一个小部分。 对所有其他商品而言，市场年度等同于日历年度。
牛奶配额计划	这是一项控制牛奶生产或供给的供给调控措施。指定的配额数量将充分从市场价格支持中受益。但是，超过配额数量可能会受到惩罚的征款（如在欧盟，“超过配额部分”征收目标价的115%）或可能给予一个较低的价格。分配通常固定到个别生产者层面。其他特征，根据方案的不同配额重新分配的安排也不同。

《北美自由贸易协定》	该协定是加拿大、墨西哥和美国签署的关于包括农产品贸易在内的贸易三方协议，协议规定在未来 15 年三国间将逐步取消关税和修改三国间其他贸易规定。该协议已于 1992 年 12 月签署并于 1994 年 1 月 1 日起生效。
其他粗粮	除澳大利亚的所有国家，粗粮是指大麦、玉米、燕麦、高粱及其他粗粮，在澳大利亚，粗粮包括黑麦，在欧盟，粗粮包括黑麦和其他混合谷物。
其他油籽	除日本以外的所有国家，其被定义为油菜籽、大豆、葵花籽、花生和棉籽。在日本，油籽不包括葵花籽。
太平洋牛肉 / 猪肉市场	太平洋肉类市场包括畜牧生产和贸易的国家或地区，及没有接种口蹄疫疫苗的国家或地区。世界动物卫生组织根据严格指导方针（http://www.oie. int/en/animal-health-in-the-world/official-disease-status/fmd/）给出了包括澳大利亚、新西兰、日本、韩国、北美和西欧的绝大多数国家在内的口蹄疫现状。命名为“太平洋”顾名思义他们大多位于太平洋周围。
猪繁殖与呼吸综合征	猪生殖呼吸综合征是一种病毒性疾病，导致繁育猪的繁殖性能下降以及任何年龄猪的呼吸系统疾病。
生产者支持估计	生产者支持估计是从消费者和纳税者向农业生产者转移的年度货币价值总额的指标，按农场计量，由政策措施引起，与其自然属性、对农业生产或收入的影响或目的无关。PSE 度量的支持由对农业的政策目标引起，不涉及以下情形，如当生产者只受一国的一般政策（包括经济、社会、环境和税收政策）所支配。生产者支持估计包括含蓄的和明确的支付。生产者支持估计百分比是指生产者支持估计值占农场收入总额总价值的比例，由总生产（按农场价格计）价值衡量，加上预算支持。
蛋白粕	定义为油脂饼粕、椰子粕、棉籽粕和棕榈仁粕。
购买力平价	购买力平价是国家间货币兑换时消除不同价格水平的比率，即 1 美元能兑换的本国货币量。
可再生能源指令	欧盟指令规定，到 2020 年所有成员国的混合能源中有 20% 为可再生能源，在运输用燃油方面有 10% 为可再生能源。
可再生燃料标准	可再生燃料标准是美国能源法案（EISA）中对可再生燃料用于运输业中的一个标准。RFS2 是对 RFS 2010 年及其以后的一个修订版本。

根和块茎作物	根和块茎作物是一种淀粉作物，来自作物的根（例如木薯、甘薯和山药）或作物的茎（例如马铃薯和芋头）。它们大多用来作为人类食物（例如加工形成的产品）。与其他大宗农作物产品类似，它们也可以用来作为饲料或加工淀粉、燃料乙醇和发酵饮料。除非被加工，一旦收获极易腐烂，这一特性也限制了它们用来贸易和贮存。根和块茎作物含有大量的水分，本报告中所有的重量是指干重以增加可比性。
情景	区别于基线情况，是基于一种替代性假设建立的用于市场预测的模型集合。为展望部分讨论假设变化的影响时提供定量信息。
单一农场支付	2003 年共同农业政策改革，欧盟提出了一个基于农场的支付，主要不是依赖于当前的生产决策和市场发展，而是基于对农场主的上一期支付水平。为了促进土地所有权转移，在计算要区分参考支付量和合适面积量（包括饲料面积）。农民接受了新的单一农场支付，规定农民必须保证其土地有良好的农业和环境条件使得其能够灵活地生产除了水果、蔬菜和餐用马铃薯的任何产品。
卫生和植物检疫措施协议	卫生和植物检疫措施的世贸组织协议包括保护人类、动物及植物生命和健康的标准。
库存消费比率	谷类的库存消费比率定义为谷类库存占国内消费总量的比率。
库存需求比率	库存利用率定义为主要出口国持有的库存占其需求总量的比率（国内消费量加上出口量）。就小麦而言，八大主要出口国为美国、阿根廷、欧盟、加拿大、澳大利亚、俄罗斯联邦、乌克兰和哈萨克斯坦。就粗粮而言，八大主要出口国和地区为美国、阿根廷、欧盟、加拿大、澳大利亚、俄罗斯联邦、乌克兰和巴西。大米主要出口国为越南、泰国、印度、巴基斯坦和美国。
支持价格	支持价格是由政府决策者确定，为了直接或间接地决定本国市场或生产价格。所有操纵价格方案都由相关政策措施决定商品的一个最低保证支撑价格或者目标，如产量和进口的数量限制；税收、会税和进口的关税；出口补贴以及公众股票持有。
关税配额	关税配额是自乌拉圭回合农业协议的结果。一些国家同意提供以前受非关税壁垒保护的产品最小进口机会。这种进口制度为受影响的商品确定了一个配额和双重关税制度。配额内的进口适用较低（配额内）的关税税率，而超出特许配额水平的进口使用较高（配额外）的关税税率。

乌拉圭回合农业协议	乌拉圭回合农业协议条款体现了乌拉圭回合多边贸易谈判的结果，包含在一个名为“农业协议”的最后决议一章中。内容包括市场准入、国内支持、出口补贴以及关于监测和延续的一般性条款。另外，每个国家的计划都是乌拉圭回合农业协议承诺的不可分割的部分。卫生和植物检疫措施协议被单独命名。该协议寻找建立一个多边的法律框架指导卫生和植物检疫措施的可采纳性、发展以及强制实施，为了减低其贸易方面的负面影响。详见植物检疫和卫生条例。
植物油	植物油定义为菜籽油、大豆油、葵花籽油、椰子油、棉籽油、棕榈仁油、花生油和棕榈油，其中日本植物油不包括葵花籽油。
世贸组织	基于乌拉圭回合谈判协议创建。

统计附件中国家分组一览表

北美洲	发达国家	加拿大、美国
拉丁美洲	发展中国家	安圭拉、安提瓜和巴布达、阿根廷、阿鲁巴、巴哈马、巴巴多斯、伯利兹、玻利维亚（多民族国）、巴西、英属维尔京群岛、开曼群岛、智利、哥伦比亚、哥斯达黎加、古巴、多米尼克、多米尼加共和国、厄瓜多尔、萨尔瓦多、福克兰群岛（马尔维纳斯群岛）、法属圭亚那、格林纳达、瓜德罗普岛、危地马拉、圭亚那、海地、洪都拉斯、牙买加、马提尼克岛、墨西哥、蒙特塞拉特、尼加拉瓜、巴拿马、巴拉圭、秘鲁、波多黎各、圣基茨和尼维斯、圣卢西亚、圣文森特和格林纳丁斯、苏里南、特立尼达和多巴哥、特克斯和凯科斯群岛、美属维尔京群岛、乌拉圭、委内瑞拉（玻利瓦尔共和国）
欧洲	发达国家	阿尔巴尼亚、安道尔、白俄罗斯、波斯尼亚和黑塞哥维那、海峡群岛、欧洲联盟、法罗群岛、直布罗陀、罗马教廷、冰岛、马恩岛、列支敦士登、摩纳哥、黑山、挪威、摩尔多瓦共和国、俄罗斯联邦、圣马力诺、塞尔维亚、斯瓦尔巴群岛和扬马延岛、瑞士、前南斯拉夫马其顿共和国、乌克兰
非洲	发达国家	南非
	发展中国家	阿尔及利亚、安哥拉、贝宁、博茨瓦纳、布基纳法索、布隆迪、佛得角、喀麦隆、中非共和国、乍得、科摩罗、刚果、科特迪瓦、刚果民主共和国、吉布提、埃及、赤道几内亚、厄立特里亚、埃塞俄比亚、加蓬、冈比亚、加纳、几内亚、几内亚比绍、肯尼亚、莱索托、利比里亚、利比亚、马达加斯加、马拉维、马里、毛里塔尼亚、毛里求斯、马约特岛、摩洛哥、莫桑比克、纳米比亚、尼日尔、尼日利亚、留尼旺、卢旺达、圣赫勒拿（阿森松和特里斯坦 - 达库尼亚）、圣多美和普林西比、塞内加尔、塞舌尔、塞拉利昂、索马里、南苏丹、苏丹、斯威士兰、多哥、突尼斯、乌干达、坦桑尼亚联合共和国、西撒哈拉、赞比亚、津巴布韦
亚洲	发达国家	亚美尼亚、阿塞拜疆、格鲁吉亚、以色列、日本、哈萨克斯坦、吉尔吉斯斯坦、塔吉克斯坦、土库曼斯坦、乌兹别克斯坦
	发展中国家	阿富汗、巴林、孟加拉国、不丹、文莱达鲁萨兰国、柬埔寨、中国香港特别行政区、中国澳门特别行政区、中国大陆、朝鲜民主主义人民共和国、印度、印度尼西亚、伊朗（伊斯兰共和国）、伊拉克、约旦、科威特、老挝人民民主共和国、黎巴嫩、马来西亚、马尔代夫、蒙古、缅甸、瑙鲁、尼泊尔、巴勒斯坦被占领土、阿曼、巴基斯坦、菲律宾、卡塔尔、大韩民国、沙特阿拉伯、新加坡、斯里兰卡、阿拉伯叙利亚共和国、中国台湾省、泰国、东帝汶、土耳其、阿拉伯联合酋长国、越南、也门

（续表）

大洋洲	发达国家	澳大利亚、新西兰
	发展中国家	美属萨摩亚、库克群岛、斐济、法属波利尼西亚、关岛、基里巴斯、马绍尔群岛、密克罗尼西亚（联邦）、新喀里多尼亚、纽埃、诺福克岛、北马里亚纳群岛、帕劳、巴布亚新几内亚、皮特凯恩群岛、萨摩亚、所罗门群岛 、托克劳、汤加、图瓦卢、瓦努阿图、瓦利斯和富图纳群岛
最不发达国家①		安哥拉、孟加拉国、贝宁、不丹、布基纳法索、布隆迪、柬埔寨、中非共和国、乍得、科摩罗、刚果民主共和国、吉布提、赤道几内亚、厄立特里亚、埃塞俄比亚、冈比亚、几内亚、几内亚比绍、海地、基里巴斯、老挝人民民主共和国、莱索托、利比里亚、马达加斯加、马拉维、马里、毛里塔尼亚、莫桑比克、缅甸、尼泊尔、尼日尔、卢旺达、萨摩亚、圣多美和普林西比、塞内加尔、塞拉利昂、所罗门群岛、索马里、南苏丹、苏丹、东帝汶、多哥、图瓦卢、乌干达、坦桑尼亚联合共和国、瓦努阿图、也门、赞比亚
金砖五国		巴西、中国、印度、俄罗斯、南非

注：① 最不发达国家是发展中国家的一个分组。本表中使用的国家和地区名称遵循粮农组织的惯例。

资料来源：粮农组织，http://faostat3.fao.org/browse/area/*/E。

区域国家分组一览表

南亚和东亚	阿富汗、孟加拉国、不丹、文莱达鲁萨兰国、柬埔寨，中国香港特别行政区、中国澳门特别行政区、中国大陆、朝鲜民主主义人民共和国、印度、印度尼西亚、日本、老挝人民民主共和国、马来西亚、马尔代夫、蒙古、缅甸、尼泊尔、巴基斯坦、菲律宾、大韩民国、新加坡、斯里兰卡、中国台湾省、泰国、东帝汶、越南、也门
拉丁美洲和加勒比海	安圭拉、安提瓜和巴布达、阿根廷、阿鲁巴、巴哈马、巴巴多斯、伯利兹、玻利维亚（多民族国）、巴西、英属维尔京群岛、开曼群岛、智利、哥伦比亚、哥斯达黎加、古巴、多米尼克、多米尼加共和国、厄瓜多尔、萨尔瓦多、福克兰群岛（马尔维纳斯群岛）、法属圭亚那、格林纳达、瓜德罗普岛、危地马拉、圭亚那、海地、洪都拉斯、牙买加、马提尼克岛、墨西哥、蒙特塞拉特、尼加拉瓜、巴拿马、巴拉圭、秘鲁、波多黎各、圣基茨和尼维斯、圣卢西亚、圣文森特和格林纳丁斯、苏里南、特立尼达和多巴哥、特克斯和凯科斯群岛、美属维尔京群岛、乌拉圭、委内瑞拉（玻利瓦尔共和国）
北美	加拿大、美利坚合众国
撒哈拉以南非洲	安哥拉、贝宁、博茨瓦纳、布基纳法索、布隆迪、佛得角、喀麦隆、中非共和国、乍得、科摩罗、刚果、科特迪瓦、刚果民主共和国、吉布提、赤道几内亚、厄立特里亚、埃塞俄比亚、加蓬、冈比亚、加纳、几内亚、几内亚比绍、肯尼亚、莱索托、利比里亚、马达加斯加、马拉维、马里、毛里塔尼亚、毛里求斯、马约特岛、莫桑比克、纳米比亚、尼日尔、尼日利亚、留尼汪岛、卢旺达、圣赫勒拿（阿森松和特里斯坦达库尼亚）、圣多美和普林西比、塞内加尔、塞舌尔、塞拉利昂、索马里、南非、南苏丹、苏丹、斯威士兰、多哥、乌干达、坦桑尼亚联合共和国、西撒哈拉、赞比亚、津巴布韦
东欧和中亚	阿尔巴尼亚、安道尔、亚美尼亚、阿塞拜疆、白俄罗斯、波斯尼亚和黑塞哥维那、海峡群岛、法罗群岛、格鲁吉亚、直布罗陀、罗马教廷、冰岛、马恩岛、以色列、哈萨克斯坦、吉尔吉斯斯坦、列支敦士登、摩纳哥、黑山共和国、摩尔多瓦共和国、俄罗斯联邦、圣马力诺、塞尔维亚、斯瓦尔巴和扬马延岛、塔吉克斯坦、前南斯拉夫马其顿共和国、土耳其、土库曼斯坦、乌克兰、乌兹别克斯坦
西欧	欧盟、挪威、瑞士
中东和北非	阿尔及利亚、巴林、埃及、伊朗（伊斯兰共和国）、伊拉克、约旦、科威特、黎巴嫩、利比亚、摩洛哥、巴勒斯坦被占领土、阿曼、卡塔尔、沙特阿拉伯、阿拉伯叙利亚共和国、突尼斯、阿拉伯联合酋长国
大洋洲	美属萨摩亚、澳大利亚、库克群岛、斐济、法属波利尼西亚、关岛、基里巴斯、马绍尔群岛、密克罗尼西亚（联邦）、瑙鲁、新喀里多尼亚、新西兰、纽埃、诺福克岛、北马里亚纳群岛、帕劳、巴布亚新几内亚、皮特凯恩群岛、萨摩亚、所罗门群岛、托克劳、汤加、图瓦卢、瓦努阿图、瓦利斯群岛和富图纳群岛

注：本表中使用的国家和地区名称遵循粮农组织的惯例。

资料来源：粮农组织，http://faostat3.fao.org/browse/area/*/E。

方法介绍

本节将介绍经合组织和粮农组织农业展望所采用的方法，依次包括 3 个方面：首先，概述农业基线预测和展望报告的过程；其次，详细介绍关于宏观经济预测的一系列一致性假设；第三部分提供 Aglink-Cosimo 模型基础参考。

1. 经合组织和粮农组织《农业展望》的制作过程

本报告描述和分析的预测是大量信息来源综合考虑的结果。采用的模型由经合组织和粮农组织秘书处共同开发，该模型是在经合组织 Aglink 模型的基础上，与联合国粮农组织 Cosimo 模型结合扩展而形成，在模型扩展过程中促进了两个模型的一致性。然而，在展望过程中的不同阶段，也汇集了众多专家的分析研判结果。农业展望报告体现了由经合组织和粮农组织秘书处在合理假设基础上作出的一致性评估判断，下面描述了信息交流的过程以及他们获取到的信息。

展望过程的第一步：构建原始数据库

历史数据来自经合组织和粮农组织数据库。这些数据库中的大部分数据来自各国的官方统计渠道。经合组织为其成员国和一些非成员国，以及粮农组织为所有其余国家单独制定农业市场未来可能发展的起始价值。

- 在经合组织方面，年度问卷一般从秋天开始向经合组织成员国（包括一些非成员国）主管部门发放。通过这些问卷，经合组织秘书处获取被调查国关于未来商品市场的发展状况及其农业政策演变的信息。
- 在粮农组织方面，负责国家模块的初始预测，他们首先通过模型完成基线预测，然后咨询联合国粮农组织的商品专家。

外部资源，例如国际货币基金组织、世界银行和联合国，参与讨论有关决定市场发展的主要经济影响因素。

这一过程旨在初探未来市场可能的发展和建立有关展望预测的一些关键假设。主要经济和政策假设在展望报告的概述章节中和一些具体的商品列表中已进行总结。

假设的资料来源和具体假设，参见下面更为详细的介绍。

下一步，应用由经合组织和粮农组织秘书处联合开发的模型框架将信息整合一致，并得到全球市场预测的初始结果（基线预测结果）。模型框架应确保在全球范围内，不同商品消费预测水平与生产预测水平相匹配。模型部分将在下面第三节中详细说明。

除了产量、消费量和贸易量之外，基线预测还包括了关注商品的名义价格预测（以当地货币计量）①。

然后审查初始基线结果：

- 对于经合组织秘书处负责的国家，将初始基线结果与问卷答复进行比较。出现的任何问题与国别专家在双边交流中讨论。
- 对于粮农组织秘书处开发的国家和区域模块，初始基线结果由更大范围的内部和国际专家审查。

最终基线

在这阶段，将根据秘书处和外部专家顾问的一致性意见形成全球展望的概貌。在以上讨论和信息更新的基础上，进一步形成第二次基线预测结果。产生的这些信息被用于开展生物能源、谷物、油籽、食糖、肉类、鱼和海产品、乳制品和棉花等商品的市场评估。

然后将此结果在经合组织农业委员会的商品市场工作组的年会上进行讨论。收到评论意见和最终修正的数据后，基线预测的最终版本就形成了。

本《展望》基线预测的提出是结合预测结果和专家判断形成的。采用统一规范的模型框架解决不同国家预测之间的不一致性，进而形成所有商品市场的全球均衡。评议过程确保了国别专家的判断体现在基线预测和相关的分析中。然而，本报告基线预测的最终责任和解释权归属经合组织和粮农组织秘书处。

修改后的预测形成了目前出版的农业展望报告初稿，然后在 5 月由粮农组织经济与社会发展部的高级管理委员会、经合组织农业委员会的农业政策于市场工作组共同讨论。另外，这本展望将作为分析基础提供给粮农组织商品问题委员会及各个跨国商品小组。

① 地区贸易数据，例如欧盟或发展中国家的区域汇总，只提到了区域外的贸易数据（即未包括区域内的贸易数据）。这种方法导致地区整体贸易数据要小于国别累计汇总贸易统计数据。关于特殊数据系列的详细信息请直接与经合组织和联合国秘书处联系。

2. 宏观预测的假设及来源

展望报告中，所有国家和地区的人口数据来自 2017 年修订的联合国人口展望前景数据库。整个展望期间，从四组不同的预测（低、中、高和不变的生育率）中选择了中等估计值作为基线假设。采用联合国人口数据库的原因，是因为它代表了综合的、可靠的估计，也包括了非经合组织成员国的发展中国家的人口数据。为了保持一致性，历史人口数据和预测人口数据采用相同的数据来源。

在 Aglink-Cosimo 模型中，采用的其他宏观经济序列数据有真实的国内生产总值、国内生产总值平减指数、私人消费支出平减指数，布兰特原油价格（美元／桶），当地货币与美元的汇率。经合组织国家以及巴西、阿根廷、中国和俄罗斯的宏观经济变量历史数据与经合组织 2017 年 11 月发布的第 102 期《经济展望》中数据相一致。其他经济体的历史宏观经济数据来自于国际货币基金组织 2017 年 10 月发布的《世界经济展望》。2018—2027 年的预测是基于经合组织经济部近期发布的中长期宏观经济预测、经合组织第 102 期《经济展望》的预测和国际货币基金组织的预测。

模型中对真实 GDP、消费者价格（私人消费支出平减指数）、生产者价格（GDP 平减指数）等采用指数表示，数值表示均以 2010 年为基准，基准值为 1。假设实际汇率不变，则表明当某国的通货膨胀高于（低于）美国时（用美国 GDP 平减指数计算），将出现货币贬值（升值）情况，由于汇率是按一美元折合本地货币值计算，因此导致汇率在展望期间随之上升（降低）。名义汇率通常用按“某国 GDP 平减指数／美国 GDP 平减指数”的增长百分比计算。

本展望报告中 2016 年以前的油价是根据经合组织 2017 年 11 月第 102 期《经济展望》中提供的短期更新数据。对于 2017 年，采用的是年平均月度现货价格，而 2017 年 12 月的平均每日现货价格用作 2018 年的油价。自 2019 年起的布伦特原油价格的增长率预测采用的是世界银行 2017 年 10 月发布的商品价格预测数据。

3. Aglink-Cosimo 模型基础

Aglink-Cosimo 是分析世界农业供需形势的经济模型，由经合组织秘书处和粮农组织共同管理，用于生成经合组织－粮农组织农业展望和政策情景分析。

Aglink-Cosimo 是一种动态递归的局部均衡模型，用于模拟世界各地生产、消费和贸易的主要农产品的年度市场均衡和价格变化。Aglink-Cosimo 的国别和区域模块覆盖全世界，预测是由经合组织和粮农组织秘书处与各个国家的专家和国内管理部门联合开展和维护的。主要具有如下特点：

- Aglink-Cosimo 是主要农产品的局部均衡模型。模型未对非农产品市场进行模拟并视其为外生的。由于非农产品市场是外生的，关于宏观经济变量关键路径的假设是预先确定的，并未考虑农产品市场变化对整体经济的作用。

- 世界农产品市场被假设为是竞争的，买方和卖方视为价格制定者。市场价格是通过全球或区域供需均衡来确定的。

- 国内生产和交易的商品被认为是同质的，因此对买卖双方是完全替代品。特别指出的是，由于 Aglink-Cosimo 不是空间模型，因此进口商并不依据商品原产地区进行区分。进口和出口仍然是单独确定的。这一假设将影响分析结果，由于贸易是主要影响因素。

- Aglink-Cosimo 是动态递归的。因此，每年都对展望期进行模拟，并取决于往年的预测结果。Aglink-Cosimo 对未来 10 年进行模拟。

关于 Aglink-Cosimo 的详细介绍已于 2015 年出版，可登录 www.agri-outlook.org 获取。

Aglink-Cosimo 通过卫星模型对鱼类产品进行预测。外部假设是共享的和相互作用的变量。鱼类模型在 2016 年进行了大量修订。水产养殖供给函数由 32 个增加到 117 个，且每个供给函数都包含特定的弹性系数、饲料配给和时间滞差。覆盖的主要品种有鲑鱼、鳟鱼、虾、罗非鱼、鲤鱼、鲶鱼（包括巨鲶）、鲷鱼、鲈鱼以及软体动物，还包括其他产量相对较小的品种，如遮目鱼。该模型的构建是为了确保饲料配给与鱼粉和鱼油市场之间的一致性。对于不同的品种，饲料配给最多可包含五种类型的饲料：鱼粉、鱼油、油籽粉（或其替代品）、植物油和如谷类和肉类的低蛋白质饲料。